国家职业技能鉴定考试指导

中式烹调师

（技师 高级技师）

第 2 版

编审委员会

主　任　丁应林

副主任　赵　廉

委　员　周晓燕　陈　玉　侯　兵　孟祥忍

　　　　侯玉瑞　邓伯庚　于梁洪　王美萍

编写人员

主　编　丁应林

编　者　赵　廉　陈　玉　侯　兵　唐建华

　　　　周晓燕　孟祥忍

中国劳动社会保障出版社

图书在版编目(CIP)数据

中式烹调师：技师、高级技师/人力资源和社会保障部教材办公室组织编写. —2版. —
北京：中国劳动社会保障出版社，2013

国家职业技能鉴定考试指导

ISBN 978-7-5167-0294-9

Ⅰ.①中… Ⅱ.①人… Ⅲ.①烹饪-方法-中国-职业技能-鉴定-自学参考资料
Ⅳ.①TS972.117

中国版本图书馆 CIP 数据核字(2013)第 169662 号

中国劳动社会保障出版社出版发行

（北京市惠新东街 1 号　邮政编码：100029）

*

三河市华骏印务包装有限公司印刷装订　新华书店经销

787 毫米×1092 毫米　16 开本　21.25 印张　412 千字

2013 年 9 月第 2 版　2024 年 3 月第 10 次印刷

定价：38.00 元

营销中心电话：400－606－6496

出版社网址：http://www.class.com.cn

编 写 说 明

《国家职业技能鉴定考试指导》（以下简称《考试指导》）是《国家职业资格培训教程》（以下简称《教程》）的配套辅助教材，每本《教程》对应配套编写一册《考试指导》。《考试指导》共包括三部分：

第一部分：理论知识鉴定指导。此部分内容按照《教程》章的顺序，对照《教程》各章理论知识内容编写。每章包括三项内容：考核要点、辅导练习题、参考答案。

——理论知识考核要点是依据国家职业标准、结合《教程》内容归纳出的该职业从基础知识到《教程》各章内容的考核要点，以表格形式叙述。表格由理论知识考核范围、考核要点及重要程度三部分组成。

——理论知识辅导练习题题型采用三种客观性命题方式，即判断题、单项选择题和多项选择题，题目内容、题目数量严格依据理论知识考核要点，并结合《教程》内容设置。

第二部分：操作技能鉴定指导。此部分内容包括三项内容：考核要点、辅导练习题、参考答案。

——操作技能考核要点是依据国家职业标准、结合《教程》内容归纳出的该职业在该级别总体操作技能考核要点，以表格形式叙述。表格由操作技能考核范围、操作技能考核要点及重要程度三部分组成。

——操作技能辅导练习题题型按职业实际情况安排了实际操作题、模拟操作题、案例选择题、案例分析题、情景题、写作题等，部分职业还依据职业特点及实际考核情况采用了其他题型。

第三部分：模拟试卷。包括该级别理论知识考核模拟试卷、操作技能考核模拟试卷若干套，并附有参考答案。理论知识考核模拟试卷体现了本职业该级别大部分理论知识考核要点的内容；操作技能考核模拟试卷完全涵盖了操作技能考核范围，体现了操作技能考核要点的内容。

　　本职业《考试指导》共包括5本，即基础知识、初级、中级、高级、技师和高级技师。《国家职业技能鉴定考试指导——中式烹调师（技师　高级技师）（第2版）》是其中一本，适用于对中式烹调师技师和高级技师的职业技能培训和鉴定考核。

　　编写《考试指导》有相当的难度，是一项探索性工作。由于时间仓促，缺乏经验，不足之处在所难免，恳切欢迎各使用单位和个人提出宝贵意见和建议。

目　录

第一部分　理论知识鉴定指导

技师理论知识鉴定指导

第三部分　模　拟　试　卷

第一部分　理论知识鉴定指导

技师理论知识鉴定指导

第一章　原料鉴别与加工

考 核 要 点

理论知识考核范围	考核要点	重要程度
原料鉴别	1. 高档干制原料的种类及特点	掌握
	2. 烹饪原料的鉴别方法	掌握
	3. 鱼翅的品质鉴别方法	掌握
	4. 燕窝的选择与鉴别方法	掌握
	5. 鱼肚的品质鉴别方法	掌握
	6. 鱼皮的品质鉴别方法	掌握
	7. 鱼唇的品质鉴别方法	掌握
	8. 鱼骨的品质鉴别方法	掌握
	9. 海参的品质鉴别方法	掌握
	10. 鲍鱼的品质鉴别方法	掌握
	11. 蛤士蟆油的品质鉴别方法	掌握
	12. 蹄筋的品质鉴别方法	掌握
	13. 高档原料品质鉴别的注意事项	掌握
原料加工	1. 高档原料的涨发对菜品质量的影响	掌握
	2. 高档干制原料涨发加工的原则及要领	掌握
	3. 鲍鱼的涨发加工方法	掌握
	4. 海参的涨发加工方法	掌握
	5. 鱼肚的涨发加工方法	掌握

续表

理论知识考核范围	考核要点	重要程度
原料加工	6. 鱼皮的涨发加工方法	掌握
	7. 鱼骨的涨发加工方法	掌握
	8. 蹄筋的涨发加工方法	掌握
	9. 蛤士蟆油的涨发加工方法	掌握
	10. 鱼翅的涨发加工方法	掌握
	11. 燕窝的涨发加工方法	掌握

辅导练习题

一、判断题（下列判断正确的请在括号内打"√"，错误的请在括号内打"×"）

1. 高档原料一般具有价格昂贵、加工难度大的特点。　　　　　　　　　（　　）

2. 烹饪原料分类是指按照一定的标准对种类繁多的烹饪原料进行分门别类，排列成等级序列。　　　　　　　　　　　　　　　　　　　　　　　　　　　　（　　）

3. 烹饪原料中的珍贵鱼肚，是用大黄鱼、鲨鱼、鮸鱼、黄姑鱼、鳗鱼等体型较大鱼种的鱼鳔加工制成。　　　　　　　　　　　　　　　　　　　　　　　　　（　　）

4. 烹饪中使用的蹄筋有猪蹄筋、牛蹄筋、鹿蹄筋、羊蹄筋等，传统习惯认为羊蹄筋质量上乘，堪称蹄筋中的精品。　　　　　　　　　　　　　　　　　　　　（　　）

5. 海参属于棘皮动物，有光参和刺参两大类，其中刺参的品质最佳。　（　　）

6. 熏板是一种采用炭火烘焙干制加工的鱼翅品种，熏制后鱼翅的质地坚硬。（　　）

7. 烹饪原料中的鱼翅，按加工的方法可分为原翅和净翅，净翅还可分为排翅、散翅和翅针。　　　　　　　　　　　　　　　　　　　　　　　　　　　　　　（　　）

8. 传统珍贵干货中正品鱼唇是采用鳇鱼的头骨、额骨、吻部经过加工干制而成。
　　　　　　　　　　　　　　　　　　　　　　　　　　　　　　　　（　　）

9. 蛤士蟆油是用中国林蛙的脂肪制成的。　　　　　　　　　　　　　（　　）

10. 鱼皮以皮面大、无破孔、皮厚实、洁净有光泽者为佳。　　　　　　（　　）

11. 一般情况下，光参的质量优于刺参。　　　　　　　　　　　　　　（　　）

12. 蹄筋是以胶原蛋白为主的致密结缔组织。　　　　　　　　　　　　（　　）

13. 干鲍鱼中，紫鲍的个小、色灰暗、不透明，质量较差。　　　　　　（　　）

14. 发海参的盛器和水，都不可沾油、碱、盐等。　　　　　　　　　　（　　）

15. 涨发好的干货原料一般要用铁质器皿盛装，以防变质。　　　　　　（　　）

16. 犁头鳐加工的鱼唇品质最佳。　　　　　　　　　　　　　　　　　　（　　）

17. 鱼骨中，以鲨鱼和鳐鱼的软骨加工成的产品质量好。　　　　　　　　（　　）

18. 鲴鱼肚主要产于湖北。　　　　　　　　　　　　　　　　　　　　　（　　）

19. 一般来说，用生长在热带海洋的鱼类加工的鱼翅，品质优于其他海域。（　　）

20. 感官鉴定法是最常用的烹饪原料品质鉴定法。　　　　　　　　　　　（　　）

21. 水发蹄筋的涨发率高于油发蹄筋。　　　　　　　　　　　　　　　　（　　）

22. 涨发蛤士蟆油的最佳方法是油发。　　　　　　　　　　　　　　　　（　　）

23. 鱼骨一般采用水煮发的方法进行发制。　　　　　　　　　　　　　　（　　）

24. 用油涨发蹄筋时间短，涨发率高。　　　　　　　　　　　　　　　　（　　）

25. 用鸡汤涨发的海参不仅质量好而且涨发率也高。　　　　　　　　　　（　　）

26. 干货原料中的水分一般控制在 3％～10％之间。　　　　　　　　　　（　　）

27. 涨发干货原料时要将其中的异味物质排出。　　　　　　　　　　　　（　　）

28. 涨发鲍鱼时在鲍鱼上剞上刀纹可加快涨发速度。　　　　　　　　　　（　　）

29. 涨发海参最好用铁质器皿。　　　　　　　　　　　　　　　　　　　（　　）

30. 用油涨发鱼肚的时间短但涨发率较低。　　　　　　　　　　　　　　（　　）

31. 燕窝的涨发率一般为 800％～900％。　　　　　　　　　　　　　　　（　　）

32. 发好的鱼翅用铁器盛装会产生黄色斑痕。　　　　　　　　　　　　　（　　）

33. 水发蹄筋的口感优于油发蹄筋。　　　　　　　　　　　　　　　　　（　　）

34. 油发海参是涨发海参的最佳方法。　　　　　　　　　　　　　　　　（　　）

35. 高档原料的涨发质量对菜品质量有非常重要的影响。　　　　　　　　（　　）

36. 用鲨鱼的背鳍加工的鱼翅质量优于用胸鳍加工的鱼翅。　　　　　　（　　）

37. 鱼肚中质量最好的是黄鱼肚。　　　　　　　　　　　　　　　　　　（　　）

38. 生物鉴定法是目前烹饪行业使用最广泛的鉴别原料质量的方法。　　（　　）

39. 海参供食用的部位是其肥厚的体壁。　　　　　　　　　　　　　　　（　　）

40. 用鲟鱼和鳇鱼的鳃脑骨加工的鱼骨品质优于用鲨鱼的软骨加工的鱼骨。（　　）

41. 鱼肚是用鲨鱼、鳐鱼等软骨鱼的鳔加工制成的干制品。　　　　　　（　　）

42. 鱼翅中尾翅长而翅多的，品质最佳。　　　　　　　　　　　　　　　（　　）

43. 官燕又称贡燕，是燕窝中品质最好的一种。　　　　　　　　　　　　（　　）

44. 鳗鱼肚是用海鳗的鱼鳔加工制成的干货，是鱼肚中的珍品。　　　　（　　）

45. 鱼骨是用鱼类的骨头加工成的干制品。　　　　　　　　　　　　　　（　　）

46. 加工鱼皮最好选用鲨鱼腹部的皮。　　　　　　　　　　　　　　　　（　　）

47. 涨发海参时水中不能含盐，否则发不透。　　　　　　　　　　　　　（　　）

48. 鲍鱼不是鱼类，属于软体动物。　　　　　　　　　　　　　　　（　　）

49. 捕捞鲍鱼的最佳时间是每年的 7—8 月份。　　　　　　　　　　（　　）

50. 一般来说，鲍鱼的个头越大品质越佳。　　　　　　　　　　　　（　　）

51. 蹄筋主要由肌肉组织构成。　　　　　　　　　　　　　　　　　（　　）

52. 海参涨发得越软烂，其涨发的效果越好。　　　　　　　　　　　（　　）

53. 鱼翅在涨发时要尽量保持其形态的完整。　　　　　　　　　　　（　　）

54. 涨发燕窝的器具最好选用洁白陶质器具或白搪瓷盘。　　　　　　（　　）

55. 涨发蛤士蟆油一般选用铁质器具。　　　　　　　　　　　　　　（　　）

56. 油发蹄筋的涨发率一般可达 900%。　　　　　　　　　　　　　（　　）

57. 鲍鱼涨发时不宜用铁质器皿，否则颜色变黑，且很难补救。　　　（　　）

58. 梅花参是我国北方地区出产的品质最好的海参。　　　　　　　　（　　）

59. 无刺参中以大乌参的质量最佳。　　　　　　　　　　　　　　　（　　）

60. 蛤士蟆油是东北地区的特产原料。　　　　　　　　　　　　　　（　　）

二、单项选择题（下列每题有 4 个选项，其中只有 1 个是正确的，请将其代号填写在横线空白处）

1. 下列鱼翅中，质量最佳的是_____。

　　A. 胸翅　　　　　　　　　　　　B. 背翅

　　C. 臀翅　　　　　　　　　　　　D. 尾翅

2. 品质最好的鱼翅颜色应是_____。

　　A. 黄白色　　　　　　　　　　　B. 灰黄色

　　C. 青色　　　　　　　　　　　　D. 黑色

3. 品质最佳的燕窝是_____。

　　A. 官燕　　　　　　　　　　　　B. 毛燕

　　C. 血燕　　　　　　　　　　　　D. 暹罗燕

4. 下列鱼肚中质量最差的是_____。

　　A. 毛鲿肚　　　　　　　　　　　B. 黄鱼肚

　　C. 鮰鱼肚　　　　　　　　　　　D. 鳗鱼肚

5. 下列不属于优质鱼肚特点的是_____。

　　A. 板片大　　　　　　　　　　　B. 色泽淡黄

　　C. 厚薄不均　　　　　　　　　　D. 半透明

6. 鱼皮是用软骨鱼_____的厚皮加工制成。

　　A. 背部　　　　　　　　　　　　B. 腹部

　　C. 头部　　　　　　　　　　　　D. 尾部

7. 下列不属于优质鱼皮特点的是_____。

　　A. 皮面大　　　　　　　　　　　B. 无破孔

　　C. 皮厚实　　　　　　　　　　　D. 皮下肉多

8. 可加工鱼唇的鱼是_____。

　　A. 大黄鱼　　　　　　　　　　　B. 鳐鱼

　　C. 鲨鱼　　　　　　　　　　　　D. 海鳗

9. 加工鱼唇最好的鱼是_____。

　　A. 犁头鳐　　　　　　　　　　　B. 孔鳐

　　C. 团扇鳐　　　　　　　　　　　D. 赤魟

10. 下列不属于优质鱼骨特点的是_____。

　　A. 坚硬壮实　　　　　　　　　　B. 色泽黄

　　C. 半透明　　　　　　　　　　　D. 洁净干燥

11. 海参属于_____动物。

　　A. 棘皮　　　　　　　　　　　　B. 节肢

　　C. 腔肠　　　　　　　　　　　　D. 软体

12. 下列不属于优质海参特点的是_____。

　　A. 肉壁肥厚　　　　　　　　　　B. 有弹性

　　C. 成菜后较易烂　　　　　　　　D. 涨性大

13. 鲍鱼属于_____动物。

　　A. 鱼类　　　　　　　　　　　　B. 贝类

　　C. 甲壳类　　　　　　　　　　　D. 棘皮类

14. 蛤士蟆油是用雌性中国林蛙的_____制成的干制品。

　　A. 输卵管　　　　　　　　　　　B. 脂肪

　　C. 卵巢　　　　　　　　　　　　D. 肌肉

15. 蹄筋属于_____。

　　A. 肌肉组织　　　　　　　　　　B. 结缔组织

　　C. 上皮组织　　　　　　　　　　D. 神经组织

16. 质量最好的蹄筋是_____。

　　A. 猪蹄筋　　　　　　　　　　　B. 牛蹄筋

　　C. 羊蹄筋　　　　　　　　　　　D. 鹿蹄筋

17. 一般情况下，干货制品的水分含量在_____。

A. 3%～10% B. 10%～15%

C. 15%～20% D. 20%以上

18. 一般情况下，干鲍鱼的涨发率为_____。

A. 200%～300% B. 300%～400%

C. 400%～500% D. 500%～600%

19. 发好的鱼翅不能用_____盛装。

A. 瓷器 B. 玻璃器皿

C. 陶器 D. 铁器

20. 下列不属于干货制品特点的是_____。

A. 组织结构紧密 B. 表面硬化

C. 质地老韧 D. 外形饱满无干缩

21. 所谓"油根"，是指_____中特有的物质。

A. 鱼翅 B. 鱼骨

C. 鱼皮 D. 鱼肚

22. 下列选项中，关于官燕叙述正确的是_____。

A. 曾经是历史上的贡品 B. 官燕是历代宫廷中使用的珍品

C. 官燕有白燕、红燕和灰燕之分 D. 官燕的形状尖而细长

23. 下列海参品种中属于刺参品种的是_____。

A. 梅花参 B. 白尼参

C. 大乌参 D. 辐肛参

24. 在相同品种的干制鲍鱼中，属于珍品的应是_____个头。

A. 2 B. 3

C. 5 D. 20

25. 能够提取传统珍贵食物蛤士蟆油的是_____。

A. 青蛙 B. 林蛙

C. 牛蛙 D. 蟾蜍

26. 下列选项中，关于燕窝中的毛燕叙述正确的是_____。

A. 表面粗糙像绒毛 B. 含有较多的绒毛

C. 燕窝丝条像羽毛 D. 形体像羽毛形

27. 下列鱼类品种中，已经被列为国家保护动物，并已经失去经济价值的品种是_____。

A. 鲵鱼 B. 鳗鱼

　　　　C. 黄唇鱼　　　　　　　　　　　　D. 大黄鱼

28. 下列内容符合紫鲍特征的是_____。

　　　　A. 品质较差　　　　　　　　　　　　B. 个小

　　　　C. 透明度高　　　　　　　　　　　　D. 个较大

29. 不良物质"石灰筋"主要存在于_____中。

　　　　A. 鱼肚　　　　　　　　　　　　　　B. 鱼骨

　　　　C. 鱼皮　　　　　　　　　　　　　　D. 鱼翅

30. 在传统习惯上被称为"笔架鱼肚"的鱼肚品种是_____。

　　　　A. 鳗鱼肚　　　　　　　　　　　　　B. 黄鱼肚

　　　　C. 毛鲿肚　　　　　　　　　　　　　D. 鮰鱼肚

31. 下列鱼翅中品质最差的是_____。

　　　　A. 背翅　　　　　　　　　　　　　　B. 胸翅

　　　　C. 臀翅　　　　　　　　　　　　　　D. 尾翅

32. 下列净翅中品质最好的是_____。

　　　　A. 翅针　　　　　　　　　　　　　　B. 翅饼

　　　　C. 排翅　　　　　　　　　　　　　　D. 散翅

33. 生长在_____中的鲨鱼和鳐鱼的鳍加工制作的鱼翅质量最好。

　　　　A. 热带海洋　　　　　　　　　　　　B. 温带海洋

　　　　C. 寒带海洋　　　　　　　　　　　　D. 北冰洋

34. 下列不属于优质鱼翅（原翅）特点的是_____。

　　　　A. 翅板大而肥厚　　　　　　　　　　B. 边缘卷曲

　　　　C. 无血污水印　　　　　　　　　　　D. 基部皮骨少

35. 下列不属于优质鱼翅中（净翅）特点的是_____。

　　　　A. 翅筋粗长　　　　　　　　　　　　B. 色泽金黄

　　　　C. 不透明或半透明　　　　　　　　　D. 无石灰筋

36. "吊片""搭片"通常是指_____的商品名称。

　　　　A. 鳗鱼肚　　　　　　　　　　　　　B. 鮸鱼肚

　　　　C. 大黄鱼肚　　　　　　　　　　　　D. 毛鲿肚

37. 燕窝中含有的主要营养成分是_____。

　　　　A. 糖类　　　　　　　　　　　　　　B. 蛋白质

　　　　C. 纤维素　　　　　　　　　　　　　D. 脂肪

38. 下列不属于官燕特点的是_____。

A. 色洁白   B. 半透明

C. 有底座   D. 无燕毛等杂质

39. 暹罗燕主要产于_____。

    A. 泰国   B. 马来西亚

    C. 印度尼西亚   D. 菲律宾

40. 涨发燕窝选用的器皿是_____。

    A. 玻璃器皿或洁白陶质器皿   B. 白搪瓷盘或洁白陶质器皿

    C. 铝质器皿或洁白陶质器皿   D. 铁质器皿或洁白陶质器皿

41. 下列品质最好的鱼肚是_____。

    A. 红毛肚   B. 鮸鱼肚

    C. 黄鱼肚   D. 黄唇肚

42. 下列属于淡水鱼肚的是_____。

    A. 鮸鱼肚   B. 鳗鱼肚

    C. 鮰鱼肚   D. 毛鲿肚

43. 用于加工鱼肚的器官是_____。

    A. 鱼的胃   B. 鱼的鳔

    C. 鱼的唇   D. 鱼的腹部

44. 下列不属于优质鱼肚特点的是_____。

    A. 片大平整   B. 厚度均匀

    C. 色泽暗黄   D. 半透明

45. 大黄鱼肚主要产于_____。

    A. 辽宁大连   B. 山东威海

    C. 江苏盐城   D. 浙江舟山

46. "笔架鱼肚"主要产于_____。

    A. 江苏   B. 安徽

    C. 湖北   D. 四川

47. 鮸鱼肚主要产于_____。

    A. 辽宁大连   B. 山东威海

    C. 江苏盐城   D. 广东湛江

48. 涨发鱼肚的最佳方法是_____。

    A. 水发   B. 油发

    C. 盐发   D. 蒸发

49. 干鱼肚的涨发率一般为_____。
    A. 200%   B. 300%
    C. 400%   D. 500%

50. 干燕窝的涨发率是_____。
    A. 200%～300%   B. 400%～500%
    C. 600%～700%   D. 800%～900%

51. 油发好的鱼肚要放入_____中浸泡回软。
    A. 热水   B. 热碱水
    C. 冷水   D. 冷碱水

52. 常用的检验烹饪原料品质的方法是_____。
    A. 物理检验   B. 化学检验
    C. 感官检验   D. 生物检验

53. 加工鱼皮质量最好的鱼是_____。
    A. 姥鲨   B. 孔鳐
    C. 虎鲨   D. 犁头鳐

54. 下列不属于优质鱼皮特点的是_____。
    A. 皮面大   B. 皮薄
    C. 无破孔   D. 洁净有光泽

55. 质量最差的鱼皮是_____。
    A. 姥鲨皮   B. 青鲨皮
    C. 真鲨皮   D. 虎鲨皮

56. 干鱼皮的涨发率一般为_____。
    A. 200%～300%   B. 300%～400%
    C. 400%～500%   D. 500%～600%

57. 发制鱼皮的器具一般选用_____。
    A. 不锈钢器具   B. 瓷器
    C. 铝质器具   D. 玻璃器具

58. 涨发鱼皮一般采用_____。
    A. 油发   B. 碱发
    C. 水发   D. 油水混合发

59. 发制鱼骨的器具一般选用_____。
    A. 不锈钢器具   B. 瓷器

C. 铝质器具　　　　　　　　　　D. 玻璃器具

60. 干鱼骨的涨发率一般为_____。
   A. 200%～300%　　　　　　　B. 300%～400%
   C. 400%～500%　　　　　　　D. 500%～600%

61. 加工鱼骨最好的鱼是_____。
   A. 鲨鱼　　　　　　　　　　　B. 鳐鱼
   C. 鳗鱼　　　　　　　　　　　D. 鳇鱼

62. 烹饪行业里鱼骨又被称为_____。
   A. 鱼信　　　　　　　　　　　B. 鱼脆
   C. 鱼唇　　　　　　　　　　　D. 鱼肚

63. 下列不属于优质鱼骨特点的是_____。
   A. 色泽灰黄　　　　　　　　　B. 坚硬壮实
   C. 半透明　　　　　　　　　　D. 洁净干燥

64. 优质鱼骨最好用一些鱼的_____加工。
   A. 头骨　　　　　　　　　　　B. 脊骨
   C. 支鳍骨　　　　　　　　　　D. 鳃脑骨

65. 下列不属于优质鱼唇特点的是_____。
   A. 体大　　　　　　　　　　　B. 不透明
   C. 质地干燥　　　　　　　　　D. 无残污水印

66. 鱼唇主要产于_____。
   A. 辽宁大连　　　　　　　　　B. 山东威海
   C. 江苏盐城　　　　　　　　　D. 广东湛江

67. 下列海参中质量最好的是_____。
   A. 克参　　　　　　　　　　　B. 白石参
   C. 腹肛参　　　　　　　　　　D. 大乌参

68. 涨发海参时水中不可有_____，否则发不透。
   A. 油　　　　　　　　　　　　B. 盐
   C. 碱　　　　　　　　　　　　D. 糖

69. 下列不属于优质海参特点的是_____。
   A. 肉壁瘦薄　　　　　　　　　B. 体形饱满
   C. 涨性大　　　　　　　　　　D. 涨发后有弹性

70. 水发海参的涨发率一般为_____。

A. 200％～300％　　　　　　B. 300％～400％

C. 400％～500％　　　　　　D. 500％～600％

71. 涨发后海参质量好，但涨发率较低的发制方法是_____。

A. 一般水发　　　　　　　　B. 碱发

C. 火发　　　　　　　　　　D. 鸡汤发

72. 用鸡汤涨发海参的涨发率为_____。

A. 200％～300％　　　　　　B. 300％～400％

C. 400％～500％　　　　　　D. 500％～600％

73. 水发海参选用的器皿一般是_____。

A. 铝锅　　　　　　　　　　B. 铁锅

C. 陶罐　　　　　　　　　　D. 不锈钢锅

74. 干鲍鱼的涨发方法是_____。

A. 油发　　　　　　　　　　B. 水发

C. 碱发　　　　　　　　　　D. 盐发

75. 梅花参主要产于_____。

A. 渤海　　　　　　　　　　B. 黄海

C. 东海　　　　　　　　　　D. 南海

76. 灰刺参主要产于_____。

A. 渤海　　　　　　　　　　B. 黄海

C. 东海　　　　　　　　　　D. 南海

77. 蛤士蟆油主要产于_____。

A. 西北地区　　　　　　　　B. 东北地区

C. 西南地区　　　　　　　　D. 雪域高原

78. 捕捞鲍鱼的最佳时间是_____月。

A. 2—3　　　　　　　　　　B. 4—5

C. 7—8　　　　　　　　　　D. 9—10

79. 鲍鱼供食用的部位是_____。

A. 外套膜　　　　　　　　　B. 肉足

C. 体壁　　　　　　　　　　D. 斧足

80. 下列不属于优质鲍鱼特点的是_____。

A. 大小均匀　　　　　　　　B. 色泽灰暗不透明

C. 半透明　　　　　　　　　D. 色泽淡黄

三、多项选择题（下列每题有多个选项，至少有2个是正确的，请将其代号填写在横线空白处）

1. 下列属于高档动物性干制原料的是_____。
   A. 鲍鱼   B. 鱼翅
   C. 燕窝   D. 羊肚菌
   E. 蛤士蟆油

2. 下列属于高档植物性干料的有_____。
   A. 羊肚菌   B. 鲍鱼
   C. 冬虫夏草   D. 竹荪
   E. 松茸

3. 下列属于高档干货原料特征的是_____。
   A. 价格昂贵   B. 比较容易加工
   C. 来源较广   D. 加工难度大
   E. 食用方便

4. 下列属于净翅种类的是_____。
   A. 翅针   B. 翅饼
   C. 散翅   D. 排翅
   E. 月翅

5. 优质鱼翅应具有的特点包括_____。
   A. 翅板大   B. 卷边
   C. 基根皮骨少   D. 有光泽
   E. 无血污水印

6. 下列符合干制整形鱼翅涨发加工的关键问题的是_____。
   A. 保持原料形状完整   B. 忌用铁质锅具加热
   C. 加入食碱促进涨发   D. 加入食盐促进涨发
   E. 加入食醋促进涨发

7. 净翅中若有_____等现象出现，则品质较差。
   A. 呈透明状   B. 石灰筋
   C. 油根   D. 夹沙
   E. 呈金黄色

8. 鱼翅在涨发过程中不能沾有的物质包括_____。
   A. 油类   B. 水

C. 盐类
D. 酸类

E. 蒸汽

9. 官燕的特点是_____。

A. 色洁白
B. 半透明

C. 无杂质
D. 有底座

E. 略呈椭圆形

10. 下列符合干制整形鱼翅优质品质特征的是_____。

A. 翅板宽大厚实
B. 卷边明显

C. 骨骼粗壮
D. 基根皮骨少

E. 色泽洁白

11. 下列符合暹罗燕形状特征的选项是_____。

A. 有红色和白色品种
B. 底座不大

C. 坠角很大
D. 有大量黑色绒毛

E. 形似"龙牙"

12. 涨发燕窝可以选用的器具包括_____。

A. 铁质器具
B. 白陶瓷器具

C. 铝质器具
D. 白搪瓷盘

E. 漆器器具

13. 可加工鱼肚的鱼类包括_____。

A. 大黄鱼
B. 鲨鱼

C. 鮸鱼
D. 鳐鱼

E. 鲖鱼

14. 优质鱼肚应具备的特点包括_____。

A. 板片大
B. 厚度均匀

C. 色泽暗黄
D. 半透明

E. 厚而紧实

15. 可加工鱼皮的鱼类包括_____。

A. 鲨鱼
B. 鳐鱼

C. 魟鱼
D. 大黄鱼

E. 鮸鱼

16. 优质鱼皮应具备的特点包括_____。

A. 皮面大
B. 皮下肉多

C. 无破孔 D. 皮厚肉少

E. 洁净有光泽

17. 可加工鱼唇的鱼类包括＿＿＿＿。

　　A. 鲟鱼 B. 鲨鱼

　　C. 鳐鱼 D. 鮰鱼

　　E. 魟鱼

18. 优质鱼唇应具备的特点包括＿＿＿＿。

　　A. 个体大 B. 无残污水印

　　C. 有光泽 D. 透明面积小

　　E. 质地干燥

19. 下列属于鱼骨别称的是＿＿＿＿。

　　A. 鱼脆 B. 鱼信

　　C. 明骨 D. 鱼脑

　　E. 鱼嘴

20. 可加工鱼骨的鱼类包括＿＿＿＿。

　　A. 鲨鱼 B. 鳐鱼

　　C. 鲟鱼 D. 鳇鱼

　　E. 鳗鱼

21. 优质鱼骨的特征是＿＿＿＿。

　　A. 完整均匀 B. 坚硬壮实

　　C. 质薄而脆 D. 色泽白

　　E. 不透明

22. 下列属于刺参种类的是＿＿＿＿。

　　A. 大乌参 B. 梅花参

　　C. 辐肛参 D. 灰刺参

　　E. 方刺参

23. 下列属于光参种类的是＿＿＿＿。

　　A. 大乌参 B. 梅花参

　　C. 辐肛参 D. 白尼参

　　E. 方刺参

24. 优质海参应具备的特点包括＿＿＿＿。

　　A. 体形饱满 B. 肉壁肥厚

C. 涨发后有弹性　　　　　D. 口感糯而滑爽

E. 涨发率高

25. 涨发海参时盛器不可沾有的物质是_____。

A. 开水　　　　　　　　　B. 油

C. 碱　　　　　　　　　　D. 盐

E. 冷水

26. 下列符合干鲍鱼涨发加工工序的选项是_____。

A. 脱壳处理　　　　　　　B. 回软处理

C. 焖煮加热处理　　　　　D. 原汤浸泡低温存放

E. 脱色处理

27. 下列属于涨发加工整形鱼皮的工序环节是_____。

A. 脱脂处理　　　　　　　B. 回软处理

C. 洁净处理　　　　　　　D. 脱毛处理

E. 脱沙处理

28. 优质鲍鱼的特点包括_____。

A. 个头大　　　　　　　　B. 形状完整

C. 半透明　　　　　　　　D. 色泽淡黄

E. 外表有白霜

29. 下列属于蛤士蟆油干制品形状特征的选项是_____。

A. 黄白色　　　　　　　　B. 有脂肪样光泽

C. 呈不规则的丝条状　　　D. 表面光滑细腻

E. 形体大小差别很大

30. 蛤士蟆油是一种滋补品，其药用功效包括_____。

A. 养阴　　　　　　　　　B. 壮阳

C. 治虚痨咳嗽　　　　　　D. 性平、味甘腥

E. 发大热

31. 优质蛤士蟆油的特点是_____。

A. 块大　　　　　　　　　B. 肥厚

C. 无杂质　　　　　　　　D. 带血筋

E. 手感粗糙

32. 烹饪中使用的蹄筋有_____。

A. 猪蹄筋　　　　　　　　B. 牛蹄筋

  C. 羊蹄筋   D. 骆驼蹄筋

  E. 鹿蹄筋

33. 优质干蹄筋的特点是_____。

  A. 干燥   B. 色黄

  C. 色白   D. 透明

  E. 细长

34. 决定干货原料等级的因素包括_____。

  A. 选用部位   B. 产地

  C. 加工方法   D. 规格

  E. 价格高低

35. 下列叙述中符合油发蹄筋操作过程的是_____。

  A. 将鱼肚晾干   B. 反复用慢火加热焐透

  C. 用热碱水浸泡回软   D. 用温水将干鱼肚泡软后入油锅

  E. 焐油时温度要高

36. 下列属于感官检验法的操作是_____。

  A. 眼睛看   B. 鼻子嗅

  C. 试剂测定   D. 手触摸

  E. 称取重量

四、简答题

1. 高档干制原料的种类及特征是什么？

2. 简述烹饪原料的鉴别方法。

3. 简述高档干货原料海参、鱼唇的品质鉴别方法。

4. 简述蹄筋的组织结构特点。

5. 简述鲍鱼的质量标准。

6. 简述蛤士蟆油的涨发过程。

7. 海参分为哪几类？各举两例。

8. 鱼翅涨发的关键是什么？

9. 简述鲍鱼的涨发过程。

10. 如何水发蹄筋？

11. 如何涨发鱼皮？

12. 简述鱼肚的涨发流程。

五、综合题

1. 论述高档干制原料涨发加工的原则及要领。

2. 论述高档干货原料的涨发对菜品质量的影响。

3. 试述燕窝的主要种类及特点。

4. 试述鱼翅的主要分类方法。

5. 试述油发蹄筋的主要操作流程。

6. 简论鱼翅涨发的流程。

参 考 答 案

一、判断题

1. √	2. √	3. ×	4. ×	5. √	6. √	7. √	8. ×	9. ×
10. √	11. ×	12. √	13. ×	14. √	15. ×	16. √	17. ×	18. √
19. √	20. √	21. ×	22. ×	23. √	24. √	25. ×	26. √	27. √
28. √	29. ×	30. ×	31. √	32. √	33. √	34. ×	35. ×	36. √
37. ×	38. ×	39. √	40. √	41. ×	42. ×	43. √	44. ×	45. ×
46. ×	47. √	48. √	49. √	50. √	51. ×	52. ×	53. √	54. √
55. ×	56. ×	57. √	58. ×	59. √	60. √			

二、单项选择题

1. B	2. A	3. A	4. D	5. C	6. A	7. D	8. B	9. A
10. B	11. A	12. C	13. B	14. A	15. B	16. D	17. A	18. B
19. D	20. D	21. A	22. B	23. A	24. A	25. B	26. B	27. C
28. D	29. D	30. D	31. D	32. C	33. A	34. B	35. C	36. C
37. B	38. C	39. A	40. B	41. D	42. C	43. B	44. C	45. D
46. C	47. D	48. B	49. C	50. D	51. B	52. C	53. D	54. B
55. A	56. B	57. A	58. C	59. A	60. A	61. D	62. B	63. A
64. D	65. B	66. D	67. D	68. B	69. A	70. D	71. D	72. B
73. A	74. B	75. D	76. A	77. B	78. C	79. B	80. B	

三、多项选择题

1. ABCE	2. ACDE	3. AD	4. ABCDE	5. ACDE
6. AB	7. BCD	8. ACD	9. ABCE	10. AD
11. ABE	12. BD	13. ACE	14. ABDE	15. ABC

16. ACDE   17. CE   18. ABCE   19. ACD   20. ABCD

21. ABD   22. BDE   23. ACD   24. ABCDE   25. BCD

26. BCD   27. BCE   28. ABCD   29. ABD   30. ACD

31. ABC   32. ABCE   33. ACD   34. ABCD   35. ABC

36. ABD

四、简答题

1. 高档干制原料主要分为动物性高档干货原料和植物性高档干制原料。高档动物性干制原料包括鲍鱼、海参、鱼肚、鱼皮、鱼骨、蹄筋、蛤士蟆油、鱼翅、燕窝等，高档植物性原料包括羊肚菌、竹荪、松茸等菌类原料。高档干制原料的主要特征是价格昂贵、加工难度大。

2. 对烹饪原料的选择鉴定方法主要有感官鉴定、理化鉴定、生物鉴定三种，其中以感官鉴定为主。

所谓感官鉴定，就是凭借人体自身的感觉器官，对烹饪原料的质量状况作出客观的评价。也就是通过用眼睛看、鼻子嗅、耳朵听、口品尝和手触摸等方式，对烹饪原料的色、香、味和外观形态进行综合性的鉴别和评价。

感官鉴定的内容主要是对原料的色彩、品种、部位、气味、成熟度、完整度等方面进行选择鉴定，从中区分出原料品种的优劣。

3. 鱼唇的质量以体大、洁净无残污水印、有光泽、迎光时透明面积大、质地干燥者为佳。在各种鱼唇中，以犁头鳐唇为最好。

海参属于棘皮动物。根据海参背面是否有圆锥肉刺状的疣足分为刺参和光参两大类。一般来说，刺参质量优于光参，光参以大乌参质量为最佳，可与刺参中的梅花参、灰刺参媲美。

选择海参时，应以体形饱满、质重皮薄、肉壁肥厚，水发时涨性大、发参率高，水发后糯而滑爽、有弹性，质细无沙粒者为好；凡体壁瘦薄，水发涨性不大，成菜易酥烂者质量差。

4. 蹄筋是以胶原纤维为主的致密结缔组织。色白，外观呈束状，包有腱鞘；为肌纤维末端的终止处，附着于骨骼上；肌收缩时的牵引力通过肌腱而作用于骨骼。胶原纤维多，细胞少；纤维排列规则而致密，其排列方向与其受力方向一致。

5. 从大小来看，个体较大者质量好，价格也高，所以餐桌上有按头数（个数）计数的习惯。每 500 g 能称两个鲍鱼，称为两头鲍，以此类推，也有三头鲍、五头鲍、二十头鲍等。因此，常有"有钱难买两头鲍"之说。

上等干鲍鱼的品质干燥，形状完整，大小均匀，色泽淡黄，呈半透明状，微有香气。干鲍鱼用水涨发后，体呈乳白色，肥厚嫩滑，味道鲜美；如色泽灰暗不透明，且外表有一层白粉，则质量较差。

6. 选用陶质器具，将蛤士蟆油用清水浸泡 2 h 至初步膨润，择洗干净，挑出蛤士蟆油上的黑筋和杂质，放入足量的清水中漂泡数次，上笼隔水隔汽蒸大约 1～1.5 h，然后放入清水中浸泡，在低温环境中存放。每千克干料可涨发 9～10 kg 湿料。

7. 海参可分为刺参和光参两大类。

刺参包括灰刺参、梅花参、方刺参等；光参包括大乌参、辐肛参、白尼参等。

8. 一是不管采用什么涨发流程，都应注意尽可能保持原料的完整，防止营养成分过多流失，要去除异味、杂质，勤于观察，分质提取，适可而止，立发即用，防止污染、破损、糜料等不良现象的产生。

二是发好的鱼翅忌用铁器盛装，铁的某些化学反应会影响鱼翅质量，产生黄色斑痕。

鱼翅在涨发中，亦不能沾有油类、盐类、酸类物质，因此，加工需高度谨慎。

9. 将整只鲍鱼用清水浸泡 12～24 h 以上至初步回软，此时将外表边裙刷洗干净，选用不锈钢或陶质器具，放入足量的鸡汤、绍酒、葱、姜，垫上竹箅子。根据鲍鱼体形大小不同，可用小火焖煮 10～24 h，直至发透、发软为止。

为了更快地涨发鲍鱼，可以在鲍鱼体上剞上均匀的刀纹，或发制过程中用竹签在鲍鱼上扎孔。鲍鱼发好后，将汤汁澄清，用原汤浸泡鲍鱼低温存放。每千克干料可涨发 3～4 kg 湿料。

10. 将洗净的蹄筋放入开水或是米汤中，浸泡数小时，待蹄筋回软，择洗干净，再加上高汤、葱、姜、料酒上笼蒸至柔软无硬心时（约 2～3 h），即为半成品。水发的蹄筋色洁白，富有弹性，食用时口感特别好，但涨发率低，不宜久存。每千克干蹄筋可涨发 2～3 kg 湿料。

11. 选用不锈钢或陶质器具，将鱼皮用清水浸泡 1～2 h 至初步回软，若是带沙的鱼皮要用热水浸泡，并将沙刮洗干净，放入足量的清水中，小火焖煮大约 1 h，再反复换水焖煮至发透为止，然后放入清水中浸泡，在低温环境中存放。每千克干料可涨发 3～4 kg 湿料。

12. 先将鱼肚晾干，将锅内加入适量的油，再放入鱼肚慢慢加热，鱼肚先逐渐缩小，然后慢慢膨胀。此时要不停翻动，待鱼肚开始漂起并发出响声时，端锅离火并继续翻动鱼肚，当油温降低时，再放火上慢慢提温，这样反复 2～3 次，鱼肚全部涨发起泡、饱满、松脆时捞出。接着放入事先准备好的热碱水中浸泡至回软，洗去油腻杂质，用清水漂洗干净，换冷水浸泡备用。用油涨发鱼肚，时间短、涨发率高。一般每千克干料可涨发 4 kg 左右的湿料。

五、综合题

1. 一般干制品的水分控制在 3%～10% 之间。

在涨发时要考虑干货原料的多样性：首先是品种的多样性，不同的品种涨发的方法不同；其次是同一品种等级的不同，也会造成涨发时间不一致；最后是干制方法的不同，也会对涨发质量有影响。

高档原料的涨发不是简单地强调出品率，要在高档原料涨发的过程中排除异味，并且掌握使其增加鲜美滋味的技法。

涨发过程尽量做到多换几次清水，这样可以除尽原料中的异味。涨发原料的容器最好不用铁质容器，因为易产生锈色。

2. 高档原料价格极其昂贵，涨发技术就显得格外重要，因为涨发后的原料品质直接关系到菜肴的质量。有些原料因为涨发时没有去掉原料中的异味，导致菜肴品质极差或无法食用。特别是鲍鱼、鱼翅、海参等高档干货原料，涨发的好坏直接决定菜品质量的优劣，如果涨发得不好，即使用再好的汤和调味料去烹制，也无法改善菜品的烹调效果。

3. 根据燕窝的质量特点和产地，燕窝可分为五种：

（1）官燕

官燕是历代皇朝的贡品，是燕窝中质量最好的一种，其特点是色洁白、晶亮、半透明、无燕毛等杂质，无质底，形似碗，略呈椭圆形。这种燕窝如存期过长，色易变黄。

（2）龙芽燕

长碗形，似龙芽，故名。色洁白，稍带燕毛，有小底座，坠角较大，边厚整齐。

（3）暹罗燕

产于泰国暹罗湾，形似龙芽燕，但较高厚，底座不大，有小坠角，色白，稍有燕毛。

（4）血燕

形同暹罗燕，色泽发红，质底色深，故名。民间常用以滋补，以其色红而补血。其实也是暹罗燕的一种。

（5）毛燕

因燕毛过多而得名，形同龙芽燕，色泽黑暗，有座底，底色发红，质略逊。

4. 由于鱼的种类、鳍的部位和加工方法不同，鱼翅的种类很多。主要有以下几类：

（1）按鱼鳍部位划分

按鱼鳍部位划分，由背鳍、胸鳍、臀鳍和尾鳍制成的鱼翅分别称为背翅、胸翅、臀翅和尾翅。背翅有少量肉，翅长而多，质量最好；胸翅肉多翅少，质量中等；尾翅肉多骨多，翅短且少，质量最差。

（2）按加工方法划分

鱼翅按加工方法可分为原翅和净翅。

原翅又称皮翅、青翅、生翅、生割，是未经加工去皮、去肉、退沙而直接干制的鱼翅。

净翅是经过复杂的工序处理后所得的鱼翅。在净翅中，取披刀翅、青翅和勾尖翅经加工去骨、去沙后称为"明翅"，取明翅的净筋针称为"翅针"。翅筋散乱的称为"散翅"，翅筋排列整齐的称为"排翅"。翅筋制成饼状的称为"翅饼"，翅筋制成月亮形的称为"月翅"。

（3）按鱼翅颜色划分

按鱼翅颜色可分为白翅和青翅两类。白翅主要用真鲨、双髻鲨等的鳍制成；青翅主要用灰鲭鲨、宽纹虎鲨等的鳍制成。

5. 先将蹄筋用温碱水洗去表层油腻和污垢，然后晾干。将锅内加入适量的凉油，再放入蹄筋慢火加热，蹄筋先逐渐缩小，然后慢慢膨胀。要勤翻动，待蹄筋开始漂起并发出"叭叭"的响声时，端锅离火并继续翻动蹄筋，当油温降得较低时，再用慢火提温，这样反复几次，待蹄筋全部涨发起泡、饱满、松脆时捞出。接着放入事先准备好的热碱水中浸泡至回软，洗去油腻杂质，择去残肉，用清水漂洗干净，换冷水浸泡备用。用油涨发蹄筋，时间短、涨发率高。一般每千克干料可涨发 6 kg 左右的湿料。

6. 鱼翅品种繁多，总体来说，将鱼翅分为老、嫩两种类型，前者统称为排翅，以老黄翅（金山黄、吕宁黄、香港老黄）为最；后者统称杂翅，如金勾翅。

现以金勾翅为例，介绍涨发流程：先用温水浸泡鱼翅 4～5 h，然后上火加热 1 h，离火后焖 2 h，用剪刀剪去边，按老嫩不同将鱼翅分别装入竹篓，或扣入汤盆，加清水、姜、葱、酒及花椒少许；将装篓之鱼翅换清水加热至 90℃焖发 4～6 h；扣汤盆的鱼翅则需蒸发 1～1.5 h；抽出翅骨及腐肉；换水继续焖（蒸）1～2 h，至鱼翅黏糯，分质提取；将加工完的鱼翅浸漂于清水中，保持 0～5℃待用。

第二章　菜肴装饰与美化

考 核 要 点

理论知识考核范围	考核要点	重要程度
餐盘装饰	1. 餐盘装饰概念	掌握
	2. 餐盘装饰特点	掌握
	3. 餐盘装饰的应用原则	掌握
	4. 实用性原则	掌握
	5. 简约化原则	掌握
	6. 鲜明性原则	掌握
	7. 协调性原则	掌握
	8. 平面装饰的构图方法	掌握
	9. 全围式平面装饰的特点	掌握
	10. 象形式平面装饰的特点	掌握
	11. 半围式平面装饰的特点	掌握
	12. 分段围边式平面装饰的特点	掌握
	13. 端饰法平面装饰的特点	掌握
	14. 居中式和居中加全围式平面装饰的特点	掌握
	15. 散点式平面装饰的特点	掌握
	16. 立雕装饰的构图方法	掌握
	17. 单纯立雕式装饰的特点	掌握
	18. 立雕围边式装饰的特点	掌握
	19. 套盘装饰的构图方法	掌握
	20. 菜品互饰的构图方法	掌握
	21. 餐盘装饰原料的选择方法	掌握
	22. 餐盘装饰的注意事项	熟悉
	23. 餐盘装饰原料的卫生要求	掌握
	24. 餐盘装饰操作卫生与个人卫生	掌握
	25. 餐盘装饰自身造型的协调	掌握
	26. 餐盘装饰造型与菜肴造型协调	掌握

续表

理论知识考核范围	考核要点	重要程度
食品雕刻	1. 食品雕刻的定义	掌握
	2. 食品雕刻的特点	掌握
	3. 食品雕刻的应用	了解
	4. 食品雕刻的原料	掌握
	5. 食品雕刻的刀具	熟悉
	6. 食品雕刻的执刀方法	熟悉
	7. 食品雕刻的刀法	掌握
	8. 食品雕刻的分类	掌握
	9. 原料性质分类法	掌握
	10. 空间构成分类法	掌握
	11. 造型形象分类法	掌握
	12. 食品雕刻作品的保鲜方法	掌握
	13. 食品雕刻步骤	掌握
	14. 不同题材食品雕刻的方法与规律	掌握
	15. 雕刻作品题材选择应注意的问题	掌握
	16. 雕刻作品在应用中应注意的问题	掌握

辅导练习题

一、判断题（下列判断正确的请在括号内打"√"，错误的请在括号内打"×"）

1. 餐盘装饰可以美化菜肴，提高菜肴的食用价值。　　　　　　（　　）

2. 餐盘装饰美化的对象是餐盘。　　　　　　　　　　　　　　（　　）

3. 餐盘装饰一般是在餐盘中装好菜肴之后进行的。　　　　　　（　　）

4. 餐盘装饰的原料以果蔬为主。　　　　　　　　　　　　　　（　　）

5. 繁难复杂是餐盘装饰制作工艺的基本要求。　　　　　　　　（　　）

6. 餐盘装饰虽然有美化菜品的好处，但也有适应面狭窄的不足。（　　）

7. 为菜肴的实用性服务是餐盘装饰的首要原则。　　　　　　　（　　）

8. 简约化是指餐盘装饰的内容和表现形式要以最简略的方式达到最大化的食用效果。

　　　　　　　　　　　　　　　　　　　　　　　　　　　　（　　）

9. 餐盘装饰要以具体鲜明的感性形式展示出来。　　　　　　　（　　）

10. 协调性原则是专指餐盘与其装饰之间色彩和形状的和谐。　（　　）

11. 餐盘装饰与菜肴是两个各自独立的审美个体。　　　　　　（　　）

12. 平面装饰就是在餐盘中适当的位置上组合成的具有特定形状的平面造型。（　　）

13. 全围式的花边都是围成圆形。（　　）

14. 多层相叠是全围式花边拼摆的基本形式。（　　）

15. 全围式花边的装饰效果具有端庄、稳定、平和的形式美感。（　　）

16. 在制作象形式平面装饰时，要突出造型的大形大势，不可刻意求工。（　　）

17. 半围式围边的长度应严格控制在餐盘周长的1/2。（　　）

18. 半围式围边具有围中有放、扩展舒朗的装饰美感。（　　）

19. 分段式围边具有围透结合、似围非围、虚实相错的装饰美感。（　　）

20. 端饰法是指在餐盘的一端拼摆围边图形的装饰方法。（　　）

21. 居中式是在餐盘的中心点进行装饰的方法。（　　）

22. 散点式是在餐盘周围多点处进行装饰的方法。（　　）

23. 立雕装饰分为单纯立雕装饰与立雕围边装饰两类。（　　）

24. 南瓜雕"盘龙"摆放在圆形平盘正中，周边留空适合盛装分体造型的菜品。（　　）

25. 立雕围边式是由立体雕刻作品与围边组合起来的餐盘装饰。（　　）

26. 套盘装饰是指将精致高雅的餐盘，或形制、材质很特别的容器，套放于另一只较大的餐盘中。（　　）

27. 单纯套盘装饰实际上就是不同大小餐盘的套装。（　　）

28. 采用套盘加立雕围边装饰时，立雕作品都是摆放于餐盘正中。（　　）

29. 菜品互饰利用不同菜肴之间互补互融的特性，以达到相得益彰的装饰效果。（　　）

30. 对于餐盘装饰而言，卫生的重要性仍是第一位的。（　　）

31. 餐盘装饰完成后应用抹布擦拭餐盘。（　　）

32. 用于装饰的原料的色彩应当与餐盘的色彩构成鲜明的对比。（　　）

33. 餐盘装饰的体量越小越好，这样才能突出菜肴的体量。（　　）

34. 餐盘装饰留出的空间要与菜肴的体量相适应。（　　）

35. 餐盘装饰造型与菜肴造型之间没有必然的联系。（　　）

36. 餐盘装饰造型应与菜肴造型的意境呼应协调。（　　）

37. 食品雕刻是以食品原料为基础，使用特殊刀具和方法，塑造可供食用的艺术形象的专门技艺。（　　）

38. 食品雕刻与石雕、玉雕等造型艺术不一样，有特殊的形式美法则。（　　）

39. 食品雕刻是烹饪技术与造型艺术的结合。（　　）

40. 果蔬雕刻一般选用质地细密、脆嫩紧实、有可塑性的果蔬为原料。（　　）

41. 食品雕刻刀具一般具有体小轻薄、刀刃锋利、形制多样的特点。（　　）

42. 食品雕刻与菜肴面点的制作工艺体系是一致的。（　　）

43. 食品雕刻的题材选择范围没有菜肴、面点的造型题材广泛。（　　）

44. 食品雕刻能形象真切地再现客观物象。（　　）

45. 尽管食品雕刻材料的物质特性不同，但作品的艺术效果是相同的。（　　）

46. 宋代扬州宴席上出现了精美绝伦的"西瓜灯"雕刻。（　　）

47. 胡萝卜适合雕刻各种萝卜灯、花卉、动物、人物、山石、盆景、花瓶等。（　　）

48. 莴笋去皮后呈翠绿色，适合雕刻小鸟、虾、螳螂等。（　　）

49. 芋头雕刻的作品有空灵剔透之风。（　　）

50. 土豆适合雕刻各种花卉。（　　）

51. 洋葱适合雕刻复瓣花卉，如荷花等。（　　）

52. 冬瓜适合做大型镂空雕的原料。（　　）

53. 南瓜是雕刻大型作品的最佳原料。（　　）

54. 用于雕刻的西瓜表皮有深浅相间条纹的为好。（　　）

55. 雕刻食品时操作者手执刀具的各种姿势称为食雕刀法。（　　）

56. 执刀方法是指在雕刻作品过程中所采用的各种用刀技术方法。（　　）

57. 切可以单独用于完成食雕作品。（　　）

58. 刻是食品雕刻中的主要用刀技法。（　　）

59. 模刻是指用刀直接将原料刻制成形的方法。（　　）

60. 依据原料性质不同，食品雕刻分为果蔬雕、琼脂雕、巧克力雕、黄油雕、面塑、糖塑等。（　　）

61. 食品雕刻按作品的空间构成可以分为圆雕和整雕两大类。（　　）

62. 在食品雕刻中，圆雕、凸雕、凹雕等都是以三维空间来表现艺术形象的。（　　）

63. 浮雕只能从特定的角度对造型形象进行欣赏。（　　）

64. 整雕就是用多块原料雕刻成一个完整独立的立体形象。（　　）

65. 制作零雕整装的作品时要有整体观念，分体一定要服从于整体。（　　）

66. 凸雕可按凸出程度分为高雕、中雕和浅雕。（　　）

67. 镂空食雕作品有空灵剔透的美感。（　　）

68. 矾水浸泡法是将雕好的成品放入1%的白矾水中进行浸泡保鲜。（　　）

69. 低温保存食雕作品的温度应控制在0℃以下。（　　）

70. 食雕作品的主题要根据个人兴趣和特长来确定。（　　）

71. 食雕作品的命题要有目的性、针对性、适合性和创造性。（　　）

72. 食品雕刻进行造型设计的依据是选料。（　　）

73. 禽鸟类雕刻的一般顺序是：喙→头部→颈部→身部→翅膀→尾部。　　　（　　）

74. 畜兽类雕刻的一般顺序是：整体下料→刻出大体轮廓→再由头部自上而下地逐步雕刻。　　　　　　　　　　　　　　　　　　　　　　　　　　　（　　）

75. 器物类雕刻的一般顺序是整体下料，自上而下地逐步雕刻。　　　　（　　）

76. 食品雕刻要选择有亲和力、寓意吉祥的题材。　　　　　　　　　　（　　）

二、单项选择题（下列每题有 4 个选项，其中只有 1 个是正确的，请将其代号填写在横线空白处）

1. 餐盘装饰美化的对象是＿＿＿＿＿＿＿。

　　A. 高档菜　　　　　　　　　　B. 普通菜

　　C. 餐盘　　　　　　　　　　　D. 菜品

2. 餐盘装饰的原料主要是以＿＿＿＿＿＿原料为主。

　　A. 果蔬类　　　　　　　　　　B. 蔬菜类

　　C. 果类　　　　　　　　　　　D. 瓜类

3. 餐盘装饰制作工艺崇尚＿＿＿＿＿＿＿。

　　A. 繁难复杂　　　　　　　　　B. 简单便捷

　　C. 精雕细刻　　　　　　　　　D. 富丽堂皇

4. 餐盘装饰的首要原则是＿＿＿＿＿＿＿。

　　A. 逢菜必饰　　　　　　　　　B. 唯美主义

　　C. 实用性　　　　　　　　　　D. 可食性

5. 餐盘装饰的内容和表现形式以最简略的方式达到最大化的美化效果是＿＿＿＿＿＿原则的基本含义。

　　A. 协调性　　　　　　　　　　B. 实用性

　　C. 鲜明性　　　　　　　　　　D. 简约化

6. 鲜明性原则是指餐盘装饰要以＿＿＿＿＿＿、具体的感性形式来协助表现菜肴美感。

　　A. 立体的　　　　　　　　　　B. 平面的

　　C. 形象的　　　　　　　　　　D. 少量的

7. 在餐盘装饰中，协调性首先是指＿＿＿＿＿＿的协调。

　　A. 菜肴相互之间　　　　　　　B. 餐盘装饰自身

　　C. 荤素原料比例　　　　　　　D. 营养素比例

8. 全围式花色围边采用的基本方法是＿＿＿＿＿＿＿。

　　A. 依器定形　　　　　　　　　B. 平面造型

　　C. 圆中套方　　　　　　　　　D. 圆形为主

9. 餐盘围边装饰中的半围式是在餐盘的_____围摆造型。

    A. 半边

    B. 一端

    C. 两端

    D. 中间

10. 在餐盘周围有间隔地围摆花边是_____。

    A. 端饰法

    B. 分段围边式

    C. 半围式

    D. 散点式

11. 居中式是在餐盘的_____进行装饰的方法。

    A. 中心点

    B. 中轴线上

    C. 中心点或中轴线上

    D. 边线居中处

12. 居中式装饰中留空在四周的餐盘，适合盛装的菜品是_____。

    A. 葱烧海参

    B. 清炒鱼米

    C. 水煮肉片

    D. 菠萝虾球

13. 餐盘装饰中，有绵延不断、循环往复、舒朗空灵感觉的是_____。

    A. 端饰法

    B. 散点式

    C. 居中式

    D. 全围式

14. 立雕装饰分为_____装饰与立雕围边装饰。

    A. 单纯立雕

    B. 端饰法

    C. 散点式

    D. 象形式

15. 立雕围边式是由立体雕刻作品与_____组合起来的餐盘装饰。

    A. 全围式

    B. 半围式

    C. 居中式

    D. 围边

16. 单纯套盘装饰是_____的餐盘套装。

    A. 两件餐盘

    B. 三件餐盘

    C. 不同大小

    D. 相同大小

17. 菜品互饰是指在_____中，不同菜品之间的互补互饰。

    A. 热菜制作

    B. 点心制作

    C. 一个餐盘

    D. 两个餐盘

18. 在一个餐盘中，利用不同菜品之间互补互融的特性，可以达到_____的装饰效果。

    A. 各成一体

    B. 相得益彰

    C. 彼此调和

    D. 相互对立

19. 菜品互饰利用的是_____之间互补互融的特性。

A. 不同原料   B. 主料和辅料

C. 不同颜色   D. 不同菜品

20. 菜品互饰利用的是不同菜品之间_____的特性。

A. 互补互融   B. 互不相融

C. 同一形状   D. 不同味型

21. 装饰原料的色彩与菜肴色彩的搭配，一般以_____为好。

A. 对比明快   B. 相近色彩

C. 红绿对比   D. 黑白对比

22. 餐盘装饰中，_____应与菜肴体量的大小相适应。

A. 原料的色彩   B. 选择的造型

C. 重心的确定   D. 体量的大小

23. 食品雕刻与石雕、玉雕等造型艺术一样，_____。

A. 有相同的题材选择范围   B. 有相同的工艺技术体系

C. 有相类似的应用范围   D. 遵守共同的形式美法则

24. 用于雕刻的瓜果蔬菜原料应具有_____的特点。

A. 质地细密、外圆内空、有弹性

B. 质地松软、脆嫩紧实、有黏性

C. 质地细密、老韧紧实、根部肥大

D. 质地细密、脆嫩紧实、有可塑性

25. 以果蔬原料为例，食品雕刻的取料范围与菜肴面点的取料范围相比_____。

A. 要广泛得多   B. 要狭窄得多

C. 基本一致   D. 各不相同

26. 食品雕刻题材选择范围与菜肴面点造型题材选择范围相比_____。

A. 要广泛得多   B. 要狭窄得多

C. 基本一致   D. 完全不同

27. 精美绝伦的西瓜灯最早出现在清代_____宴席上。

A. 扬州   B. 杭州

C. 济南   D. 成都

28. 适合雕刻长瓣菊花的一组原料是_____。

A. 南瓜、冬瓜、油菜、哈密瓜   B. 萝卜、土豆、油菜、大白菜

C. 洋葱、西瓜、黄瓜、卷心菜   D. 芋头、红薯、苹果、紫茄子

29. 适合镂空雕刻的一组原料是_____。

A. 扁圆形南瓜、苹果　　　　　B. 西瓜、芋头

C. 卵圆形南瓜、西瓜　　　　　D. 莴笋、茭瓜

30. 最适合雕刻红梅花、腊梅花的一组原料是_____。

A. 红胡萝卜、黄胡萝卜　　　　B. 心里美萝卜、生姜

C. 红大椒、苹果　　　　　　　D. 红樱桃、白果

31. 平口刀、斜口刀、半圆形槽刀、圆孔刀、剜球刀、模型刀等是根据雕刻刀具的_____进行分类的。

A. 材质与工艺　　　　　　　　B. 规格与图样

C. 形状与用途　　　　　　　　D. 形状与大小

32. 雕刻牡丹花、玫瑰花最适用的刀具是_____。

A. 半圆形槽刀　　　　　　　　B. 切刀

C. 斜口刀　　　　　　　　　　D. 平口刀

33. 雕刻菊花、西番莲最适用的刀具是_____。

A. 半圆形瓜环刻刀　　　　　　B. 方形槽刀

C. 半圆形槽刀　　　　　　　　D. 三角形槽刀

34. 雕刻食品时操作者手执刀具的各种姿势称为_____。

A. 插刀法　　　　　　　　　　B. 横刀法

C. 食雕刀法　　　　　　　　　D. 执刀方法

35. 在雕刻作品过程中所采用的各种用刀技术方法称为_____。

A. 食雕刀法　　　　　　　　　B. 执刀方法

C. 纵刀法　　　　　　　　　　D. 横刀法

36. 按空间构成分类，食品雕刻分为圆雕和_____。

A. 凹雕　　　　　　　　　　　B. 凸雕

C. 浮雕　　　　　　　　　　　D. 镂空雕

37. 在食品雕刻中，采用三维空间表现形象的是_____。

A. 圆雕　　　　　　　　　　　B. 浮雕

C. 凸雕　　　　　　　　　　　D. 凹雕

38. 圆雕有整雕与_____之分。

A. 果蔬雕　　　　　　　　　　B. 黄油雕

C. 镂空雕　　　　　　　　　　D. 零雕整装

39. 浮雕分为凸雕、凹雕和_____。

A. 琼脂雕　　　　　　　　　　B. 镂空雕

C. 圆雕　　　　　　　　　　　　　D. 黄油雕

40. 制作零雕整装的作品，要有_____，有计划、按步骤地进行分体部位的雕刻。

A. 创新意识　　　　　　　　　　　B. 形象思维

C. 整体观念　　　　　　　　　　　D. 实践经验

41. 阳纹雕是把要表现的花纹图案以_____的形式刻留在原料上。

A. 向内凹陷　　　　　　　　　　　B. 向外凸出

C. 红色纹路　　　　　　　　　　　D. 镂空方法

42. 阴纹雕是把要表现的花纹图案以_____的形式刻留在原料上。

A. 黑色纹路　　　　　　　　　　　B. 镂空方法

C. 向外凸出　　　　　　　　　　　D. 向内凹陷

43. 花卉类、禽鸟类、鱼虫类、景观类、器物类等食雕作品是按_____进行分类的。

A. 造型形象　　　　　　　　　　　B. 空间构成

C. 原料性质　　　　　　　　　　　D. 审美趣味

44. 可用于食品雕刻作品保鲜的方法是_____浸泡。

A. 热水　　　　　　　　　　　　　B. 冷水

C. 盐水　　　　　　　　　　　　　D. 碱水

45. 最适宜保存食品雕刻作品的温度是_____℃。

A. 20　　　　　　　　　　　　　　B. 10

C. 1　　　　　　　　　　　　　　 D. −5

46. 刷油可以使果蔬雕作品_____。

A. 增加香味　　　　　　　　　　　B. 脱水萎缩

C. 延缓水分损失　　　　　　　　　D. 加快水分损失

47. 命题即根据使用目的与用途来确定雕刻作品的_____。

A. 原料　　　　　　　　　　　　　B. 主题

C. 构图　　　　　　　　　　　　　D. 造型

48. 食品雕刻的造型设计是根据_____进行的。

A. 使用的刀具　　　　　　　　　　B. 原料的质地

C. 原料的大小　　　　　　　　　　D. 确定的命题

49. 花卉花瓣雕刻的关键是要将花瓣的_____刻出来。

A. 分层　　　　　　　　　　　　　B. 厚度

C. 角度　　　　　　　　　　　　　D. 特点

50. 禽鸟类整雕的一般顺序是_____。

A. 尾部→翅膀→身部→颈部→头部→喙

B. 喙→头部→身部→尾部→颈部→翅膀

C. 喙→尾部→翅膀→身部→颈部→头部

D. 喙→头部→颈部→身部→翅膀→尾部

51. 瓜灯雕刻的一般顺序是_____。

A. 构思→选料→布局→画线→刻线→起环→剜瓤→突环→组装

B. 构思→布局→选料→画线→起环→刻线→剜瓤→突环→组装

C. 构思→选料→剜瓤→画线→刻线→起环→突环→布局→组装

D. 构思→选料→剜瓤→布局→画线→刻线→起环→突环→组装

52. 食雕作品的选用要与_____的饮食审美需要相契合。

A. 经营者　　　　　　　　　B. 作者

C. 欣赏者　　　　　　　　　D. 厨师

三、多项选择题（下列每题有多个选项，至少有 2 个是正确的，请将其代号填写在横线空白处）

1. 餐盘装饰需要_____，才能达到美化菜肴的效果。

A. 采用适当的原料　　　　　B. 经过一定的技术处理

C. 复杂的拼摆工艺　　　　　D. 选用合适的餐盘

E. 摆放成特定的造型

2. 餐盘装饰的特点有_____。

A. 用料范围以果蔬为主　　　B. 制作工艺简单便捷

C. 能应用在很多菜品中　　　D. 增加菜肴的完美性

E. 化平庸为神奇

3. 餐盘装饰的应用原则有_____。

A. 高贵性原则　　　　　　　B. 简约化原则

C. 实用性原则　　　　　　　D. 鲜明性原则

E. 协调性原则

4. 从原料的角度而言，实用性还指在餐盘装饰中提倡_____。

A. 多选用能食用的原料

B. 多选用荤菜类熟料

C. 少选用不能食用的原料

D. 少选用果蔬类生料

E. 杜绝危害人体食用安全的原料

5. 餐盘装饰中简约化原则的基本含义有_____。

  A. 装饰原料越少越好   B. 最简约的表现形式

  C. 最精当的装饰内容   D. 装饰空间越小越好

  E. 最大化的美化效果

6. 在餐盘装饰时，要善于利用装饰原料的_____等属性，在盘中摆放出鲜明、生动、具体的图形。

  A. 档次   B. 颜色

  C. 形状   D. 质地

  E. 营养

7. 餐盘装饰中协调性原则的基本含义包括_____。

  A. 餐盘装饰自身的协调

  B. 不同餐盘装饰之间的协调

  C. 不同菜肴之间的造型协调

  D. 餐盘装饰与菜肴之间的协调

  E. 菜肴中各种营养素比例的协调

8. 餐盘装饰按其空间构成形式及其性质分类有_____。

  A. 平面装饰   B. 立雕装饰

  C. 套盘装饰   D. 菜品互饰

  E. 全围式装饰

9. 下列餐盘装饰方法中，属于平面装饰的是_____。

  A. 全围式   B. 半围式

  C. 分段围边式   D. 端饰法

  E. 散点式

10. 分段围边装饰给人以_____的美感。

  A. 围而不透   B. 壅塞局促

  C. 似围非围   D. 围透结合

  E. 虚实相错

11. 下列餐盘装饰方法中，属于立雕装饰的有_____。

  A. 两端装饰法   B. 居中加全围式装饰法

  C. 单纯立雕式装饰法   D. 立雕围边式装饰法

  E. 分段围边式装饰法

12. 下列餐盘装饰方法中，属于套盘装饰的有_____。

A. 单纯套盘装饰法
B. 套盘加围边装饰法
C. 套盘加立雕围边装饰法
D. 立雕围边式装饰法
E. 居中加全围式装饰法

13. 菜品互饰包括_____之间的相互装饰。
    A. 食雕与菜肴
    B. 菜肴与点心
    C. 套盘加围边
    D. 点心与点心
    E. 菜肴与菜肴

14. 下列菜品中可以互饰的有_____。
    A. 菊花青鱼/炒鳗鱼花
    B. 杨梅虾球/龙井虾仁
    C. 白烩酥腰/糖醋里脊
    D. 寿桃包子/滑炒鱼线
    E. 虾肉蒸饺/蟹黄汤包

15. 餐盘装饰要选用_____的原料。
    A. 符合食品卫生要求
    B. 新鲜质优
    C. 色彩鲜艳光洁
    D. 形态端正适用
    E. 可食用、可调味

16. 餐盘装饰原料的基本卫生要求有_____。
    A. 蔬菜水果等原料清洗干净
    B. 选用对人体无毒无害的原料
    C. 贝壳等材料经过严格消毒处理
    D. 可食性装饰原料不用人工合成色素着色
    E. 果蔬雕作品可以与菜肴直接接触

17. 餐盘装饰自身造型协调包括_____等几个方面的协调。
    A. 装饰原料与餐盘的档次
    B. 装饰图样与餐盘大小
    C. 餐盘与装饰图样
    D. 装饰的体量与菜肴的体量
    E. 装饰造型摆放位置

18. 餐盘装饰造型与菜肴造型协调包括_____等几个方面的协调。
    A. 在立意上直接相通
    B. 在造型上有直接联系
    C. 原料使用的一致性
    D. 两者某种属性相契合
    E. 两者之间的"暗合"

19. 食品雕刻与石雕、玉雕、木刻等造型艺术一样，有_____。
    A. 共同的美术原理
    B. 共同的形式美法则
    C. 相同的制作工艺
    D. 能塑造艺术形象

E. 能给人以审美享受

20. 果蔬雕刻与菜肴、面点技艺相比，其特点有＿＿＿＿＿。

    A. 原料具有雕刻性能   B. 有专门的刀具

    C. 独特的制作工艺   D. 造型题材广泛

    E. 独特的造型性

21. 用于果蔬雕刻的原料应具有＿＿＿＿＿的特点。

    A. 外实内空   B. 有可塑性

    C. 质地细密   D. 老韧坚硬

    E. 脆嫩紧实

22. 果蔬雕刻的刀具一般具有＿＿＿＿＿的特点。

    A. 体小轻薄   B. 体大厚重

    C. 刀刃锋利   D. 模具为主

    E. 形制多样

23. 食品雕刻的应用范围主要有＿＿＿＿＿。

    A. 食用为主   B. 兼作盛器

    C. 美化菜肴   D. 装饰宴会台面

    E. 专用于欣赏

24. 适合雕刻萝卜灯的萝卜有＿＿＿＿＿。

    A. 黄胡萝卜   B. 红胡萝卜

    C. 红皮萝卜   D. 心里美萝卜

    E. 青皮萝卜

25. 适合人物整雕的原料有＿＿＿＿＿。

    A. 大白萝卜   B. 荔浦芋头

    C. 土豆   D. 西瓜

    E. 南瓜

26. 冬瓜适合＿＿＿＿＿。

    A. 人物整雕   B. 瓜盅雕刻

    C. 花卉整雕   D. 瓜灯雕刻

    E. 镂空雕

27. 长圆形南瓜适合整雕＿＿＿＿＿。

    A. 花卉   B. 人物

    C. 禽鸟   D. 建筑

E. 兽类

28. 在食品雕刻中起衬托辅助性作用的原料有_____。

   A. 调色增色类　　　　　　B. 粘连或连接类

   C. 支撑架类　　　　　　　D. 根菜类

   E. 茎菜类

29. 食品雕刻刀具根据其使用性质分为_____。

   A. 圆孔刀　　　　　　　　B. 斜口刀

   C. 平口刀　　　　　　　　D. 刻刀

   E. 模型刀

30. 下列属于按用途与形状分类的食品雕刻刀具有_____。

   A. 三角形槽刀　　　　　　B. 平口刀

   C. 半圆形槽刀　　　　　　D. 斜口刀

   E. 方口形槽刀

31. 食品雕刻常用的执刀方法有_____。

   A. 握刀法　　　　　　　　B. 横刀法

   C. 纵刀法　　　　　　　　D. 插刀法

   E. 戳刻法

32. 刻是食雕中的重要刀法，有_____。

   A. 直刻　　　　　　　　　B. 斜刻

   C. 旋刻　　　　　　　　　D. 曲线刻

   E. 平刻

33. 食雕中刻刀法适用的刀具有_____。

   A. 剜球刀　　　　　　　　B. 切刀

   C. 斜口刀　　　　　　　　D. 平口刀

   E. 宝剑形刀

34. 下列属于按食品雕刻原料性质分类的有_____。

   A. 黄油雕　　　　　　　　B. 果蔬雕

   C. 琼脂雕　　　　　　　　D. 根雕

   E. 糖塑

35. 食品雕刻作品按空间构成分为_____。

   A. 圆雕　　　　　　　　　B. 整雕

   C. 浮雕　　　　　　　　　D. 高雕

E. 浅雕

36. 在食品雕刻中，浮雕分为_____。

    A. 整雕　　　　　　　　　　B. 凸雕

    C. 高雕　　　　　　　　　　D. 凹雕

    E. 镂空雕

37. 食品雕刻作品常用的保鲜方法有_____。

    A. 冷水浸泡法　　　　　　　B. 矾水浸泡法

    C. 盐水浸泡法　　　　　　　D. 碱水浸泡法

    E. 低温保藏法

38. 食品雕刻的步骤包括_____。

    A. 命题　　　　　　　　　　B. 设计

    C. 选料　　　　　　　　　　D. 雕刻

    E. 造型

39. 用于宴会台面装饰的雕刻作品，应根据_____等进行综合考量。

    A. 宴会气氛　　　　　　　　B. 宴会主题

    C. 台面形状　　　　　　　　D. 台面布置

    E. 宾客的喜好禁忌

40. 食品雕刻的命题要做到有_____。

    A. 目的性　　　　　　　　　B. 针对性

    C. 适合性　　　　　　　　　D. 创造性

    E. 食用性

41. 从表现主题和实现造型的目的出发，食雕选料要考虑到原料的_____等方面。

    A. 种类　　　　　　　　　　B. 颜色

    C. 形态　　　　　　　　　　D. 大小

    E. 质地

42. 食品雕刻作品在应用中应做到_____。

    A. 突出食用性　　　　　　　B. 符合卫生要求

    C. 注意重心稳定　　　　　　D. 选择应用场合

    E. 适应欣赏者的审美需要

四、简答题

1. 简述餐盘装饰的概念和特点。

2. 简述餐盘装饰的应用原则。

3. 简述餐盘装饰实用性原则的基本含义。

4. 简述餐盘平面装饰的定义及其类型。

5. 简述套盘装饰的构图方法。

6. 举例说明菜品互饰的几种不同形式。

7. 简述餐盘装饰的原料选择方法与要求。

8. 简述套盘装饰的操作步骤。

9. 简述餐盘装饰的注意事项。

10. 简述餐盘装饰原料的卫生要求。

11. 简述餐盘装饰的操作卫生与个人卫生要求。

12. 简述餐盘装饰自身造型协调的注意事项。

13. 举例说明餐盘装饰造型与菜肴造型协调的注意事项。

14. 简述食品雕刻的定义。

15. 简述食品雕刻的特点。

16. 简述食品雕刻的意义。

17. 以果蔬原料为例，说明食品雕刻原料的选料要求与种类。

18. 举例说明食品雕刻辅助类原料的种类。

19. 简述食品雕刻刀具的种类。

20. 简述食品雕刻的执刀方法和刀法种类。

21. 简述刻法在食品雕刻中的应用。

22. 简述食品雕刻空间构成分类法。

23. 简述食品雕刻作品的保鲜方法。

24. 简述食品雕刻命题的注意事项。

25. 食雕题材选择有哪些值得注意的问题？

26. 食雕作品在应用中有哪些值得注意的问题？

五、综合题

1. 简论餐盘装饰的构图方法。

2. 简论餐盘的卫生问题。

3. 简论餐盘装饰色彩与造型的协调。

参 考 答 案

一、判断题

1. √	2. ×	3. ×	4. √	5. ×	6. ×	7. √	8. ×	9. √
10. ×	11. ×	12. √	13. ×	14. ×	15. √	16. √	17. ×	18. √
19. √	20. ×	21. ×	22. √	23. √	24. √	25. √	26. √	27. √
28. ×	29. √	30. √	31. ×	32. √	33. ×	34. √	35. ×	36. √
37. √	38. ×	39. √	40. √	41. √	42. ×	43. ×	44. √	45. ×
46. √	47. ×	48. √	49. √	50. √	51. √	52. ×	53. √	54. ×
55. ×	56. √	57. ×	58. √	59. ×	60. √	61. √	62. √	63. √
64. ×	65. √	66. √	67. √	68. √	69. ×	70. ×	71. √	72. ×
73. √	74. √	75. √	76. √					

二、单项选择题

1. D	2. A	3. B	4. C	5. D	6. C	7. B	8. A	9. A
10. B	11. C	12. D	13. B	14. A	15. D	16. C	17. C	18. B
19. D	20. A	21. A	22. D	23. D	24. D	25. B	26. A	27. A
28. B	29. C	30. D	31. C	32. D	33. C	34. D	35. A	36. C
37. A	38. D	39. B	40. C	41. B	42. D	43. A	44. B	45. C
46. C	47. B	48. D	49. D	50. D	51. A	52. C		

三、多项选择题

1. ABDE	2. ABCD	3. BCDE	4. ACE	5. BCE
6. BCD	7. AD	8. ABCD	9. ABCDE	10. CDE
11. CD	12. ABC	13. BDE	14. ABD	15. ABCD
16. ABCD	17. BCDE	18. ABDE	19. ABDE	20. ABCDE
21. BCE	22. ACE	23. BCDE	24. CDE	25. ABE
26. BDE	27. ABCDE	28. ABC	29. DE	30. ABCDE
31. BCD	32. ABCDE	33. CDE	34. ABCE	35. AC
36. BDE	37. ABE	38. ABCD	39. BCDE	40. ABCD
41. ABCDE	42. BCDE			

四、简答题

1. 餐盘装饰是指采用适当的原料或器物，经一定的技术处理后，在餐盘中摆放成特定的造型，以美化菜肴、提高菜肴食用价值的制作工艺。

餐盘装饰的特点是：

（1）用料范围以果蔬为主。

（2）制作工艺崇尚简单便捷。

（3）适应面广，美化效果好。

2. 餐盘装饰的应用原则有：

（1）实用性原则

实用性就是餐盘装饰要始终坚持为菜肴服务的原则。餐盘装饰是附属于菜肴的，它是菜肴的陪衬，而不是菜肴的主体。菜肴的内在品质、风味特色及其外在感官性状的优良，应着眼于菜肴制作过程中对原料的合理使用，以及加工方法运用是否得当。

（2）简约化原则

简约化就是指餐盘装饰的内容和表现形式，要以最简略的方式达到最大化的美化效果。

（3）鲜明性原则

鲜明性就是指餐盘装饰要以形象的、具体的感性形式来协助表现菜肴的美感。在餐盘装饰时，要善于利用装饰原料的颜色、形状、质地等属性，在盘中摆放出鲜明、生动、具体的图形。

（4）协调性原则

协调性就是指餐盘装饰自身及其与菜肴之间的和谐。首先是餐盘装饰自身的协调性，其装饰造型、色彩及其与餐盘之间应该是和谐的。其次餐盘装饰要充分考虑菜肴之间在表达主题、造型形式以及原料选择上的联系，使餐盘装饰与菜肴合为一个有机联系的整体。

3. 对于餐盘装饰而言，实用性原则包括以下几层含义：

（1）只有需要进行餐盘装饰的菜肴，才能进行餐盘装饰，不能"逢菜必饰"，以免画蛇添足。

（2）主从有别，特别要注意克服花大力气进行华而不实、喧宾夺主式的餐盘装饰。

（3）要克服为装饰而装饰的唯美主义倾向。

（4）提倡在餐盘装饰中多选用能食用的原料，少选用不能食用的原料，杜绝使用危害人体食用安全的原料。

4. 平面装饰又称菜肴围边装饰，一般是以常见的新鲜水果、蔬菜为装饰原料，利用原料固有的色泽和形状，采用一定的技法将原料加工成形，在餐盘适当的位置组合成具有特定形状的平面造型。

平面装饰按照其构图的特点，分为全围式、象形式、半围式、分段围边式、端饰法、居中式和居中加全围式、散点式等七种类型。

5. 套盘装饰是指将精致、高雅的餐盘，或形制、材质很特别的容器，套放于另一只较大的餐盘中，以提升菜肴的品位价值和审美价值。

套盘装饰的构图方法主要有以下三种：

（1）单纯套盘装饰法——不同大小餐盘的套装。

（2）套盘加围边装饰法——套盘装饰与围边装饰的组合形式。

（3）套盘加立雕围边装饰法——在套盘加围边装饰的基础上，加入立体雕刻作品构成的造型。

6. 菜品互饰是利用不同菜肴之间互补互融的特性，把它们共放在一只餐盘中，以达到相得益彰的装饰效果。

菜品互饰最普遍的构图形式，是以能分成若干单体的菜肴或点心围在餐盘的周围，留出餐盘中央的空间，用以盛装另种菜肴或点心。

菜肴互饰还可采用两边对分式、三分式等构图方式。

在菜肴互饰中，为了间色、间味及美观的需要，还可以采用插入围边的方法。

7. 餐盘装饰的原料选择方法是：

（1）要选择符合食品卫生要求的烹饪原料。

（2）要选用新鲜质优的原料，如用于餐盘装饰的蔬菜、水果，要选新鲜脆嫩、肉实不空的原料。

（3）要选用色彩鲜艳光洁、形态端正适用的原料。色彩鲜艳有助于凸显美化效果；形态端正适用有助于因料取势，省时省力，可收到事半功倍的效果。

（4）既用于观赏又可食用的装饰原料，要具有可调味的特点。

（5）只用于观赏的装饰原料及其他物品，在使用前要洗涤干净，并进行消毒处理。

8. 套盘装饰的操作步骤如下：

（1）根据菜肴特点和造型需要，选好相互之间在大小、形状、颜色等方面相匹配的盛器。

（2）对除盛器之外，不需要其他装饰物美化的，应直接将小盛器平稳地摆放于大盛器中适当的位置。

（3）需要用其他装饰原料来美化的有两类。一类是先在大盛器中适当的位置上摆放好小盛器，然后再进行其他装饰美化；另一类是先将其他装饰图形摆好后，再将小盛器放在装饰图形中，或是摆放在其他适合的位置上。

9. 餐盘装饰的注意事项如下：

（1）餐盘装饰必须符合卫生的要求。

（2）餐盘装饰必须处理好色彩搭配。

（3）餐盘装饰必须处理好型的协调。

（4）餐盘装饰造型应与菜肴本身的造型呼应协调。

10. 餐盘装饰原料的卫生要求是：

（1）选用对人体无毒无害的原料。

（2）蔬菜水果等原料必须彻底洗净。

（3）用于装饰的贝壳、雨花石等必须进行严格消毒处理。

（4）使用不能食用的原料做装饰物时（如南瓜雕刻作品），要用可食果蔬原料分隔，使其不与菜肴直接接触。

（5）可食性装饰原料不要添加人工合成色素着色。

11. 餐盘装饰的操作卫生与个人卫生的基本要求是：

（1）操作人员在操作时严禁吸烟、随地吐痰。

（2）保持刀具、菜墩的清洁。

（3）取用原料时，要分清经过卫生处理的原料与未经卫生处理的原料，不能混放、混取、混用。

（4）拼摆、整理餐盘装饰时，切忌用一布多用的抹布或用手去揩抹。

（5）餐盘装饰完成后，如果不是即时盛装菜肴，需要用保鲜膜将餐盘封裹严实。

12. 餐盘装饰自身造型协调的注意事项有：

（1）摆放装饰的餐盘应与装饰图样的造型相协调。

（2）餐盘装饰的体量大小应与餐盘的大小和菜肴的体量相互协调。

（3）餐盘装饰造型摆放的位置应恰当。

13. 餐盘装饰造型与菜肴造型协调的注意事项有：

（1）相互之间在立意与造型上要有直接联系。

（2）装饰造型与菜肴的某种属性相契合。

（3）装饰造型与菜肴造型要"暗合"。

14. 食品雕刻就是以具备雕刻性能的食品原料为基础，使用特殊刀具和方法，塑造可供视觉观赏的艺术形象的专门技艺。

15. 食品雕刻的特点是：

（1）以具备雕刻性能的瓜果蔬菜原料为主。

（2）有专门的刀具和独特的制作工艺。

（3）从自然界事物和现实生活中广泛提取题材。

（4）具有独特的造型性、空间感和质量感。

16. 食品雕刻是我国烹饪技术中一项宝贵的遗产，它是在借鉴其他艺术门类的基础上逐步形成和发展起来的，是厨艺人员在长期实践中创造出来的一门餐桌上的艺术。

食品雕刻的应用主要有四个方面：一是美化菜肴；二是兼作盛器，具有可食性的瓜果蔬菜经雕刻后，既可供欣赏也可作盛器之用；三是装饰宴会台面，例如，与花台结合起来使用，更能增加宴会审美效应；四是专门用于欣赏展示。

17. 食品雕刻的原料，按是否具有食用性分为食品类原料与非食品类原料两类。食品类原料是食品雕刻的主要部分。

食品类雕刻原料应符合新鲜脆嫩、色泽鲜艳、形态端正、皮薄无筋、肉质紧密细实、有可塑性的要求。食品类雕刻原料，一是来源于蔬菜中的根菜类、茎菜类、果菜类、花菜类，二是来源于果类的鲜果、瓜果类。

18. 辅助类原料是指为完成雕刻作品所必不可少且能起辅助性作用的原料。这类原料可分为以下几类：

（1）调色增色类

人工合成色素即属此类，如靛蓝、柠檬黄、胭脂红、桃红等色素。

（2）粘连或连接类

例如竹签、牙签、502胶水等，这些材料可以用于组合雕刻的分体间的连接并固定成为一个完整的作品。

（3）支撑架类

有些大型组合雕刻，由于雕刻的形象多或分体组件多，造型上又为多层次架构，故使用特制铁架等来分布与固定造型。

（4）点睛点缀类

例如，用花椒籽、相思豆嵌做禽鸟、小动物等的眼睛；又如，用新鲜翠绿的树叶、竹叶、花草叶等做点缀的材料。

19. 食品雕刻的刀具，既有雕刻者根据实际操作经验和对作品的具体需要自行设计制作的，也有专业生产厂家专门生产的定型套制刀具。

食品雕刻刀具的分类：一种是根据其使用性质分为刻刀和模型刀两大类。刻刀类大都小巧轻便，使用方便，技术性强，适应面广；模型刀类是制成特定图形的刀具，简便实用，成形速度快，针对性强。另一种是根据雕刻刀具的用途与形状，分为切刀、平口刀、斜口刀、半圆形槽刀、三角形槽刀、圆孔刀、方口形槽刀、方口形或半圆形瓜环刻刀、宝剑形刀、剜球刀、模型刀和其他工具等。

20. 食品雕刻的执刀方法是指在雕刻食品时，操作者手执刀具的各种姿势。

常规的执刀方法有横刀法、纵刀法、执笔法和插刀法四种。

食品雕刻的刀法是指在雕刻作品过程中所采用的各种用刀技术方法。

常用的刀法有切、削、划、刻、戳、铲、刮和模刻等八种。

21. 刻是雕刻中的主要刀法。根据刀与原料接触的角度及运刀方向不同，有直刻、斜刻、曲线刻、旋刻和平刻等。

（1）直刻是指刀刃垂直于原料，竖直向下刻下去。

（2）斜刻是指刀刃倾斜插入原料，成一定的角度斜刻下去。

（3）曲线刻是指行刀的方向与路线呈波浪形运动。

（4）旋刻是指刻制时刀随滚动的原料做弧形或圆周运动。

（5）平刻是指刀刃与原料呈平行运动。

22. 食品雕刻按作品的空间构成不同，分为圆雕和浮雕两大类。

（1）圆雕是以三维空间来表现实体，因而可以从任何一面对造型形象进行欣赏。圆雕有整雕与零雕整装之分。整雕就是用一块原料雕刻成一个完整独立的立体形象。零雕整装是指用两块或两块以上的原料，先雕刻成某一形象的部件，或雕刻成多个形象组合的分体部分，再集中组装成完整的形象。

（2）浮雕是在原料表面雕刻出凸凹不平的形象的形式，因而只能从特定的角度对造型形象进行欣赏。浮雕可分为凸雕、凹雕和镂空雕。凸雕也称阳纹雕，是把要表现的花纹图案向外凸出地刻留在原料表面。凹雕也称阴纹雕，是把要表现的花纹图案以向内凹陷的形式刻留在原料上。镂空雕是指用镂空透刻的方法，把所需要的花纹图案刻留在原料上。

23. 食品雕刻作品的保鲜方法有冷水浸泡法、矾水浸泡法、低温保藏法、包裹法、刷胶保鲜法、刷油保鲜法和喷水保鲜法等七种。

（1）冷水浸泡法是将雕刻好的成品直接放入冷水中浸泡。

（2）矾水浸泡法是将雕刻好的成品放入浓度为1％的白矾水中浸泡。

（3）低温保藏法是将雕刻好的成品放入盛器中，注入凉水，水量以浸没雕品为宜，然后放入冰箱内，温度保持在1℃左右，以不结冰为宜。

（4）包裹法是用保鲜膜或先以洁净湿布包裹，再用保鲜膜封裹雕刻作品。

（5）刷胶保鲜法是把鱼胶粉熬成的溶胶液均匀地抹刷在雕刻作品表面。

（6）刷油保鲜法是把精炼油均匀地涂刷在雕刻作品表面。

（7）喷水保鲜法是用喷壶将水喷淋在雕刻作品表面，以延长雕刻作品存放时间。

24. 食品雕刻命题是根据使用目的与用途来确定雕刻作品的主题。确定食品雕刻作品的命题，要结合以下四种用途来考虑：

（1）用于菜肴装饰的雕刻作品，应根据菜肴的特点、造型要求，选择与之相适应的主题。

（2）用于宴会台面装饰的雕刻作品，应根据宴会的主题、台面的形状和布置，以及宾客的习俗、喜好等，选择能深化宴会主题、渲染宴会气氛的题材。

（3）用于美食展台的雕刻作品，应根据食品展台的主题、展示的重点、食雕在其中的作用等来选择主题。

（4）用于专门展示食雕技艺的雕刻作品，选题受束缚较少，但要选择寓意好且是作者最擅长的或最能发挥个人创造性的题材。

总之，命题要有目的性、针对性、适合性和创造性，要富有意义。

25. 食雕题材选择应注意的问题有：

（1）要选择有亲和力、寓意吉祥的题材。

（2）要根据不同的应用需要来选择题材。

（3）组合雕刻作品中要选择相互有联系的不同题材来组合。

（4）不同题材组合到一个作品中时，要确定好表现的重点与主次关系。

26. 食雕作品在应用中应注意的问题有：

（1）要符合卫生要求。

（2）要注意重心稳定。

（3）要选择应用场合。

（4）要适应欣赏者的饮食审美需要。

五、综合题

1. 餐盘装饰按其空间构成形式及其性质可分为平面装饰、立雕装饰、套盘装饰和菜品互饰四类。

（1）平面装饰又称菜肴围边装饰，一般是以常见的新鲜水果、蔬菜为装饰原料，利用原料固有的色泽和形状，采用一定的技法将原料加工成形，在餐盘适当的位置组合成具有特定形状的平面造型。

平面装饰分为全围式、象形式、半围式、分段围边式、端饰法、居中式和居中加全围式、散点式等七种类型。

（2）立雕是立体雕刻的简称。立雕装饰分为单纯立雕装饰与立雕围边装饰两类。

（3）套盘装饰是指将精致、高雅的餐盘，或形制、材质很特别的容器，套放于另一只较大的餐盘中，以提升菜肴的品位价值和审美价值。

套盘装饰的构图方法主要有单纯套盘装饰法、套盘加围边装饰法、套盘加立雕围边装饰法三类。

（4）菜品互饰是利用不同菜肴之间互补互融的特性，把它们共放在一只餐盘中，以达到相得益彰的装饰效果。

2. 餐盘装饰，卫生是第一位的。应用中应注意原料卫生、餐盘卫生、操作卫生和个人卫生。

其中，餐盘的卫生要求是：

（1）用于装盘装饰的盛器，在使用前应煮沸消毒或蒸汽消毒，或用其他消毒方法进行消毒处理。

（2）消毒后的餐盘不能用未经消毒处理的抹布擦抹，以免污染餐盘。

3.（1）餐盘装饰的色彩协调应注意以下几点：

1）用于装饰的原料色彩应当与餐盘的色彩构成鲜明的对比，以凸显装饰原料的色彩。

2）装饰原料相互间的色彩搭配，应既有变化又相互协调。

3）装饰原料的色彩与菜肴色彩的搭配，一般以对比明快为好，要将菜肴色彩的美衬托得更加醒目。如果两者之间色彩搭配相近，则不应妨碍菜肴色彩的表现。

（2）餐盘装饰自身造型协调应注意以下几点：

1）选择摆放装饰的餐盘，应与装饰图样的造型相协调。

2）餐盘装饰的体量大小，应与餐盘的大小和菜肴的体量相互协调。

3）餐盘装饰造型摆放的位置应恰当。

第三章　菜　单　设　计

考　核　要　点

理论知识考核范围	考核要点	重要程度
零点菜单设计	1. 零点的概念	掌握
	2. 零点的特点	掌握
	3. 零点菜单的概念	掌握
	4. 零点菜单的结构	掌握
	5. 零点菜单的作用	掌握
	6. 零点菜单的设计原则	掌握
	7. 不同企业定位情况下的零点菜单设计	掌握
	8. 不同企业综合资源情况下的零点菜单设计	熟悉
宴会菜单设计	1. 宴会的概念	掌握
	2. 宴会的特征	掌握
	3. 按性质与接待规格分类的宴会种类	掌握
	4. 按菜式分类的宴会种类	掌握
	5. 按接待礼仪分类的宴会种类	熟悉
	6. 按形式与食品属性分类的宴会种类	掌握
	7. 按目的和主题分类的宴会种类	掌握
	8. 宴会规模的划分	掌握
	9. 宴会菜单的概念	掌握
	10. 套宴菜单的特点	掌握
	11. 专供性与点菜式宴会菜单的特点	掌握
	12. 固定性宴会菜单的优缺点	掌握
	13. 阶段性宴会菜单的优缺点	掌握
	14. 一次性宴会菜单的优缺点	掌握
	15. 宴会菜单的作用	掌握
	16. 宴会菜单的设计指导思想	掌握
	17. 宴会菜单的设计原则	掌握
	18. 宴会菜单设计的过程	了解

续表

理论知识考核范围	考核要点	重要程度
宴会菜单设计	19. 宴会菜单设计目标体系的确定	掌握
	20. 宴会菜单菜品组合的方法	掌握
	21. 启发式搜索机制的含义	掌握
	22. 择优选择机制的含义	掌握
	23. 宴会名称的确定原则	熟悉
	24. 宴会菜品名称的确定方法	掌握
	25. 宴会菜单设计的检查	掌握
	26. 宴会菜品烹饪原料选用的注意事项	掌握
	27. 宴会菜品原料选用的注意事项	掌握
	28. 宴会菜品选用应注意的共性问题	掌握
	29. 大型中式宴会菜品设计的注意事项	掌握
	30. 不同规格的宴会菜品设计的注意事项	掌握
	31. 不同季节的宴会菜品设计的注意事项	熟悉
	32. 接待不同饮宴对象时宴会菜品设计的注意事项	掌握

辅导练习题

一、判断题（下列判断正确的请在括号内打"√"，错误的请在括号内打"×"）

1. 零点是零散顾客在饭店用餐时，根据自己的就餐需要，自主选择进餐菜品的行为。
（　）

2. 零散顾客自主选择进餐场地的行为称为零点。（　）

3. 在饭店里用零点餐的顾客基本上是确定的散客。（　）

4. 客源构成复杂是零点餐的特点之一。（　）

5. 吃零点餐的顾客在大多数情况下是不能自主选择菜品的。（　）

6. 零点菜品是采用预约式批量方式进行生产的。（　）

7. 零点菜单就是每日零点开始供应的菜单。（　）

8. 零点菜单是为满足顾客就餐需要而制定的供顾客自主选择菜品的菜单。（　）

9. 零点菜单中的菜品是为满足顾客一次用餐需求设计的成套菜品。（　）

10. 零点菜单是饭店里使用最少的菜单。（　）

11. 顾客可以根据自己的喜好酌量酌价选择零点菜单中的菜品。（　）

12. 零点菜单根据餐别不同，分为早餐、午晚餐零点菜单。（　）

13. 在饭店经营中，午餐与晚餐大多采用不相同的零点菜单。　　　　　（　　）

14. 零点菜单是饭店营销的辅助手段。　　　　　　　　　　　　　　　（　　）

15. 顾客在饭店点菜一般认为听服务员介绍最好，有没有菜单无所谓。　（　　）

16. 零点菜单中菜品内容体现着菜品的风味和饭店经营风格。　　　　　（　　）

17. 零点菜单对餐饮设备的选配和厨房的整体布局没有影响。　　　　　（　　）

18. 一般来说，零点菜单与厨师、服务员的配备是没有关联的。　　　　（　　）

19. 零点菜单会影响饭店食品原料的采购和储藏。　　　　　　　　　　（　　）

20. 零点菜单会影响企业的餐饮成本和盈利水平。　　　　　　　　　　（　　）

21. 餐饮企业的成本控制首先要从菜单设计开始。　　　　　　　　　　（　　）

22. 零点菜单的设计要能适应所有顾客的需求。　　　　　　　　　　　（　　）

23. 零点菜单的设计要迎合目标顾客的需求。　　　　　　　　　　　　（　　）

24. 以过路客为主要经营对象的餐厅，菜单上应设计制作快捷、价格昂贵的菜品。

　　　　　　　　　　　　　　　　　　　　　　　　　　　　　　（　　）

25. 零点菜单设计要以反映大众化风味为主。　　　　　　　　　　　　（　　）

26. 零点菜单设计要选择能反映饭店自身菜品风味特色的菜品。　　　　（　　）

27. 食品原料能满足供应是零点菜单设计的物质基础。　　　　　　　　（　　）

28. 厨师对菜品制作提供质量保障是零点菜单设计的技术基础。　　　　（　　）

29. 零点菜单设计要体现品种的平衡性指的就是原料品种的搭配要平衡。（　　）

30. 零点菜单设计要体现品种的平衡性指的就是菜品味型的平均分布。　（　　）

31. 零点菜单中的菜品价格应在一定范围内有高、中、低不同价格的搭配。（　　）

32. 零点菜单中的菜品越多越方便顾客选菜。　　　　　　　　　　　　（　　）

33. 零点菜单的设计要根据企业的餐饮规模和生产能力，确定合适的菜品数量。（　　）

34. 根据季节变换补充时令菜是保持菜单对顾客吸引力的方法之一。　　（　　）

35. 定期更换菜品会使顾客对零点菜单失去兴趣。　　　　　　　　　　（　　）

36. 菜单中的文字介绍、菜品图片等对顾客的消费心理和行为没有影响。（　　）

37. 企业定位是企业根据自身资源和实力所确定的目标市场。　　　　　（　　）

38. 零点菜单设计是企业确定目标市场的依据。　　　　　　　　　　　（　　）

39. 零点菜单目标设计要与企业的经营目标、经营宗旨一致。　　　　　（　　）

40. 零点菜单菜品风味设计与企业的经营风格无关紧要。　　　　　　　（　　）

41. 零点菜单菜品设计要与企业经营对象的就餐口味、动机及消费能力相适应。（　　）

42. 零点菜单中应始终有本企业吸引顾客注意的独具特色的菜品。　　　（　　）

43. 零点菜单设计无助于饭店餐饮的社会影响力和社会美誉度的提升。　（　　）

44. 宴会就是人们为了社会交往的需要，根据预先计划而举行的群体聚餐活动。（　　）

45. 决定宴会本质属性的是人们的饮食需要。（　　）

46. 宴会是在人类社会发展过程中历史地形成和展开的。（　　）

47. 宴会聚餐都选择正式、隆重、高级的形式。（　　）

48. 宴会具有聚餐式、计划性、规格化和社交性四大特征。（　　）

49. 宴会聚餐讲究礼仪形式和礼仪规范，追求宾主同乐的饮宴效果。（　　）

50. 举办宴会并实现宴会的目的最重要的是要做到菜品丰盛。（　　）

51. 现代餐饮企业经营宴会都注重宴会的高档次和高规格。（　　）

52. 宴会作为社会交往的一种工具，被人们广泛应用于社会生活中。（　　）

53. 宴会是人们表达好客尚礼德行的有效方式。（　　）

54. 宴会具有凝聚群体、亲和人际关系、融合情感的作用。（　　）

55. 根据宴会的接待规格和性质不同，有国宴、正式宴会、家宴和便宴等类型。（　　）

56. 国宴是为大型活动而举行的正式宴会。（　　）

57. 欢迎外国元首或首脑的国宴，要悬挂两国国旗，奏两国国歌。（　　）

58. 正式宴会是形式简便、较为亲切随便的宴会。（　　）

59. 欢迎宴会、答谢宴会是按菜式及其属性分类的。（　　）

60. 冷餐酒会以冷食菜肴为主，宾客用餐分站立和坐着进餐两种形式。（　　）

61. 举办鸡尾酒会时，宾客必须准时出席。（　　）

62. 茶话会是以喝茶与吃大餐为主的一种简便而又雅致的宴会形式。（　　）

63. 婚宴是人们在举行婚礼时，为庆祝婚姻的美满幸福和感谢前来祝贺的亲朋好友而举行的宴会。（　　）

64. 谢师宴是政府或教育行政部门感谢为培育学生付出辛勤劳动的老师而举行的宴会。（　　）

65. 仿古宴会是古代非常有特色的宴会与现代文明相融合的宴会。（　　）

66. 20桌以上的宴会称为大型宴会。（　　）

67. 宴会菜单是经过精心设计的反映宴会膳食有机构成的专门菜单。（　　）

68. 餐饮企业预先设计的列有不同价格档次及菜品组合的系列菜单属于专供性宴会菜单。（　　）

69. 对目标顾客而言，套宴菜单最大的不足是针对性不强。（　　）

70. 专供性宴会菜单特色展示充分，能满足顾客的需求。（　　）

71. 固定性宴会菜单是指长期使用的或是不常变换的宴会菜单。（　　）

72. 对餐饮企业生产和管理来说，固定性宴会菜单最大的好处是有利于标准化。（　　）

73. 一次性宴会菜单设计应作为餐饮企业经营的长期行为。　　　　　（　　）

74. 宴会菜单是餐饮企业开展宴会工作的基础和总纲。　　　　　　　（　　）

75. 宴会菜单对宴会经营的影响是微不足道的。　　　　　　　　　　（　　）

76. 宴会菜单设计的指导思想是"科学合理、整体协调、丰俭适度、确保盈利"。

　　　　　　　　　　　　　　　　　　　　　　　　　　　　　　　（　　）

77. 宴会菜单设计的中心永远是企业的利润目标。　　　　　　　　　（　　）

78. 宴会菜单要为宴会主题服务，要围绕宴会主题进行设计。　　　　（　　）

79. 宴会销售价格的高低，是确定宴会菜单菜品档次高低的决定性因素。（　　）

80. 宴会菜品的数量是指组成宴会的菜品总数与每份菜品的质量。　　（　　）

81. 宴会菜品的总量一般以每人平均 1 kg 净料的标准进行计算。　　（　　）

82. 宴会菜单设计必须提供膳食平衡所需的各种营养素。　　　　　　（　　）

83. 宴会菜品的营养设计是针对顾客个体营养需要进行的。　　　　　（　　）

84. 市场原料供应是满足宴会菜单设计的物质基础。　　　　　　　　（　　）

85. 饭店的生产设施设备是满足宴会菜单设计的必要条件。　　　　　（　　）

86. 厨师的技术结构、技术水平是实现宴会菜单设计的关键性因素。　（　　）

87. 宴会菜单上的菜品，应该每一个都是特色菜、品牌菜，这才是风味特色鲜明。

　　　　　　　　　　　　　　　　　　　　　　　　　　　　　　　（　　）

88. 宴会菜单菜品有机联系的最基本特征就是"和而不同"的丰富性。（　　）

89. 宴会菜单设计前对顾客举办宴会情况的调查只是一种形式。　　　（　　）

90. 宴会菜单菜品设计目标是单一的目标构成。　　　　　　　　　　（　　）

91. 宴会菜单菜品设计的一级目标是雇主的价值观。　　　　　　　　（　　）

92. 宴会菜单菜品设计的二级目标是反映菜品构成模式的宴会菜品格局。（　　）

93. 围绕宴会主题选菜品，是因为菜品原料、加工工艺、色彩搭配、造型及菜品命名等都与宴会主题相关联。　　　　　　　　　　　　　　　　　　（　　）

94. 宴会菜品主导风味是由菜品反映出来的一种倾向性特征。　　　　（　　）

95. 宴会菜品应该都以时令菜的组合为好。　　　　　　　　　　　　（　　）

96. 在一席丰盛美味的菜品中，点心是可有可无的。　　　　　　　　（　　）

97. 在宴会菜品设计时，要把顾客对菜品的喜好作为设计的导向。　　（　　）

98. 在宴会菜品设计时，顾客喜好的特殊性是第一位的。　　　　　　（　　）

99. 启发式搜索是在充分理解和领悟宴会设计任务和目标要求的情况下进行的。（　　）

100. 在目标确定的范围内，启发式搜索的空间越大，搜索的相对难度就越小。（　　）

101. 择优选择是一种以"满意原则"为准则的评价机制。　　　　　　（　　）

102. 择优选择是在宴会菜单菜品确定后用来评价优劣的机制。（　　）

103. 宴会名称确定要遵循"主题鲜明、简单明了、名实相符、突出个性"的原则。

（　　）

104. 看到菜品名称就能基本了解菜品概貌的命名法称为隐喻式命名法。（　　）

105. 宴会菜单设计完成后的检查分为设计内容的检查和设计形式的检查两个方面。

（　　）

106. 中餐宴会菜品的基本结构是由冷菜、热菜、甜菜、点心、水果等组成的。（　　）

107. 宴会菜单设计要选用有助于提高菜品价格的原料。（　　）

108. 大型宴会选用刺激味强烈的菜品有助于振奋饮宴者的精神。（　　）

109. 宴会菜单设计应注意人们在不同季节由于味觉变化而作出的对菜品色彩的倾向性选择。（　　）

110. 把举办宴会者的目的要求和价值取向落实到宴会菜单设计中是最重要的。（　　）

二、单项选择题（下列每题有 4 个选项，其中只有 1 个是正确的，请将其代号填写在横线空白处）

1. 零点就是顾客在饭店用餐时，根据自己的就餐需要，_____菜品的行为。
   A. 自主选择　　　　　　　　　B. 安排套餐
   C. 服务员代点　　　　　　　　D. 厨师长安排

2. 在饭店里用零点餐的顾客，具有_____的特点。
   A. 客源流动性小　　　　　　　B. 客源流动性大
   C. 客源构成单一　　　　　　　D. 消费能力不强

3. 在饭店里用零点餐的顾客客源_____。
   A. 以游客为主　　　　　　　　B. 以外国人为主
   C. 构成复杂　　　　　　　　　D. 构成单一

4. 从烹饪加工的角度来说，零点餐具有_____的特点。
   A. 顾客候菜时间长　　　　　　B. 提前加工成菜
   C. 批量生产制作　　　　　　　D. 现点菜现制作

5. 零点菜单是为满足_____就餐需要而制定的供顾客自主选择菜品的菜单。
   A. 顾客　　　　　　　　　　　B. 零散顾客
   C. 游客　　　　　　　　　　　D. 住店顾客

6. 零点菜单对餐饮企业经营管理、厨房生产和餐厅服务起着_____作用。
   A. 基础　　　　　　　　　　　B. 调节
   C. 辅助　　　　　　　　　　　D. 决定

7. 零点菜单影响顾客的购买决定，说明零点菜单是_____的重要工具。

A. 联系顾客 B. 展示菜品

C. 调节市场 D. 营销

8. 零点菜单影响饭店餐饮设备的选配与_____。

A. 能源的供应 B. 操作台的大小

C. 厨房的布局 D. 灶具的摆放

9. 零点菜单直接影响饭店_____的配备。

A. 产品结构 B. 厨师

C. 厨师和服务员 D. 服务员

10. 零点菜单影响食品原料的_____。

A. 采购和储藏 B. 采购方法

C. 采购规格标准 D. 储藏方法

11. 零点菜单设计得合理与否，直接影响企业_____成本的高低。

A. 餐饮 B. 原料

C. 调料 D. 用工

12. 零点菜单设计得合理与否，直接影响企业_____的大小。

A. 经营规模 B. 盈利能力

C. 社会责任 D. 生产潜力

13. 下列不属于零点菜单基本作用的选项是_____。

A. 影响厨师和服务员的配备 B. 影响原料的采购和储藏

C. 影响厨房设备的选配及布局 D. 影响厨师的工作情绪

14. 零点菜单设计的首要原则是_____。

A. 拉开菜品的价格档次 B. 菜品品种的多样化

C. 适应所有顾客的需要 D. 迎合目标顾客的需求

15. 零点菜单设计要凸显_____的菜品，以增强企业的市场竞争力。

A. 用料稀缺性高 B. 制作成本低廉

C. 风味特色鲜明 D. 市场趋同性强

16. 设计零点菜单菜品时，要使用_____原料。

A. 本地区没有的 B. 供应有保障的

C. 土特产和时令 D. 低成本、高利润的

17. 设计零点菜单菜品时，要有为菜品质量提供_____的基础。

A. 技术保障 B. 技术研究

C. 制作指导　　　　　　　　　　　D. 高水平厨师

18. 为了让顾客在点菜时有较大的选择余地，零点菜单的设计要体现_____。

   A. 选用特色原料　　　　　　　　B. 造型艺术化

   C. 味型种类多样化　　　　　　　D. 地方特色鲜明

19. 零点菜单品种设计时，营养素供给平衡的基础是_____多样化。

   A. 客源市场　　　　　　　　　　B. 原料市场

   C. 餐具品种　　　　　　　　　　D. 食品原料

20. 零点菜单要定价合理，实现_____。

   A. 企业与顾客双赢　　　　　　　B. 企业盈利最大化

   C. 菜品价格梯度鲜明　　　　　　D. 销售量最大化

21. 为保持零点菜单对顾客的吸引力，可以采取的措施是_____。

   A. 降低原料成本　　　　　　　　B. 剔除传统菜品

   C. 补充时令菜品　　　　　　　　D. 提高菜品价格

22. 零点菜单中优美的文字介绍、色香味形俱佳的菜品图片等，有利于顾客_____。

   A. 熟悉菜单　　　　　　　　　　B. 视觉审美

   C. 激发食欲　　　　　　　　　　D. 作出购买决定

23. 企业定位是企业根据自身资源和实力所确定的_____。

   A. 品牌优势　　　　　　　　　　B. 目标市场

   C. 规模经营　　　　　　　　　　D. 风味特色

24. 企业所确定的目标市场就是_____。

   A. 企业定位　　　　　　　　　　B. 资源优势

   C. 菜品质量　　　　　　　　　　D. 企业自主权

25. 餐饮企业的经营特点就是与其他餐馆相比，本企业所独有的_____。

   A. 经营风格　　　　　　　　　　B. 人才优势

   C. 经营性质　　　　　　　　　　D. 经营效果

26. 饭店形象包含了公众对饭店_____的评价。

   A. 菜品　　　　　　　　　　　　B. 餐饮

   C. 规模　　　　　　　　　　　　D. 厨房

27. 决定宴会本质属性的是人们的_____。

   A. 饮食习惯　　　　　　　　　　B. 社会交往

   C. 社会地位　　　　　　　　　　D. 历史文化

28. 宴会聚餐形式是_____聚餐形式。

A. 随意的　　　　　　　　　　B. 正式的

C. 高级的　　　　　　　　　　D. 多种多样的

29. 宴会聚餐具有_____。

A. 排他性　　　　　　　　　　B. 利他性

C. 目的性　　　　　　　　　　D. 随意性

30. 宴会聚餐讲究_____。

A. 排场奢华　　　　　　　　　B. 正规隆重

C. 礼仪规范　　　　　　　　　D. 利益回报

31. 宴会聚餐追求_____的饮宴效果。

A. 宾主同乐　　　　　　　　　B. 乐此不疲

C. 炫富摆阔　　　　　　　　　D. 凸显身份

32. 宴会的形式具有_____的特征。

A. 规格化　　　　　　　　　　B. 计划性

C. 社交性　　　　　　　　　　D. 聚餐性

33. 宴会活动能有条不紊地开展，首先需要_____。

A. 条理性　　　　　　　　　　B. 计划性

C. 规范性　　　　　　　　　　D. 责任制

34. 宴会的内容具有_____的特征。

A. 高档性　　　　　　　　　　B. 精细化

C. 多样性　　　　　　　　　　D. 规格化

35. 宴会的作用具有_____的特征。

A. 社交性　　　　　　　　　　B. 结交新知

C. 亲和旧谊　　　　　　　　　D. 敦亲睦邻

36. 宴会作为社会交往的一种工具，被人们广泛应用于_____中。

A. 商务活动　　　　　　　　　B. 迎来送往活动

C. 社会生活　　　　　　　　　D. 拓展人际关系

37. 下列属于按宴会性质与接待规格分类的宴会是_____。

A. 国宴和家宴　　　　　　　　B. 茶话会

C. 冷餐会　　　　　　　　　　D. 庆典宴会

38. 国家元首为国家庆典举行的宴会是_____。

A. 正式宴会　　　　　　　　　B. 国宴

C. 鸡尾酒会　　　　　　　　　D. 招待会

39. 在欢迎外国元首或政府首脑来访的国宴厅里，要悬挂_____。

    A. 欢迎标语 　　　　　　　　　　B. 大红灯笼

    C. 两国国旗 　　　　　　　　　　D. 彩色旗帜

40. 在欢迎外国元首或政府首脑来访的国宴上，要_____。

    A. 表演文艺节目 　　　　　　　　B. 奏来访国的音乐

    C. 奏席间音乐 　　　　　　　　　D. 奏两国国歌

41. 在正式场合举办的讲究礼节程序而且气氛比较隆重的宴会称为_____。

    A. 商务宴会 　　　　　　　　　　B. 正式宴会

    C. 鸡尾酒会 　　　　　　　　　　D. 庆典宴会

42. 属于礼仪性的宴会是_____。

    A. 便宴 　　　　　　　　　　　　B. 家宴

    C. 酒会 　　　　　　　　　　　　D. 欢迎宴会

43. 属于按礼仪分类的宴会是_____。

    A. 答谢宴会 　　　　　　　　　　B. 正式宴会

    C. 节庆宴会 　　　　　　　　　　D. 国宴

44. 以冷食菜品为主，且多在宴会前陈设菜品的宴会是_____。

    A. 正式宴会 　　　　　　　　　　B. 商务宴会

    C. 冷餐会 　　　　　　　　　　　D. 仿古宴会

45. 以酒水为主略备小食且形式活泼的宴会是_____。

    A. 节庆宴会 　　　　　　　　　　B. 茶话会

    C. 鸡尾酒会 　　　　　　　　　　D. 谢师宴

46. 在鸡尾酒会进行期间，宾客_____。

    A. 可以迟来早走 　　　　　　　　B. 不可随意走动

    C. 大多以茶代酒 　　　　　　　　D. 只能饮烈性酒

47. 下列叙述内容中符合茶话会的选项是_____。

    A. 以茶点为主 　　　　　　　　　B. 以菜肴为主

    C. 以酒水为主 　　　　　　　　　D. 讲究席位排列

48. 为庆祝新婚的美满幸福而举行的宴会是_____。

    A. 寿宴 　　　　　　　　　　　　B. 婚宴

    C. 银婚宴 　　　　　　　　　　　D. 金婚宴

49. 下列属于为欢庆节日而举办的宴会是_____。

    A. 合家欢乐宴 　　　　　　　　　B. 除夕守岁宴

C. 庆典宴会　　　　　　　　　　　D. 大型宴会

50. 为开业、校庆、毕业、获奖等庆典活动而举行的宴会属于_____。

A. 正式宴会　　　　　　　　　　　B. 节庆宴会

C. 喜庆宴会　　　　　　　　　　　D. 庆典宴会

51. 谢师宴应该是重在_____的宴会。

A. 高标准消费　　　　　　　　　　B. 学生劝老师酒

C. 师生吃喝玩乐　　　　　　　　　D. 师生情感交融

52. 把古代非常有特色的宴会与现代文明相融合的宴会称为_____。

A. 士人宴集　　　　　　　　　　　B. 满汉全席

C. 仿古宴会　　　　　　　　　　　D. 乾隆御宴

53. 下列宴会中可以称为仿古宴会的是_____。

A. 红楼宴　　　　　　　　　　　　B. 冷餐会

C. 招待会　　　　　　　　　　　　D. 西安八景宴

54. 按宴会规模划分，一般把30桌以上的宴会称为_____。

A. 小型宴会　　　　　　　　　　　B. 中型宴会

C. 大型宴会　　　　　　　　　　　D. 庆典宴会

55. 按宴会规模划分，小型宴会一般是在_____。

A. 10桌以上　　　　　　　　　　　B. 10桌以下

C. 20桌以上　　　　　　　　　　　D. 20桌以下

56. 经过精心设计的反映宴会膳食有机构成的专门菜单称为_____菜单。

A. 套宴　　　　　　　　　　　　　B. 固定性宴会

C. 零点　　　　　　　　　　　　　D. 宴会

57. 属于按设计性质与应用特点划分的宴会菜单是_____菜单。

A. 套宴　　　　　　　　　　　　　B. 阶段性宴会

C. 谢师宴　　　　　　　　　　　　D. 固定性宴会

58. 套宴菜单是餐饮企业预先设计的列有_____和菜品组合的系列宴会菜单。

A. 多种菜品目录　　　　　　　　　B. 不同价格档次

C. 餐饮经营宗旨　　　　　　　　　D. 餐饮经营范围

59. 套宴菜单除了根据档次进行划分外，也可以根据_____进行划分。

A. 饮宴时间　　　　　　　　　　　B. 举宴处所

C. 宴会主题　　　　　　　　　　　D. 消费标准

60. 根据特定顾客的要求和消费标准专门设计的宴会菜单是_____。

A. 固定性宴会菜单　　　　　　　B. 主题性宴会菜单

C. 特色类宴会菜单　　　　　　　D. 专供性宴会菜单

61. 下列属于按使用长短划分的宴会菜单是_____。

A. 专供性宴会菜单　　　　　　　B. 固定性宴会菜单

C. 点菜式宴会菜单　　　　　　　D. 套装商务宴菜单

62. 餐饮企业长期使用的或是不常变换的宴会菜单称为_____宴会菜单。

A. 一次性　　　　　　　　　　　B. 固定性

C. 阶段性　　　　　　　　　　　D. 标准化

63. 对餐饮企业生产和管理而言，套宴菜单最根本的好处是_____标准化。

A. 原料采购　　　　　　　　　　B. 烹调加工

C. 产品质量　　　　　　　　　　D. 有利于

64. 使用固定性宴会菜单不能迅速跟进_____的变化。

A. 菜品标准　　　　　　　　　　B. 生产规模

C. 生产人员　　　　　　　　　　D. 餐饮市场

65. 餐饮企业在学生毕业离校前后推出的谢师宴菜单属于_____使用的菜单。

A. 标准化　　　　　　　　　　　B. 固定性

C. 阶段性　　　　　　　　　　　D. 一次性

66. 阶段性宴会菜单有利于餐饮企业_____，增加经济效益。

A. 储备原料　　　　　　　　　　B. 减少费用

C. 宴会销售　　　　　　　　　　D. 员工调休

67. 专门为某一个宴会设计的菜单称为_____菜单。

A. 一次性宴会　　　　　　　　　B. 固定性宴会

C. 阶段性宴会　　　　　　　　　D. 套宴

68. 在餐饮企业的经营中，不能长期使用的菜单是_____宴会菜单。

A. 一次性　　　　　　　　　　　B. 阶段性

C. 固定性　　　　　　　　　　　D. 标准化

69. 餐饮企业开展宴会工作的基础是_____。

A. 经营宗旨　　　　　　　　　　B. 宴会菜单

C. 宴会推销　　　　　　　　　　D. 实施方案

70. 顾客在饭店举办宴会，一般是根据_____来了解宴会菜品信息的。

A. 口碑效应　　　　　　　　　　B. 菜品图片

C. 宴会菜单　　　　　　　　　　D. 媒体广告

71. 宴会菜单设计是根据企业的_____，分析客源和市场需求制定出来的。

    A. 管理体制   B. 员工素质

    C. 利润目标   D. 经营方针

72. "科学合理、整体协调、丰俭适度、确保盈利"是宴会菜单设计的_____。

    A. 指导思想   B. 市场需求

    C. 销售目标   D. 膳食指南

73. 科学合理是指宴会菜单设计时，要考虑顾客饮食习惯和品味习惯的_____。

    A. 合理性   B. 普遍性

    C. 传承性   D. 可变性

74. 宴会菜品组合的_____，是用科学合理思想指导宴会菜单设计的重点。

    A. 美食化   B. 科学性

    C. 多样性   D. 艺术化

75. 强调整体协调的指导思想，意在防止宴会菜单设计时_____现象的发生。

    A. 重美味、轻营养   B. 重热菜、轻冷菜

    C. 顾此失彼   D. 厚古薄今

76. 宴会菜单设计时要考虑菜品的相互联系与相互作用，体现的是_____的指导思想。

    A. 特色显明   B. 服务主题

    C. 顾客至上   D. 整体协调

77. 宴会菜单设计中要贯彻落实_____的指导思想，有利于正确引导宴会消费。

    A. 丰足但不浪费   B. 俭约但要吃好

    C. 丰俭适度   D. 饮食文明

78. 在顾客利益得到保证的基础上，餐饮企业要始终把企业的_____落实到宴会菜单设计中去。

    A. 管理费用   B. 经营管理

    C. 经营思想   D. 盈利目标

79. 宴会菜单设计的中心永远是_____。

    A. 顾客的需要   B. 企业的利润

    C. 降低成本   D. 宴会的规格

80. 宴会菜单设计中，要把顾客的_____和特殊性需要结合起来考虑。

    A. 差异化需要   B. 一般性需要

    C. 消费价值观   D. 饮食禁忌

81. 宴会主题不同，宴会的_____是有区别的。

    A. 菜品命名　　　　　　　B. 消费标准

    C. 菜品数量　　　　　　　D. 菜品质量

82. 确定宴会菜单菜品档次高低的决定性因素是_____。

    A. 饭店档次　　　　　　　B. 宴会价格

    C. 菜品质量　　　　　　　D. 宴会主题

83. 宴会菜品的数量是指组成宴会菜品的_____与每份菜品的分量。

    A. 原料配比　　　　　　　B. 技术含量

    C. 总的道数　　　　　　　D. 美化程度

84. 宴会菜品的总量，一般以每人_____ g净料进行计算。

    A. 1 500　　　　　　　　B. 1 200

    C. 800　　　　　　　　　D. 500

85. 下列说法正确的是_____。

    A. 宴会菜品道数多，则菜品质量低

    B. 宴会菜品道数少，则菜品质量高

    C. 宴会菜品道数多，则菜品质量高

    D. 宴会菜品道数无论多少，都应质量至上

86. 从营养科学的角度来说，宴会菜单菜品设计应符合_____的原则。

    A. 原料多样化　　　　　　B. 菜品数量充足

    C. 平衡膳食　　　　　　　D. 经济节约

87. 宴会菜品营养设计应做到_____。

    A. 营养优于美食　　　　　B. 美食优于营养

    C. 营养与美食相统一　　　D. 满足个体需要

88. 宴会菜品的营养设计针对的是_____的基本需要。

    A. 饮宴群体　　　　　　　B. 职业群体

    C. 性别群体　　　　　　　D. 饮宴个体

89. 宴会菜单设计必须以_____为依托。

    A. 实际条件　　　　　　　B. 市场原料供应

    C. 饭店设备条件　　　　　D. 厨师技术水平

90. 宴会菜单设计的物质保障基础是_____。

    A. 原料质量　　　　　　　B. 原料供应

    C. 原料品种　　　　　　　D. 应季原料

91. 满足宴会菜单设计的必要条件是厨房生产的_____。

    A. 炉灶性能　　　　　　　　　B. 设施设备

    C. 灶具数量　　　　　　　　　D. 能源供应

92. 厨师的技术结构、技术水平是决定宴会菜单设计能否实现的_____。

    A. 数量保证　　　　　　　　　B. 质量保障

    C. 物质基础　　　　　　　　　D. 关键性因素

93. 宴会菜单菜品设计必须彰显_____。

    A. 原料特色　　　　　　　　　B. 原料档次

    C. 风味特色　　　　　　　　　D. 服务特色

94. 宴会菜单菜品设计要遵循_____的原则。

    A. 多样化　　　　　　　　　　B. 求同性

    C. 简约化　　　　　　　　　　D. 高贵性

95. 宴会菜单设计前的调查研究，能保证设计更有_____。

    A. 人文性　　　　　　　　　　B. 针对性

    C. 多样性　　　　　　　　　　D. 美誉度

96. 为了让顾客了解饭店有关宴会的信息，宴会预订人员必须做到迅速准确地回答顾客有关宴会方面的_____。

    A. 菜品知识　　　　　　　　　B. 消费规定

    C. 服务范围　　　　　　　　　D. 问询

97. 宴会菜单菜品设计所期望实现的状态是由一系列指标构成的_____。

    A. 目标体系　　　　　　　　　B. 工艺目标

    C. 成本目标　　　　　　　　　D. 质量目标

98. 属于宴会菜单设计中一级目标的是_____。

    A. 菜品原料　　　　　　　　　B. 宴会价格

    C. 饮宴习惯　　　　　　　　　D. 食品成本

99. 在宴会菜单菜品设计中应确立的二级目标是_____。

    A. 菜肴原料品种　　　　　　　B. 菜肴烹调方法

    C. 食品原料成本　　　　　　　D. 菜品构成模式

100. 宴会菜品主导风味是由菜品反映出来的一种_____特征。

    A. 色彩　　　　　　　　　　　B. 造型

    C. 倾向性　　　　　　　　　　D. 味觉

101. 在宴会菜品中能够起支撑作用的菜品称为_____。

A. 冷荤菜　　　　　　　　　　B. 主干菜

C. 热炒菜　　　　　　　　　　D. 大菜

102. 品质在一段时间内最鲜嫩肥美且货源紧俏、价格高的时令菜,应放在_____中。

　　A. 高档宴会菜单　　　　　　B. 普通宴会菜单

　　C. 固定性宴会菜单　　　　　D. 套宴菜单

103. 一席丰盛美味的菜品,是由_____共同发挥作用的。

　　A. 冷菜与热菜　　　　　　　B. 炒菜与大菜

　　C. 菜肴与点心　　　　　　　D. 酥点与船点

104. 宴会菜品设计时,要把顾客对菜品的_____作为设计的导向。

　　A. 美化　　　　　　　　　　B. 评价

　　C. 品质　　　　　　　　　　D. 喜好

105. 宴会菜单设计中介入_____机制,能在目标确定的范围内有效缩小搜索空间。

　　A. 满意原则　　　　　　　　B. 发散性原则

　　C. 择优选择　　　　　　　　D. 启发式搜索

106. 择优选择是一种以_____为准则介入宴会菜单设计过程中的评价机制。

　　A. 个性化原则　　　　　　　B. 从简原则

　　C. 发散机制　　　　　　　　D. 满意原则

107. "主题鲜明、简单明了、名实相符、突出个性"是确定_____的原则。

　　A. 鸡尾酒会　　　　　　　　B. 商务宴会

　　C. 宴会名称　　　　　　　　D. 喜庆宴会

108. 下列属于直朴式命名的菜品是_____。

　　A. 金玉满堂　　　　　　　　B. 清蒸鳜鱼

　　C. 百年好合　　　　　　　　D. 幸福伊面

109. 下列属于拙巧相济法命名的菜品是_____。

　　A. 蟹黄虾仁　　　　　　　　B. 鲜果冰盅

　　C. 鸿运当头　　　　　　　　D. 幸福伊面

110. 下列菜品中能够用于宴会的是_____的菜品。

　　A. 顾客不忌食　　　　　　　B. 质量不易控制

　　C. 含油量很大　　　　　　　D. 厨师不熟悉

111. 大型中式宴会菜品设计中不能选用的是_____菜品。

　　A. 菜量大的大件　　　　　　B. 口味精致醇和的

　　C. 刺激味强烈的　　　　　　D. 加工费时少的

112. 宴会菜品应顺应季节的变化，下列说法正确的是_____。

    A. 春多苦，夏多酸，秋多咸，冬多辛，调以滑甘

    B. 春多酸，夏多咸，秋多辛，冬多苦，调以滑甘

    C. 春多辛，夏多苦，秋多酸，冬多咸，调以滑甘

    D. 春多酸，夏多苦，秋多辛，冬多咸，调以滑甘

三、多项选择题（下列每题有多个选项，至少有2个是正确的，请将其代号填写在横线空白处）

1. 零点式餐饮具有的基本特点有_____。

    A. 客源构成复杂　　　　　　　　B. 客源流动性大

    C. 自主选择菜品　　　　　　　　D. 购买套式菜品

    E. 现场点食菜品

2. 下列属于按餐式不同分类的零点菜单有_____零点菜单。

    A. 中餐　　　　　　　　　　　　B. 早餐

    C. 午餐　　　　　　　　　　　　D. 晚餐

    E. 西餐

3. 根据餐别划分的零点菜单有_____零点菜单。

    A. 客房　　　　　　　　　　　　B. 早餐

    C. 午餐　　　　　　　　　　　　D. 晚餐

    E. 泳池

4. 组成中式早餐零点菜单的基本结构有_____。

    A. 粥饭类　　　　　　　　　　　B. 点心类

    C. 小菜类　　　　　　　　　　　D. 饮品类

    E. 水果类

5. 零点菜单的作用有_____。

    A. 营销的重要工具

    B. 影响餐饮设备的选配和厨房布局

    C. 影响厨师和服务员的配备

    D. 影响食品原料采购和储藏

    E. 影响餐饮成本和企业盈利

6. 零点菜单的设计原则有_____。

    A. 迎合雇主的需求　　　　　　　B. 批量化、规模化制作

    C. 菜品风味特色鲜明　　　　　　D. 体现品种的平衡性

E. 企业与顾客双赢

7. 设计零点菜单必须以_____为基础。

    A. 原料供应保障　　　　　　　　B. 原料规格齐全

    C. 技术和设备保障　　　　　　　D. 各大菜系的菜品

    E. 适合工薪阶层消费

8. 零点菜单的设计要体现品种的平衡性，主要是指_____。

    A. 水产品品种搭配平衡　　　　　B. 原料种类搭配平衡

    C. 兼顾不同烹调方法的应用　　　D. 不同味型菜品齐全

    E. 营养素供给平衡

9. 零点菜单中菜品品种数量过多会导致_____。

    A. 厨房生产负担过重　　　　　　B. 厨师的工作量加大

    C. 库存管理费用加大　　　　　　D. 容易产生缺售现象

    E. 延长顾客点菜时间

10. 保持零点菜单对顾客有吸引力，要做到_____。

    A. 有风味独特的菜品　　　　　　B. 经常更换菜品

    C. 及时补充时令菜品　　　　　　D. 及时淘汰顾客不喜欢的菜品

    E. 创新或移植新菜品

11. 引人入胜的零点菜单设计会_____。

    A. 满足顾客尝鲜的愿望　　　　　B. 形成对顾客的视觉冲击

    C. 使顾客产生消费冲动　　　　　D. 提高菜单设计的艺术性

    E. 影响顾客的购买决定

12. 餐饮企业零点菜单设计应综合考虑的因素有_____。

    A. 企业定位及其目标市场　　　　B. 零点菜单的经营档次

    C. 菜单菜品的主导特色　　　　　D. 确定菜品及质量标准

    E. 核算菜品成本与售价

13. 宴会定义中包含的含义有_____。

    A. 人们的社会交往需要是宴会的本质属性

    B. 宴会具有全人类的共有性

    C. 宴会的群体聚餐形式是丰富多彩的

    D. 宴会是一种正式且隆重的聚餐形式

    E. 宴会都是有计划性的

14. 宴会的基本特征有_____。

A. 聚餐式　　　　　　　　　　　B. 社交性

C. 规格化　　　　　　　　　　　D. 计划性

E. 利他性

15. 宴会聚餐的形式特征有_____。

A. 围在桌子周围进餐　　　　　B. 有特定的目的指向

C. 讲究礼仪形式和规范　　　　D. 讲究宴饮环境舒适

E. 追求饮宴者同乐的效果

16. 宴会在人们社会交往中发挥的作用有_____。

A. 扩大饭店的知名度　　　　　B. 表达尚礼好客的德行

C. 睦亲敦谊的亲和关系　　　　D. 增强群体的凝聚力

E. 庸俗情感的黏合剂

17. 下列属于按宴会性质与接待规格划分的宴会有_____。

A. 正式宴会　　　　　　　　　B. 国宴

C. 便宴　　　　　　　　　　　D. 家宴

E. 商务宴

18. 举办国宴是为了_____。

A. 欢迎外国友人来访　　　　　B. 国家庆典活动

C. 欢迎外国元首来访　　　　　D. 大型经贸活动

E. 大型文艺晚会

19. 下列符合国宴特征的选项有_____。

A. 以食用冷餐为主　　　　　　B. 宾客来去自由

C. 由国家元首主持　　　　　　D. 演奏席间音乐

E. 悬挂国旗

20. 下列符合正式宴会特征的选项有_____。

A. 举办场合正式　　　　　　　B. 宴会规格高

C. 讲究礼节程序　　　　　　　D. 气氛比较隆重

E. 形式活泼自由

21. 下列属于按礼仪分类的宴会有_____。

A. 正式宴会　　　　　　　　　B. 欢迎宴会

C. 鸡尾酒会　　　　　　　　　D. 商务宴会

E. 答谢宴会

22. 冷餐会的基本特点有_____。

A. 以冷食菜肴为主   B. 食品在宴会前陈设

C. 多采用自助形式   D. 站立或坐着进餐

E. 有餐前茶话会

23. 鸡尾酒会的基本特点有_____。

A. 以酒水为主   B. 只饮用鸡尾酒

C. 食品精致小巧   D. 宾客站立用餐

E. 宾客可迟来早走

24. 茶话会的基本特点有_____。

A. 官方举办   B. 以茶代酒

C. 品茶尝点   D. 不排席位

E. 简便雅致

25. 按目的和主题划分的宴会有_____。

A. 冷餐会   B. 生日宴

C. 茶话会   D. 谢师宴

E. 婚宴

26. 下列宴会中属于仿古宴的有_____。

A. 红楼宴   B. 重阳宴

C. 仿唐宴   D. 招待会

E. 随园宴

27. 宴会菜单定义的内涵有_____。

A. 是一种高级用餐形式   B. 要经过精心设计

C. 体现宴会的高规格化   D. 体现菜品的有机组合

E. 是宴会专用菜单

28. 按设计性质与应用特点划分的宴会菜单有_____宴会菜单。

A. 专供性   B. 套宴

C. 点菜式   D. 固定性

E. 阶段性

29. 套宴菜单的特点有_____。

A. 可提供自主点菜   B. 适应顾客特殊需要

C. 价格档次分明   D. 菜品组合基本确定

E. 同档次的有备选菜单

30. 按使用时间长短划分的宴会菜单有_____宴会菜单。

A. 点菜式　　　　　　　　　　B. 固定性

C. 阶段性　　　　　　　　　　D. 一次性

E. 套宴

31. 使用固定性宴会菜单有利于标准化，主要体现在有利于＿＿＿＿＿＿＿。

A. 原料采购标准化　　　　　　B. 加工烹调标准化

C. 降低厨师工作量　　　　　　D. 扩大规模化经营

E. 产品质量标准化

32. 适合在特定时限内使用的宴会菜单有＿＿＿＿＿＿＿宴会菜单。

A. 一次性　　　　　　　　　　B. 美食周

C. 固定性　　　　　　　　　　D. 金榜题名

E. 毕业庆典

33. 一次性宴会菜单在餐饮企业经营中的不足之处有＿＿＿＿＿＿＿。

A. 难以实现标准化　　　　　　B. 增加了经营成本

C. 增加了管理难度　　　　　　D. 制约了厨师的创造性

E. 不能契合顾客需求

34. 宴会菜单在餐饮经营管理中的作用有＿＿＿＿＿＿＿。

A. 是开展宴会工作的基础与总纲

B. 是与顾客进行沟通的有效工具

C. 直接影响宴会经营的成果

D. 是厨师烹制菜品的备忘录

E. 是推销宴会的有力手段

35. 下列符合宴会菜单设计指导思想的选项有＿＿＿＿＿＿＿。

A. 高档消费　　　　　　　　　B. 科学合理

C. 整体协调　　　　　　　　　D. 丰俭适度

E. 利润至上

36. 下列属于宴会菜单设计原则的选项有＿＿＿＿＿＿＿。

A. 以顾客的需要为导向　　　　B. 为宴会主题服务

C. 以价格定档次的高低　　　　D. 以实际条件为依托

E. 风味特色鲜明

37. 宴会主题不同反映在宴会菜单菜品设计中的区别有＿＿＿＿＿＿＿。

A. 原料选用　　　　　　　　　B. 菜品美化

C. 菜品质量　　　　　　　　　D. 菜品造型

E. 菜品命名

38. 宴会价格的高低必然会影响宴会菜单菜品的_____。

A. 原料选用
B. 原料配比
C. 加工方法
D. 成品造型
E. 菜品质量

39. 构成宴会菜品数量的要素有_____。

A. 原料的搭配比例
B. 盛器的大小
C. 每份菜品的分量
D. 菜品的道数
E. 人均原料的标准

40. 宴会菜品数量设计应考虑的因素有_____。

A. 宴请需要
B. 宴会类型
C. 饮宴对象
D. 消费标准
E. 饭店需要

41. 宴会菜单设计过程包括_____。

A. 消费水平预测
B. 设计前的调研
C. 可行性论证
D. 菜单菜品的设计
E. 菜单设计的检查

42. 组成宴会菜单设计的核心目标有_____。

A. 宴会价格
B. 荤素比例
C. 宴会主题
D. 成本占比
E. 风味特色

43. 宴会菜品的基本组合格局包括_____。

A. 冷菜
B. 热菜
C. 甜菜
D. 点心
E. 水果

44. 宴会菜单三级目标中各部分菜品组成要素有_____。

A. 菜品的道数
B. 荤素比例
C. 味型的分布
D. 成本占比
E. 加工的标准

45. 下列符合宴会名称确定原则的选项有_____。

A. 排列有序
B. 主题鲜明
C. 简单明了
D. 名实相符

E. 突出个性

46. 采用比拟附会方法命名的婚宴有_____。

    A. 合家欢乐宴　　　　　　　　B. 百年好合宴

    C. 龙凤和鸣宴　　　　　　　　D. 喜庆宴会

    E. 天赐良缘宴

47. 适用于商务宴会名称的有_____。

    A. 生意兴隆宴　　　　　　　　B. 元宵赏灯宴

    C. 新年招待会　　　　　　　　D. 恭喜发财宴

    E. 开市大吉宴

48. 适用于岁时节令宴会名称的有_____。

    A. 事事如意宴　　　　　　　　B. 新年招待会

    C. 除夕守岁宴　　　　　　　　D. 中秋团圆宴

    E. 百事大吉宴

49. 采用地方名特菜品命名的宴会有_____。

    A. 扬州三头宴　　　　　　　　B. 西安饺子宴

    C. 西安八景宴　　　　　　　　D. 南通刀鱼宴

    E. 淮安长鱼宴

50. 下列符合菜品名称确定原则的选项有_____。

    A. 突出用料　　　　　　　　　B. 雅俗得体

    C. 名实相符　　　　　　　　　D. 寓意吉祥

    E. 简单朴实

51. 宴会菜品的命名方法有_____。

    A. 烹调方法加主料　　　　　　B. 人名加主料

    C. 直朴式命名法　　　　　　　D. 隐喻式命名法

    E. 拙巧相济命名法

52. 采用直朴式命名的菜品有_____。

    A. 茉莉鸡糕汤　　　　　　　　B. 桂圆杏仁茶

    C. 红粉俏佳人　　　　　　　　D. 金玉满华堂

    E. 翡翠鸡蓉羹

53. 采用隐喻式命名的菜品有_____。

    A. 蟹黄虾仁　　　　　　　　　B. 鸿运当头

    C. 百年好合　　　　　　　　　D. 花开富贵

E. 清蒸鳜鱼

54. 适合大型中式宴会菜单设计选用的菜品类别有_____。

　　A. 适于批量制作的菜品　　　　　B. 能保持外观质量的菜品

　　C. 口味精致醇和的菜品　　　　　D. 顾客能优雅进食的菜品

　　E. 麻辣味突出的菜品

55. 季节不同，宴会菜单设计的注意事项有_____。

　　A. 熟悉不同季节应时原料的品质及价格

　　B. 掌握应时应季菜品的制作方法

　　C. 把握不同季节人们的味觉变化规律

　　D. 了解不同季节人们对菜品色彩选择的倾向性

　　E. 了解不同季节人们对菜品温度感觉的合适性

56. 饮宴对象不同，宴会菜单设计的注意事项有_____。

　　A. 了解饮宴对象的饮食习惯、喜好与禁忌

　　B. 极力推介企业有特色的、高规格的菜品

　　C. 正确处理好共同喜好与特殊喜好之间的关系

　　D. 增加为举宴者和主要宾客服务的人员

　　E. 要把举宴者的价值取向落实到宴会菜单设计中

四、简答题

1. 简述零点的定义。

2. 为什么说零点菜单是营销的重要工具？

3. 简述原料供应与技术保障对零点菜单设计的意义。

4. 在零点菜单设计中如何满足营养素供给平衡的要求？

5. 简述不同企业定位下的零点菜单设计的注意事项。

6. 简述宴会的含义。

7. 简述国宴的概念及基本特点。

8. 简述鸡尾酒会的概念及基本特点。

9. 自选三例简要说明不同目的宴会之间的区别。

10. 简述套宴菜单的特点。

11. 试比较专供性宴会菜单与点菜式宴会菜单的异同。

12. 简述使用固定性宴会菜单的优点与不足。

13. 简述使用阶段性宴会菜单的优点与不足。

14. 简述使用一次性宴会菜单的优点与不足。

15. 简述宴会菜单指导思想的基本含义。

16. 简述宴会菜品数量设计的基本要求。

17. 简述宴会膳食平衡的基本要求。

18. 为什么说宴会菜单设计要以实际条件为依托？

19. 宴会菜单设计前需要调查并掌握的基本宴饮信息有哪些？

20. 简述宴会菜品设计目标体系的构成内容。

21. 简述启发式搜索和择优选择机制的含义。

22. 举例说明宴会菜品的命名方法。

23. 简述宴会菜单设计内容检查的要求。

24. 简述宴会菜品原料选用的注意事项。

25. 宴会菜品选用应注意的共性问题有哪些？

26. 简述不同规格宴会菜品设计的注意事项。

27. 简述针对不同饮宴对象宴会菜品设计的注意事项。

五、综合题

1. 简论零点的特点及零点菜单的概念。

2. 简论零点菜单的作用。

3. 简论零点菜单设计的原则。

4. 简论保持零点菜单对顾客吸引力的举措。

5. 简论不同企业综合资源情况下的零点菜单设计。

6. 简论宴会的特征。

7. 试从设计性质与应用特点的角度简论宴会菜单的分类。

8. 简论固定性宴会菜单的应用。

9. 简论宴会菜单的作用。

10. 简论宴会菜单的设计原则。

11. 简论"和而不同"在宴会菜单设计中的应用。

12. 简论宴会菜品设计确立目标体系的意义及内容。

13. 简论宴会菜品组合方法的基本含义。

14. 简论大型中式宴会菜品设计的注意事项。

15. 简论不同季节宴会菜品设计的注意事项。

参 考 答 案

一、判断题

1. √	2. ×	3. ×	4. √	5. ×	6. ×	7. ×	8. √	9. ×
10. ×	11. √	12. √	13. ×	14. ×	15. ×	16. √	17. ×	18. ×
19. √	20. √	21. √	22. ×	23. √	24. ×	25. ×	26. √	27. √
28. √	29. ×	30. ×	31. √	32. ×	33. √	34. √	35. √	36. √
37. √	38. ×	39. √	40. ×	41. √	42. √	43. ×	44. √	45. ×
46. √	47. ×	48. √	49. √	50. ×	51. ×	52. √	53. √	54. √
55. √	56. ×	57. √	58. ×	59. √	60. √	61. √	62. √	63. √
64. ×	65. √	66. ×	67. √	68. √	69. ×	70. √	71. √	72. √
73. ×	74. √	75. ×	76. √	77. √	78. √	79. √	80. ×	81. √
82. √	83. ×	84. √	85. √	86. √	87. √	88. √	89. ×	90. ×
91. ×	92. √	93. √	94. √	95. ×	96. √	97. √	98. ×	99. √
100. ×	101. √	102. ×	103. √	104. ×	105. √	106. √	107. ×	108. ×
109. √	110. √							

二、单项选择题

1. A	2. B	3. C	4. D	5. B	6. A	7. D	8. C	9. C
10. A	11. A	12. B	13. D	14. D	15. C	16. B	17. A	18. C
19. D	20. A	21. C	22. D	23. B	24. A	25. A	26. B	27. B
28. D	29. C	30. C	31. A	32. D	33. B	34. D	35. C	36.
37. A	38. B	39. C	40. D	41. B	42. D	43. A	44. C	45. C
46. A	47. A	48. B	49. B	50. D	51. D	52. C	53. C	54. C
55. B	56. D	57. A	58. B	59. C	60. D	61. B	62. B	63. D
64. D	65. C	66. C	67. A	68. A	69. B	70. C	71. D	72. A
73. A	74. B	75. C	76. D	77. C	78. D	79. A	80. B	81. A
82. B	83. C	84. D	85. D	86. C	87. C	88. A	89. A	90.
91. B	92. D	93. C	94. A	95. B	96. D	97. A	98. B	99. D
100. C	101. B	102. A	103. C	104. D	105. A	106. D	107. C	108. B
109. B	110. A	111. C	112. D					

三、多项选择题

1. ABCE	2. AE	3. BCD	4. ABCDE	5. ABCDE
6. CDE	7. AC	8. BCE	9. ABCDE	10. ACDE
11. BCE	12. ABCDE	13. ABCE	14. ABCD	15. BCDE
16. BCD	17. ABCD	18. BC	19. CDE	20. ABCD
21. BE	22. ABCD	23. ACDE	24. BCDE	25. BDE
26. ACE	27. BDE	28. ABC	29. CDE	30. BCD
31. ABE	32. BDE	33. ABC	34. ABCE	35. BCD
36. ABCDE	37. ADE	38. ABCD	39. CD	40. ABC
41. BDE	42. ACE	43. ABCDE	44. ABCD	45. BCDE
46. BCE	47. ADE	48. BCD	49. ABDE	50. BC
51. CDE	52. ABE	53. BCD	54. ABCD	55. ABCDE
56. ACE				

四、简答题

1. 零点就是顾客在饭店用餐时，根据自己的就餐需要，自主选择菜品的行为。

2. 零点菜单是连接顾客与餐饮企业的桥梁，起着促成买卖交易的媒介作用。餐饮企业通过零点菜单向顾客介绍餐厅提供的产品，推销餐饮服务，体现餐饮企业的经营宗旨。顾客凭借零点菜单选择自己所需要的产品和服务。顾客通过菜单文字介绍与图片视觉冲击，对餐厅的菜品品种、价格范围、菜品内容、风味特色及其他内容有了初步认识，无声而强有力地影响着顾客对产品的选择和购买决定。餐饮企业还可以通过对菜单上菜品销售状况的分析，及时调整菜品，改进烹调技术，完善菜品的促销方法和定价方法，使菜单更能满足本企业特定的市场需求。

3. 零点菜单上的菜式品种，要保证供应必须具备两个基础：

（1）原料供应是必须满足的物质基础。在设计零点菜单菜品时，首先必须充分掌握各种原料的供应情况。食品原料供应往往受到市场供求关系、采购和运输条件、季节、饭店地理位置等诸多因素的影响，因此，在选定菜品时必须充分估计到各种可能出现的制约因素，尽量使用供应有保障的食品原料。

（2）厨师对菜品质量提供技术保障基础。在设计零点菜单菜品时，必须考虑本餐厅厨师的技术构成、技术状况、技术特长等因素，选定的菜品应该是厨师技术所能及的菜品，是能够发挥厨师技术特长的菜品。

4. 在零点菜单菜品设计时，营养素供给平衡的问题应从以下几个方面考虑：

（1）菜品主要原料多样化。

（2）菜品组成原料多样化，尤其要注意荤素原料的搭配。

（3）采用合理的烹调加工方法。

（4）减少成品菜的油量。

（5）在零点菜品设计中，增加营养方面的提示内容，引导顾客健康消费。

5. 企业定位是企业根据自身资源和实力所确定的目标市场。企业定位不同，其零点菜单的设计也不相同。应该注意的事项有：

（1）明白自己餐厅所处地理位置，选定清晰的目标市场，确定目标顾客群体。

（2）根据选定的目标市场，确定零点菜单的经营档次。

（3）确定有自己特点的零点菜单菜品的主导特色。

（4）根据餐厅供餐方式设计零点菜单的品种。

（5）确定与经营档次相匹配的菜品价格。

6. 宴会是人们为了社会交往的需要，根据预先计划而举行的群体聚餐活动。

在这个定义中，有以下几层含义：

（1）人们的社会交往需要是决定宴会的本质属性。

（2）宴会是在人类社会发展过程中历史地形成和展开的，具有全人类的共有性。

（3）宴会的群体聚餐形式丰富多彩，参加宴会的群体构成也多种多样。

（4）从宴会设计的角度看，任何宴会都有计划性，这是符合人类活动具有目的性、计划性的基本规律的。

7. 国宴是国家元首或政府首脑为国家庆典及其他国际或国内重大活动，或为外国元首或政府首脑来访以示欢迎而举行的正式宴会。

国宴的基本特点如下：

（1）国宴由国家元首或政府首脑主持。

（2）宴会厅内要悬挂国旗，欢迎外国元首或政府首脑的国宴则要悬挂两国国旗。

（3）国宴上要奏国歌，欢迎外国元首或政府首脑的国宴奏两国国歌及席间音乐。

（4）国宴上一般有致辞或祝酒活动。

（5）国宴通常被认为是一种接待规格最高、形式最为隆重的宴会。

8. 鸡尾酒会又称酒会，是以酒水为主且略备小食，宾客站立用餐且可随意走动，相互间广泛接触交流且形式活泼的宴会。

鸡尾酒会的基本特点如下：

（1）鸡尾酒是用多种酒调配成的混合酒，酒会上并不一定都用鸡尾酒，但通常用的酒类品种较多，并配有多种果汁。

（2）鸡尾酒会备有精致小巧的小吃。

（3）鸡尾酒会不设座椅，没有主宾席，站立用餐。

（4）鸡尾酒会上宾客可随意走动，相互间广泛接触交流。

（5）在酒会进行期间，宾客可迟来早走。

（6）鸡尾酒会形式活泼，应用广泛，分为纯鸡尾酒会、餐前鸡尾酒会和餐后鸡尾酒会。

9. 现选择婚宴、生日宴、节庆宴介绍如下：

（1）婚宴是为人们在举行婚礼时，为庆祝婚姻的美满幸福和感谢前来祝贺的亲朋好友而举行的宴会。中国人把婚姻看作是人生中特别重要的一件大事，故婚宴既讲究隆重又要热烈，既符合民风民俗又有现代文明气息。

（2）生日宴是人们为纪念出生日而举办的宴会。在人生旅途的不同阶段，生日具有不同的象征意义，生日宴则集中反映了人们祈求健康、快乐、幸福、长寿的愿望。因而，在现在的生日宴上，既有代表中国传统的寿桃、寿面等食品，又有西方的点蜡烛、吹蜡烛、唱生日歌、切蛋糕、吃蛋糕等形式。

（3）节庆宴是人们为欢庆节日而举办的宴会。在中国传统的端午节、中秋节、重阳节、除夕、春节等盛大节日里，人们有设宴欢庆的习俗，不仅如此，人们也为现代节日如五一劳动节、十一国庆节以及西方节日举宴设席，欢度节日。

10. 套宴菜单是餐饮企业设计人员预先设计的列有不同价格档次和菜品组合的系列宴会菜单。

套宴菜单的特点是：一是价格档次分明，由低到高，基本上涵盖了一个餐饮企业经营宴会的范围；二是所有档次宴会菜品组合都已基本确定；三是同一档次列有几份基本结构相同但菜品组合不同的菜单，以供顾客选择。

11. 专供性宴会菜单与点菜式宴会菜单最大的相同之处是：两者都具有很强的针对性。

专供性宴会菜单与点菜式宴会菜单的不同之处主要是：

（1）专供性宴会菜单是餐饮企业设计人员有明确目标设计的菜单，而点菜式宴会菜单是顾客根据自己的饮食需要把菜品组合起来。

（2）专供性宴会菜单从设计到顾客享用，一般有充裕的时间做专门准备，展示的特色更显明。而顾客从点菜式宴会菜单中选择菜品，虽然范围扩大了，但带有被动意义上的自主性，不一定有特色，但适合性增加了。

12. 固定性宴会菜单是指长期使用的或者不常变换的宴会菜单。

对餐饮企业生产和管理而言，使用固定性宴会菜单最根本的好处是有利于标准化，具体表现在以下几个方面：有利于采购标准化，有利于加工烹调标准化，有利于产品质量标准化。

使用固定性宴会菜单的不足有：容易使目标顾客产生"厌倦"情绪；不能迅速跟进餐饮

市场潮流和适应顾客就餐习惯的改变；容易使生产人员感到工作单调无新意，从而影响生产积极性。

13. 阶段性宴会菜单是指在规定时限内使用的宴会菜单。

使用阶段性宴会菜单的优点有：给顾客新鲜感，使生产人员不易对工作产生单调感；有利于宴会销售，增加企业经济效益；扩大企业影响，提升企业品牌形象；能有效实施生产和管理的标准化。

使用阶段性宴会菜单的不足之处有：在餐饮生产、劳动力安排方面增加了难度；增加了库存原料的品种与数量；菜单编制和印刷费用较高；策划、宣传及其他费用会增加。

14. 一次性宴会菜单又称即时性宴会菜单，是指专门为某一个宴会设计的菜单。

使用一次性宴会菜单的优点有：灵活性强，最能契合顾客的需求；能及时适应原料市场供应的变化；可以充分发挥厨师的积极性和创造性。

使用一次性宴会菜单的不足之处有：对原料采购和保管、生产和销售增加了难度，难以做到标准化；加大了经营成本，增加了管理难度。

15. 宴会菜单设计的指导思想是"科学合理、整体协调、丰俭适度、确保盈利"。

（1）科学合理是既要考虑顾客饮食习惯和品味习惯的合理性，又要考虑宴会膳食组合的科学性。

（2）整体协调是既要考虑菜品的相互联系与相互作用，更要考虑菜品和整个菜单的相互联系与相互作用，有时还要考虑与顾客对菜品的需要相适应。

（3）丰俭适度是要正确引导宴会消费，菜品数量丰足或档次高，但不浪费；菜品数量偏少或档次低，但保证吃好吃饱。

（4）确保盈利是要做到双赢，既让顾客的需要在菜单中得到满足，利益得到保护，又要通过合理有效的手段使菜单为本企业带来应有的盈利。

16. 一般来说，在总量一定的情况下，菜品的道数越多，每份菜的分量就越小；反之，道数越少，每份菜的分量就越大。宴会菜品数量的多少应与参加宴会的人数及其需要量相吻合。在数量上，一般是以每人平均能吃到 500 g 左右净料，或以每人平均能吃到 1 000 g 左右熟食为基本标准。

17. 膳食平衡的基本要求有：

（1）必须提供膳食平衡所需的各种营养素。

（2）选择采用合理的加工工艺制作菜品。

（3）要从顾客实际营养需求的角度设计菜品。

18. 宴会菜单设计是建立在市场原料供应、饭店生产设备和厨师技术水平等条件基础上的。

（1）市场原料供应情况是宴会菜单设计的物质基础。

（2）饭店的生产设施设备是满足宴会菜单设计的必要条件。

（3）厨师的技术结构、技术水平是决定宴会菜单设计的关键性因素。

19. 宴会菜单设计之前，需要调查并掌握的基本宴饮信息有：

（1）宴会的目的性质，主办人或主办单位。

（2）宴会的用餐标准。

（3）出席宴会的人数，或宴会的席数。

（4）举办宴会的日期及宴会开始的时间。

（5）宴会的类型。

（6）宴会的形式（是设座式还是站立式；是分食制还是共食制，或是自助式）。

（7）出席宴会宾客的风俗习惯、生活特点、饮食喜好与忌讳，有无特殊需要。

（8）结账方式。

20. 宴会菜单设计目标是一个分层次的目标体系结构，即在核心目标之下有好几个层次的分级目标。各个层次的指标相互联系、相互制约，共同反映宴席菜品的整体特征。

（1）宴会菜单设计的核心目标，即一级目标是由宴会的价格、宴会的主题及菜品风味特色共同构成的。

（2）二级目标应确定为反映菜品构成模式的宴会菜品格局。

（3）三级目标是各部分菜品组成的菜品数目或道数、荤菜素菜的比例、味型的种类、成本比重。

（4）四级目标应该是单个的具体菜品的确定。作为单个菜品，其目标构成有菜品名称、原料、原料数量及构成比例、烹饪加工方法及其标准、成品质量、风味特色、菜品成本等。

21. 启发式搜索是指在充分理解和领悟宴会设计任务、目标要求的情况下，在给定目标所确定的范围内，循着某种解题途径，加上恰当的提示，采用正确的办法，寻找和发现解决问题答案的过程。

择优选择是一种评价机制，是以"满意原则"为准则，介入设计过程各个阶段的搜索活动中，进行选择和评价的机制。

22. 宴会菜品的命名方法有三种：

（1）直朴式命名法

如茉莉鸡糕汤、清蒸鳜鱼、鲜肉蒸饺、荠菜包子等，其菜名质朴无华，看到菜名就知其类别或概貌。

（2）隐喻式命名法

这类菜名与宴会主题相契合，有很好的寓意。

（3）拙巧相济命名法

如幸福伊面、鸳鸯美点、富贵虾仁、吉庆鱼花等，见拙见巧，拙巧相济，别具一格。

23. 宴会菜单设计完成后，对设计内容的检查主要从以下几个方面进行：

（1）是否与宴会主题相符合。

（2）是否与价格标准或档次一致。

（3）是否满足了顾客的要求。

（4）菜点数量是否足够食用，质量是否有保证。

（5）风味特色是否鲜明，是否具有丰富多样性。

（6）有无顾客忌讳的食物，有无不符合卫生与营养要求的食物。

（7）原料是否能保障供应，是否便于烹调和服务操作。

24. 宴会菜品原料选用的注意事项有：

（1）选用市场上易采购的原料。

（2）选用易储存且能保持质量的原料。

（3）选用能够保持和提高菜品质量水准的原料。

（4）选用易烹调加工的原料。

（5）选用有多种利用价值的原料。

（6）选用有利于提高卫生质量和对人体健康无害的原料。

（7）及时选购时令性原料。

（8）选用有助于稳定菜点价格的原料。

25. 宴会菜品选用应注意的共性问题有：

（1）不选用绝大多数人不喜欢的菜品。

（2）慎用含油量太大的菜品。

（3）不选用质量不易控制的菜品。

（4）不选用顾客忌食的食物。

（5）慎用色彩晦暗、形状恐怖的菜品。

（6）不选用厨师不熟悉、无法操作的菜品。

（7）不选用重复性的菜品。

（8）不选用有损饭店利益与形象的菜品。

26. 不同规格宴会菜品设计的注意事项有：

（1）要清楚地知道所要设计的宴会的标准。

（2）准确地掌握不同菜品在整个宴会菜品中所占比例的多少。

（3）准确地掌握每一个菜品的成本与售价，清楚地知道它们在宴会菜品中的价格水平，适用于何种规格档次、何种类型的宴会。

（4）合理地把握宴会规格与菜肴质量的关系。

（5）高规格的宴会使用高档原料，低规格的宴会则使用一般原料。

（6）高规格宴会菜品体现"精"的效果，低规格宴会菜品体现"足"的效果。

27. 针对不同饮宴对象宴会菜品设计的注意事项有：

（1）首先了解饮宴对象的基本信息，选择与之相适应的菜品组合方法和策略。

（2）针对饮宴对象的饮食风俗习惯、生活特点、饮食喜好与禁忌设计菜品。

（3）正确处理好饮宴对象共同喜好与特殊喜好之间的关系。

（4）一般情况下，主要宾客的饮食喜好和需求应予以特别考虑。

（5）把举宴者的目的要求和价值取向落实到宴会菜品设计中。

五、综合题

1. （1）零点的概念及特点

所谓零点，就是顾客在饭店用餐时，根据自己的就餐需要，自主选择菜品的行为。

零点的特点是：

1）客源流动性大。

2）客源构成复杂。

3）自主选择菜品。

4）现点菜现食用。

（2）零点菜单的概念

零点菜单又称点菜菜单，是为满足零散顾客就餐需要而制定的供顾客自主选择菜品的菜单。

2. 零点菜单对餐饮企业的经营管理、厨房生产、餐厅服务起着重要的基础性作用。

（1）零点菜单是营销的重要工具。

（2）零点菜单影响餐饮设备的选配和厨房布局。

（3）零点菜单影响厨师和服务员的配备。

（4）零点菜单影响食品原料采购和储藏。

（5）零点菜单影响餐饮成本和企业盈利。

3. 零点菜单设计必须遵循以下基本原则：

（1）迎合目标顾客的需求。

（2）鲜明的菜品风味特色。

（3）有原料供应与技术保障的基础。

（4）体现品种的平衡性。

（5）实现企业与顾客双赢。

（6）确定合适的菜品数量。

（7）保持菜单对顾客的吸引力。

4. 为了使顾客保持对菜单的兴趣，菜单要定期或不定期更换菜品，以使菜单对顾客有吸引力，主要举措如下：

（1）有本餐厅风味特色鲜明的"独特性"菜品。

（2）根据季节变换及时补充时令菜。

（3）及时撤换顾客不喜欢且利润低的菜品。

（4）改进完善旧的菜品，移植或开发适合自己的新菜品。

（5）增加菜单中引人入胜的文字介绍、色香味形俱佳的菜品图片等，增强对顾客的吸引力。

5. 餐饮企业综合资源，具体是指企业的资金实力、餐厅的档次、人员优势、设备设施条件、管理水平、采购优势、原料的可得性、烹调生产能力、质量水平和保持程度、服务和价格优势以及企业的社会影响力、社会美誉度等多种指标构成的综合体。

不同企业综合资源下的零点菜单设计都应考虑以下因素：

（1）扬企业资源优势之长，牢牢锁定目标顾客群体，必须在目标顾客群体喜欢接受的风味菜品上做足文章。

（2）必须保证盈利。

（3）菜单上的菜品原料和菜品必须能保障供应。

（4）菜品质量应始终优良如一。

（5）始终有吸引顾客注意力的独具特色的菜品。

（6）有助于维护良好的企业形象。

6. 宴会不同于日常三餐，具有聚餐式、计划性、规格化和社交性的鲜明特征。

（1）聚餐式，是指宴会的形式。它是参加宴会的人们聚集在一起，为了某个共同的社会交往需求，边吃边交流的一种进餐形式。

（2）计划性，是指实现宴会的手段。在社会交往活动中，人们举宴设席、请客吃饭，都是为了实现某种目的需要，如国家庆典、外事交往、欢度佳节、迎来送往、酬谢恩情、商务往来、亲朋聚会、婚丧嫁娶等。这种目的需要本身就具有计划性。

（3）规格化，是指宴会的内容。现代餐饮企业经营宴会，都强调档次性和规格化。在菜品组合方面，要求设计配套、品种多样、调配均衡、制作精细、食具精致、形式美观、上席有序，强调适口性。在餐厅服务方面，要求环境布置优美，席面设计恰当，服务规范，热情周到，让宾客感到舒心愉快、物有所值。

（4）社交性，是指宴会的作用。人们的社会交往需要是决定宴会存在的本质属性。宴会作为社会交往的一种工具，被人们广泛应用于社会生活中。

7. 宴会菜单按设计性质与应用特点分为套宴菜单、专供性宴会菜单、点菜式宴会菜单。

（1）套宴菜单是餐饮企业设计人员预先设计的列有不同价格档次和菜品组合的系列宴会菜单。

（2）专供性宴会菜单是餐饮企业设计人员根据顾客的要求和消费标准，结合本企业资源情况专门设计的菜单。

（3）点菜式宴会菜单是指顾客根据自己的饮食需要，在饭店提供的点菜单或原料中自主选择菜品，组成一套宴会菜品的菜单。

8. 固定性宴会菜单是指长期使用的或者不常变换的宴会菜单。

（1）使用固定性宴会菜单最根本的好处是有利于标准化，具体表现在以下几个方面：

1）有利于采购标准化。

2）有利于加工烹调标准化。

3）有利于产品质量标准化。

（2）使用固定性宴会菜单也有其不足之处：

1）容易使目标顾客产生"厌倦"情绪。

2）不能迅速跟进餐饮市场潮流和适应顾客就餐习惯的改变。

3）容易使生产人员感到工作单调无新意，从而影响生产积极性。

9. 宴会菜单是经过精心设计的反映宴会膳食有机构成的专门菜单。宴会菜单的作用主要体现在以下几个方面：

（1）宴会菜单是宴会工作的提纲。

（2）宴会菜单是顾客与服务人员进行沟通的有效工具。

（3）宴会菜单直接影响宴会经营的成果。

（4）宴会菜单是宴会推销的有力手段。

10. 宴会菜单设计的基本原则有以下八条：

（1）以顾客需要为导向原则。

（2）服务宴会主题的原则。

（3）以价格定档次的原则。

（4）数量与质量相统一的原则。

（5）膳食平衡的原则。

（6）以实际条件为依托的原则。

（7）风味特色鲜明的原则。

（8）菜品多样化的原则。

11. 宴会菜单直接体现的是菜品的有机联系，这种联系的最基本特征就是"和而不同"。所谓"和"，是指众多不同事物之间的和谐，即让相互有差异、矛盾、对立的事物相融合，达到一种动态的平衡，也就是"多样性的统一"。所谓"同"，是简单的同一，即排斥差异、矛盾、对立的事物，只求同质事物的绝对同一。简单地说，"和而不同"指的是和谐的共生关系。

宴会菜单设计的"和而不同"，应从以下几个方面入手：

（1）确立主导风味

宴会菜单设计，首先要确立主导风味。主导风味是宴会菜单的魂，是主线，要靠主线将所有的宴会菜品串起来。

（2）彰显特色菜品

特色菜品应该是最能反映主导风味的主要菜品，是"人无我有""人有我优"的菜品，是宴会菜品中光芒四射的亮点菜品。

（3）多样化菜品纷呈

在进行宴会菜单设计时，要从不同的方面去选择和反映这类菜品。

1）原料多样化。

2）加工方法多样化。

3）菜品在色彩、造型、香味、味道、质地等感观质量方面的多样化。

12. 宴会菜品设计确定目标体系的意义：目标是宴会菜单所期望实现的状态。宴会菜单的目标状态由一系列指标来描述，它们构成了指标体系，反映了宴会的整体状态。这些指标在反映目标状态的特征方面不是等同的。所以，宴会菜单设计目标的确定，一是要优化筛选目标；二是分析各目标的重要性，要从这些指标体系中挑选出最能反映本质特征的指标。

建立目标体系对于宴会菜单设计是至关重要的，因为有了明确的目标，才能实现期望的状态，体现目标体系的全部意义。

13. 宴会菜单都是由一道道具体菜品有机地组合在一起的。现将几种常用的宴会菜品组合方法介绍如下：

（1）围绕宴会主题选菜品。

（2）围绕价格标准选菜品。

（3）围绕主导风味选菜品。

（4）围绕主干菜选菜品。

（5）围绕时令季节选菜品。

（6）围绕特色选菜品。

（7）以菜为主，菜点协调。

（8）迎合顾客喜好选菜品。

14. 大型中式宴会因其场面大、参加的人数多、席数多、饮宴节奏快，所以在进行菜品设计时特别要注意以下几个方面的问题：

（1）选用工艺流程不太复杂、加工费时少的菜点。

（2）选用有场地准备和设备加工的菜品。

（3）选用有助于控制菜温、保持外观质量的菜品。

（4）选用口味精致醇和的菜品。

（5）选用顾客取食方便且能优雅进食的菜品。

（6）选用刺激味不甚强烈的菜品。

（7）多用实惠丰足的大件菜，少用量少道数多的小件菜。

15.（1）熟悉不同季节的应时原料，知道在应市时间范围内何时原料品质最好，了解应时原料价格的涨跌规律。

（2）了解应时原料适合制作的菜品，掌握应时应季菜品的制作方法。

（3）在设计宴会菜品时，要根据时令菜的价格及适合性，将其组合到不同规格、不同类型宴会菜单的各部分菜品中。

（4）准确地把握不同季节人们的味觉变化规律。

（5）了解人们在不同季节由于味觉变化带来的对菜品色彩选择的倾向性。其一般规律是，夏季菜品以本色为主，使人有清爽的感觉；冬季要增加色彩厚重的菜品，使人有温暖的感觉。

（6）了解人们在不同季节对菜品温度感觉的合适性。一般而言，夏季应增加有凉爽感的菜品，冬季则应增加砂锅、煲类、火锅类能保温或持续加热的菜品。

第四章 菜点制作

考 核 要 点

理论知识考核范围	考核要点	重要程度
菜肴制作	1. 中国菜点的总体特色	掌握
	2. 中国菜点的构成	掌握
	3. 菜系的形成因素	掌握
	4. 菜系的概念	掌握
	5. 中国菜肴的区域划分	掌握
	6. 各区域的烹饪特色	掌握
	7. 各区域的特色菜肴及点心	掌握
	8. 地方宴席类特点	掌握
点心制作	1. 点心在宴会中的地位	掌握
	2. 点心在宴会中的作用	掌握
	3. 面团的种类	掌握
	4. 面团的特点及工艺要求	掌握
	5. 宴会点心的工艺要求	掌握
	6. 制馅的种类及技术要求	掌握
	7. 面团制品的成形手法	掌握
	8. 制皮工艺	掌握
	9. 上馅工艺	掌握

辅导练习题

一、判断题 （下列判断正确的请在括号内打"√"，错误的请在括号内打"×"）

1. 民间菜是指乡村、城镇居民家庭日常生活中已经习惯化的烹饪方法和菜品。（　　）

2. 我国现代烹饪技术的发展开始于 20 世纪 80 年代初，那是中国烹饪发展速度最快的一个时期。（　　）

3. 味道是中国菜点的核心和灵魂。（　　）

4. 市肆菜是指在市肆上出售的菜品，在风格上有较强的排他性，经营产品专业化，但是服务形式单一。　　　　　　　　　　　　　　　　　　　　　　　　　　（　　）

5. 官府菜是指奴隶社会和封建社会中王、帝、后、大臣、宦官们共同享用的美味佳肴。　　　　　　　　　　　　　　　　　　　　　　　　　　　　　　　　　（　　）

6. 形状是中国菜点的核心，文化是中国菜点的灵魂。　　　　　　　　　　（　　）

7. 早在三千多年前，我国古代就有了烤肉、烤鱼和羹汤类菜品。　　　　（　　）

8. 就菜肴发展历史而言，商周至秦汉这一时期为形成期，魏晋南北朝至今这一时期为发展期和繁荣期。　　　　　　　　　　　　　　　　　　　　　　　　　　　（　　）

9. 元明清时期各地菜肴风味显著，正如《山家清供》所说："肴馔之有特色者，为京师、山东、四川、广东、福建、江宁、苏州、镇江、扬州、淮安。"至此，中国的主要风味流派已经形成。　　　　　　　　　　　　　　　　　　　　　　　　　　　　（　　）

10. 西方人认为鸡脚活动量最大，视为鸡身上相当贵重的部位。　　　　（　　）

11. 西餐菜肴的组配一般比较单一，特别是烹饪过程中很少将两种原料一同烹制。　　　　　　　　　　　　　　　　　　　　　　　　　　　　　　　　　　（　　）

12. 中国菜肴讲究菜肴的配伍，严格遵守"清者配清、浓者配浓、柔者配柔、刚者配刚"的规律。　　　　　　　　　　　　　　　　　　　　　　　　　　　　　　（　　）

13. 由于味的组合多变，中国菜肴有"一菜一格，百菜百味"的说法。　（　　）

14. 中国菜点的构成十分丰富，不同的分类体系有不同的构成内容，按社会形式分有宫廷菜、官府菜、寺院菜、民间菜、市肆菜等。　　　　　　　　　　　　　（　　）

15. 宫廷菜是奴隶社会王室和封建社会皇室王、帝、世子所用的馔肴。　（　　）

16. 寺院菜的特色是就地取材，擅烹蔬菽，以素托荤。　　　　　　　　（　　）

17. 元代于钦在《食单》中指出："今天下四海九州特山川所隔有声音之异，土地所生有饮食之味。"　　　　　　　　　　　　　　　　　　　　　　　　　　　（　　）

18. 菜系的形成与政治、经济、文化的关系十分密切。　　　　　　　　（　　）

19. 广东菜系的形成主要是由于鸦片战争后国门大开，欧美各国传教士和商人纷至沓来，带来了西餐技艺。　　　　　　　　　　　　　　　　　　　　　　　　（　　）

20. 中国地广人多，素有"百里不同风，千里不同俗"之说，不同的风俗及嗜好反映在饮食习尚方面尤为明显。　　　　　　　　　　　　　　　　　　　　　　　　（　　）

21. 华北地区、东北地区位于我国的北部，史称"关东"。　　　　　　（　　）

22. 东北地区的烹饪原料极为丰富，素有"北有粮仓，南有渔场，西有畜群，东有果园"的美称。　　　　　　　　　　　　　　　　　　　　　　　　　　　　　（　　）

23. 东北地区的烹饪有汉、蒙民族的特色。　　　　　　　　　　　　　（　　）

24. 明清时期，鲁菜自成体系，影响了整个黄河流域及以北地区，被称为"北方菜"。

（　　）

25. 华南地区号称中国"动物王国"和"植物王国"，烹调资源取之不竭。（　　）

26. 中国菜肴发展的历史几乎同中国的文明史一样悠久。（　　）

27. 早在五千多年前，我国古代就有了烤肉、烤鱼和羹汤类菜品。（　　）

28. 从秦汉以后，中国菜肴经历过三个大的发展时期：魏晋南北朝时期、隋唐两宋时期、元明清时期。（　　）

29. 炒这种烹饪方法的出现，对中国菜肴的发展起了很大的推动作用。（　　）

30. 据北魏时期的《齐民要术》记载，当时的菜肴就达 2 000 种以上，多种调料的运用，出现了多种不同的味型。（　　）

31. 唐代有用羊、豕、牛、熊、鹿肉精细加工后拼成的五牲盘。（　　）

32. 宋代出现了用多种荤素熟料拼摆的大型组合式风景冷盘——"辋川小样"。（　　）

33. 宋代有将螃蟹肉填在掏空的橙子中蒸成的"蟹酿橙"，堪称古代花色菜的代表作。

（　　）

34. 从清朝开始，由于种植业和交通业的发展，菜肴在原料的选用上打破了时间和空间的局限，为菜品的创新提供了物质基础。（　　）

35. 近年来，全国各地厨师结合当地菜肴自身特色和传统，创制了一大批适合本地市场需求、深受消费者喜爱的新菜点，这些菜点也是中国名菜名点的重要组成部分。（　　）

36. 中国幅员辽阔，物产丰富，菜肴多选择动植物性原料，很少选择山珍海味、花卉、昆虫、中药等。（　　）

37. "大煮干丝""金毛狮子鱼"都是著名的淮扬菜。（　　）

38. 宴会的主题不同，宴会点心的比重也就不同，一般的主题宴会点心的比重在20％左右。（　　）

39. 宴会面点的比重还取决于宴会的规格档次。宴会的规格有高档、中档、普通三种，因此宴会面点的配备也有三档之别。（　　）

40. 面点是宴会的重要组成部分，它在选料、制作、口味等方面都必须与宴会的要求及菜品的特色相符合。（　　）

41. 宴会中面点的口味、口感必须与菜品的口味、口感相配合；另外，点心的上桌时机、与什么口味的菜品配合都对宴会的效果起到很重要的作用。（　　）

42. 发酵面团是用冷水或温水，添加适量的鲜酵母或者酵种与面粉调制而成的面团。

（　　）

43. 发酵面团的发酵过程就是面粉中的淀粉、蔗糖分解成单糖，提供酵母繁殖的养分，

酵母繁殖利用这些养分进行呼吸作用和发酵作用，产生大量的二氧化碳气体，并同时产生水和热量。 （　　）

44. 油酥面团中的油脂颗粒与面粉颗粒是真正结合的，也像水调面团一样，蛋白质吸水生成面筋网络或淀粉因糊化膨润产生黏性。 （　　）

45. 油酥面团是利用干油酥的酥性做心，水油面的酥中有韧的特性做皮，经过多次擀、卷、叠制成油酥性面团。 （　　）

46. 粉团是指用粉料加水调制的面团，各种粉料可单独也可混合制成粉团，是各种糕、团点心的主要原料。 （　　）

47. 在制作松质糕米粉面团时，首先要掌握好掺水量。粉拌得太干则无黏性，影响成形；粉拌得太潮则黏糯无空隙，易造成夹生现象。 （　　）

48. 在制作松质糕米粉面团时，首先要掌握好掺水量。一般干磨粉比湿磨粉多，粗粉比细粉少，用糖量多则掺水量相应减少。 （　　）

49. 在制作黏质糕米粉面团时，糕粉要蒸制成熟，检验糕粉成熟度的方法是将筷子插入糕粉中取出，若筷子上有糕粉则表示还未熟透，若筷子上无糕粉则表示已成熟。 （　　）

50. 水调面团一般分为冷水面团、热水面团、温水面团三大类，其调配原理与蛋白质溶胀、蛋白质变性及淀粉糊化无关。 （　　）

51. 水温60℃以上时淀粉即进入糊化阶段，颗粒体积比常温下胀大好几倍，吸水量增大，黏性增强，并部分溶于水。 （　　）

52. 温水面团具有质地硬实、筋力足、韧性强、拉力大的特性。 （　　）

53. 制作生咸馅原料时，猪肉最好选用猪后腿肉，也叫"夹心肉"或"蝴蝶肉"。 （　　）

54. 制作生肉馅时，肥肉吃水多，瘦肉吃水少，水少黏性小，水多则澥水。 （　　）

55. 花卷的成形既可以用卷，又可以用叠。 （　　）

56. 擀是运用面杖（有长短之分）、橄榄杖、通心槌等工具将坯料制成不同形态的一种技法，如春卷皮、豆皮、锅饼皮等都是采用擀的技法加工的。 （　　）

57. 拨鱼面因下面时候的动作像放鱼苗的动作，故叫拨鱼面，又称拨拉剔尖。 （　　）

58. 制皮工艺中的压皮是一种特殊制皮方法，一般用于没有韧性的剂子或面团较软、皮子要求较薄的特色品种的制皮。 （　　）

59. 卷馅法就是将坯料擀成片状或在片形熟坯上抹上馅心（一般是细粒馅或软馅），然后卷拢成形，再制成生坯或成品。 （　　）

60. 滚沾法是一种特殊的上馅方法，它既是上馅，又是成形，一次完成，如元宵、藕粉圆子等。 （　　）

二、单项选择题（下列每题有 4 个选项，其中只有 1 个是正确的，请将其代号填写在横线空白处）

1. 下列关于宫廷菜叙述说明正确的选项是_____。
   A. 原料选择因空间小而十分严谨　　　B. 中国烹饪技艺文化之根
   C. 烹饪制作工艺精湛完美　　　D. 中国菜点的主体结构

2. 下列关于市肆菜叙述说明正确的选项是_____。
   A. 只在市肆上出售的菜品　　　B. 在风格上有较强的排他性
   C. 经营产品专业化　　　D. 服务形式单一

3. 下列品种属于东北地区传统特色面点食品的是_____。
   A. 乌饭团　　　B. 驴打滚
   C. 石子馍　　　D. 萨其马

4. 按照社会形式不同，菜系也可以分为宫廷菜、市肆菜、民间菜和_____。
   A. 清真菜　　　B. 地方菜
   C. 汉族菜　　　D. 寺院菜

5. 下列品种属于广东传统菜肴的是_____。
   A. 鼎湖上素　　　B. 腊味合蒸
   C. 三杯鸡　　　D. 白肉火锅

6. 下列品种属于西北地区传统菜肴的是_____。
   A. 东山羊　　　B. 七星丸
   C. 三套鸭　　　D. 烧蹄花

7. 制作传统面点品种"银丝卷"的主要成形手法是_____。
   A. 叠　　　B. 抻
   C. 切　　　D. 拨

8. 中国菜点的灵魂是_____。
   A. 味道　　　B. 方法
   C. 形式　　　D. 文化

9. 下列关于民间菜叙述说明正确的选项是_____。
   A. 历史上遗留的少部分饮食品种　　　B. 中国烹饪技艺文化之根
   C. 乡村居民家庭中遗忘的日常饮食　　　D. 中国菜点的个体

10. 下列品种属于东北地区传统菜肴的是_____。
    A. 酸汤菜　　　B. 神仙炉
    C. 八宝鸭　　　D. 烧蹄花

11. 我国现代烹饪技术的发展开始于 20 世纪＿＿＿＿年代初。

    A. 60　　　　　　　　　　　　B. 70

    C. 80　　　　　　　　　　　　D. 90

12. 下列品种属于华东地区传统菜肴的是＿＿＿＿。

    A. 水晶肴肉　　　　　　　　　B. 沔阳三蒸

    C. 酥烤云腿　　　　　　　　　D. 过油肉

13. 下列成形手法属于包馅法的是＿＿＿＿。

    A. 提褶类和卷边类　　　　　　B. 无缝类和提褶类

    C. 捏边类和无缝类　　　　　　D. 三者皆是

14. 中国菜点的核心是＿＿＿＿。

    A. 味道　　　　　　　　　　　B. 方法

    C. 形式　　　　　　　　　　　D. 文化

15. "金齑玉脍"是＿＿＿＿地区的名菜。

    A. 长安　　　　　　　　　　　B. 江苏

    C. 四川　　　　　　　　　　　D. 河北

16. 下列不是出自宋代的著作是＿＿＿＿。

    A. 《东京梦华录》　　　　　　B. 《武林旧事》

    C. 《山家清供》　　　　　　　D. 《食单》

17. "食品之有专嗜者，食性不同，由于习尚也。则北人嗜葱蒜，滇黔湘蜀嗜辛辣品，粤人嗜淡食，苏人嗜糖。"这句话出自＿＿＿＿。

    A. 《清稗类钞》　　　　　　　B. 《梦粱录》

    C. 《武林旧事》　　　　　　　D. 《山加清供》

18. 下列不是扬州名菜的是＿＿＿＿。

    A. 大煮干丝　　　　　　　　　B. 拆烩鲢鱼头

    C. 五元神仙鸡　　　　　　　　D. 扒烧整猪头

19. 下列菜系不是按照民族分类的是＿＿＿＿。

    A. 汉族菜　　　　　　　　　　B. 满族菜

    C. 市肆菜　　　　　　　　　　D. 回族菜

20. 我国古代就有烤肉、烤鱼和羹汤类菜品，它们最早出现于＿＿＿＿多年前。

    A. 五千　　　　　　　　　　　B. 四千

    C. 三千　　　　　　　　　　　D. 一千

21. 下列不能代表中国菜点特色的描述是＿＿＿＿。

A. 历史悠久，内涵丰富   B. 用料广泛，搭配灵活

C. 刀工精细，口味多变   D. 善用黄油和奶制品

22. 下列点心中不是用发酵面团的是_____。

A. 包子   B. 馒头

C. 花卷   D. 松子枣泥拉糕

23. 发酵面团发酵时产生的气体是_____。

A. 氧气   B. 氢气

C. 二氧化碳   D. 一氧化碳

24. 下列不是用油酥面团制成的制品是_____。

A. 酥盒子   B. 眉毛酥

C. 马蹄酥   D. 千层油糕

25. 下列不是用粉面团制成的制品是_____。

A. 糍饭团   B. 枇杷团

C. 千层油糕   D. 麻团

26. 下列不是制作松质糕粉团必要程序的是_____。

A. 加水揉成团   B. 掌握好掺水量

C. 掌握好静置时间   D. 过筛

27. 淀粉颗粒进入糊化阶段的温度是_____℃。

A. 45   B. 55

C. 60   D. 70

28. 下列属于扬州特色点心的是_____。

A. 三丁包   B. 生煎包

C. 豌豆黄   D. 晴雯包子

29. 下列不属于米粉面团主要原料的是_____。

A. 糯米   B. 粳米

C. 籼米   D. 小米

30. 水调面团的种类不包括_____面团。

A. 水油   B. 冷水

C. 热水   D. 温水

31. 面点的馅心口味一般不包括_____。

A. 咸味   B. 混合味

C. 甜味   D. 复合味

32. 冷水面团的特点是_____。

 A. 易拉伸 B. 质地绵软

 C. 韧性较强 D. 筋力不足

33. 制作熟咸馅心时要注意_____。

 A. 馅心打水适量 B. 用芡合理均匀

 C. 选料部位恰当 D. 拌制手法得当

34. 抻也叫拉，是北方地区常用的面点技术，下列不属于用拉法成形的是_____。

 A. 挂面 B. 龙须面

 C. 银丝卷 D. 盘丝饼

35. 下列不属于拉面步骤的是_____。

 A. 和面 B. 溜条

 C. 出条 D. 成形

36. 典型的擀皮技法是_____擀皮法。

 A. 包子 B. 油条

 C. 饺子 D. 馒头

37. 下列不属于发酵面团的是_____。

 A. 嫩酵面 B. 老酵面

 C. 碰酵面 D. 戗酵面

38. 兑碱是发酵面团的重要工序，正确的结论是_____。

 A. 灰暗碱重 B. 色白碱正

 C. 色黄碱轻 D. 色黄碱正

39. 根据起酥的方法，下列错误的说法是_____。

 A. 明酥 B. 暗酥

 C. 半明酥 D. 半暗酥

40. 五千多年前尚未出现的菜肴是_____。

 A. 烤肉 B. 烤鱼

 C. 炒肉 D. 羹汤类菜品

41. 《清稗类钞》所记载的饮食风俗大约是_____。

 A. 宋末 B. 元末

 C. 明末 D. 清末

42. 广东菜系的形成期主要是_____。

 A. 汉人南迁后 B. 鸦片战争后

C. 抗战后期　　　　　　　　　D. 新中国成立初期

43. 下列不属于东北地区宴席形式的是_____。

　　A. 盖州三套碗　　　　　　　B. 关东全羊席

　　C. 满汉全席　　　　　　　　D. 沈阳八景宴

44. 李连贵熏肉大饼是特色点心，属于_____地区。

　　A. 东北　　　　　　　　　　B. 华北

　　C. 华南　　　　　　　　　　D. 华中

45. 谭家菜是_____地区菜肴。

　　A. 东北　　　　　　　　　　B. 西北

　　C. 华北　　　　　　　　　　D. 中原

46. 家常食馔以汤面辅以蒸馍、烙饼等为主的是_____地区。

　　A. 东北　　　　　　　　　　B. 西北

　　C. 华北　　　　　　　　　　D. 中原

47. 以大米为主，偶食面粉的是_____地区。

　　A. 东北　　　　　　　　　　B. 西北

　　C. 华北　　　　　　　　　　D. 华东

48. 松鼠鳜鱼隶属_____地区。

　　A. 华东　　　　　　　　　　B. 华北

　　C. 东北　　　　　　　　　　D. 西北

49. "才饮长江水，又食武昌鱼"说的是清蒸武昌鱼，该菜属于_____。

　　A. 湖南菜　　　　　　　　　B. 湖北菜

　　C. 江西菜　　　　　　　　　D. 安徽菜

50. 鼎湖上素是_____特色菜。

　　A. 广西　　　　　　　　　　B. 海南

　　C. 港台　　　　　　　　　　D. 广东

51. 小满汉席是地方宴席，属于_____地区。

　　A. 东北　　　　　　　　　　B. 西北

　　C. 西南　　　　　　　　　　D. 东南

52. 三丁包是扬州特色点心，三丁通常是指_____。

　　A. 猪肉、香菇、笋丁　　　　B. 猪肉、鸡肉、香菇

　　C. 猪肉、鸡肉、笋丁　　　　D. 鸡肉、香菇、笋丁

53. 团类米粉面团的调制方法一般有三种，下列错误的选项是_____。

A. 生白粉　　　　　　　　　　B. 沸水调制

C. 煮芡法　　　　　　　　　　D. 熟白粉

54. 热水面团又称烫面，水温一般在_____℃以上。

A. 50　　　　　　　　　　　　B. 60

C. 70　　　　　　　　　　　　D. 80

三、多项选择题（下列每题有多个选项，至少有2个是正确的，请将其代号填写在横线空白处）

1. 下列关于市肆菜概念的叙述正确的是_____。

A. 市肆上制作并出售的菜品　　B. 风格上有较强的包容性

C. 经营产品专业化　　　　　　D. 服务形式多样化

E. 以地方特色为主

2. 影响菜系形成的因素是_____。

A. 地域物产　　　　　　　　　B. 风土民俗

C. 宗教信仰　　　　　　　　　D. 主观因素

E. 文化经济

3. 下列关于油酥面团特点的叙述正确的是_____。

A. 油酥面团能够形成大量二氧化碳气体

B. 油酥面团具有起酥特性

C. 油酥面团能够形成淡淡的酒香气味

D. 面粉颗粒被油脂包围隔开，高温加热使空隙中充满空气，使成品变得酥松

E. 面粉颗粒被油脂封闭，吸水被抑制而不能膨润，加热时易"炭化"而松脆

4. 制作宴会点心的工艺要求是_____。

A. 选料时要避免与菜品原料重复

B. 在形状规格方面要比普通点心精小

C. 采用大盘盛装，美观大方

D. 淡化地方风味特色

E. 口味专一，造型简洁

5. 下列关于宫廷菜概念的叙述正确的是_____。

A. 原料选择因空间小而十分严谨　　B. 中国烹饪技艺文化之根

C. 烹饪制作工艺精湛完美　　　　　D. 中国菜点的主体结构

E. 中国菜点构成的一个重要组成部分

6. 下列关于发酵面团特点的叙述正确的是_____。

A. 酵母菌呼吸作用形成大量二氧化碳气体

B. 面筋网络将气体包裹住形成膨胀松软质感

C. 酵母发酵能够形成淡淡的酒香气味

D. 面肥发酵会产生酸味

E. 酵母菌呼吸会产生水分和热量

7. 点心在宴会中的作用是_____。

A. 能够给顾客带来美好的享受

B. 烘托宴会的主题气氛

C. 与其他内容配合达到最佳效果

D. 点缀宴会的餐台

E. 转换饮食的味觉

8. 下列关于民间菜概念的叙述正确的是_____。

A. 历史上遗留的少部分饮食品种

B. 中国烹饪技艺文化之根

C. 乡村居民家庭中遗忘的日常饮食

D. 中国菜点的主体

E. 朴实无华，制作简易

9. 菜点创新可以采用的策略是_____。

A. 革新现有产品　　　　　　　B. 适时增添花色品种

C. 采用新环境　　　　　　　　D. 应用新方法

E. 采用新原料

10. 下列正确描述寺院菜的选项是_____。

A. 特指道家修炼期间的饮食　　B. 可以素菜荤做

C. 选择果蔬野菜原料　　　　　D. 特指佛家斋戒的饮食

E. 可以荤料素名

11. 冷水面团具有的特性包括_____。

A. 黏度强　　　　　　　　　　B. 质地硬实

C. 筋力足　　　　　　　　　　D. 韧性强

E. 拉力大

12. 宫廷菜制作的最大特点包括_____。

A. 分工细　　　　　　　　　　B. 管理严

C. 要求高　　　　　　　　　　D. 成本高

E. 速度快

13. 下列属于华东地区特色菜点的是_____。

  A. 糖醋黄鱼   B. 虫草雪鸡

  C. 松鼠鳜鱼   D. 生煸草头

  E. 龙井虾仁

14. 华北地区的特色菜点有_____。

  A. 葱烧海参   B. 道口烧鸡

  C. 大煮干丝   D. 九转大肠

  E. 水晶虾仁

15. 东北地区的特色菜点有_____。

  A. 李记坛肉   B. 猴头飞龙

  C. 镜泊鲤丝   D. 马家烧卖

  E. 松塔麻花

16. 华东地区特色鸡原料包括_____。

  A. 浦东鸡   B. 葫芦鸡

  C. 固原鸡   D. 萧山鸡

  E. 狼山鸡

17. 华中地区的特色菜点有_____。

  A. 清蒸鲥鱼   B. 清蒸武昌鱼

  C. 沔阳三蒸   D. 腊味合蒸

  E. 组庵鱼翅

18. 华中地区的特色原料包括_____。

  A. 河田鸡   B. 桃源鸡

  C. 黄孝鸡   D. 萧山鸡

  E. 浦东鸡

19. 华南地区的特色原料包括_____。

  A. 清远鸡   B. 浦东鸡

  C. 石斑鱼   D. 文昌鸡

  E. 武昌鱼

20. 华南地区的特色菜点有_____。

  A. 扒烧整猪头   B. 文昌白斩鸡

  C. 清蒸武昌鱼   D. 大良炒鲜奶

E. 鼎湖上素
21. 西南地区的特色调料有_____。
　　A. 自贡井盐　　　　　　　B. 郫县豆瓣
　　C. 永川豆豉　　　　　　　D. 阆中保宁醋
　　E. 德阳酱油
22. 西南地区的特色菜点有_____。
　　A. 白云猪手　　　　　　　B. 樟茶鸭子
　　C. 东江酿豆腐　　　　　　D. 麻婆豆腐
　　E. 宫保鸡丁

四、简答题

1. 点心在宴会中的地位和作用是什么？
2. 简述中国菜点的构成。
3. 简述菜系的形成因素。
4. 简述面点的制皮工艺。
5. 简述中国菜点的总体特色。
6. 简述菜系形成的主观因素。
7. 简述发酵面团的发酵机理。
8. 简述油酥制品的起酥原理。
9. 简述冷水面团的特点。
10. 简述温水面团的特点。
11. 简述热水面团的特点。
12. 简述生咸馅制作的一般原则。
13. 简述熟咸馅制作的一般原则。
14. 简述生甜馅制作的一般原则。
15. 简述熟甜馅制作的一般原则。
16. 简述面点的上馅工艺。

五、综合题

1. 论述熟咸馅的制作工艺及技术要求。
2. 论述市肆菜的特点。
3. 论述宫廷菜的特点。
4. 论述制作松质糕米粉面团的技术要求。
5. 论述制作黏质糕米粉面团的技术要求。

6. 论述制作团类米粉面团的技术要求。

7. 论述宴会点心的工艺要求。

参考答案

一、判断题

1. √	2. √	3. √	4. ×	5. ×	6. ×	7. ×	8. √	9. ×
10. ×	11. √	12. ×	13. √	14. √	15. √	16. √	17. ×	18. √
19. √	20. √	21. ×	22. √	23. ×	24. √	25. ×	26. √	27. √
28. √	29. √	30. ×	31. √	32. ×	33. √	34. √	35. √	36. √
37. ×	38. ×	39. √	40. √	41. √	42. √	43. √	44. √	45. √
46. √	47. √	48. ×	49. √	50. ×	51. √	52. √	53. ×	54. ×
55. √	56. ×	57. ×	58. √	59. ×	60. √			

二、单项选择题

1. C	2. C	3. D	4. D	5. A	6. D	7. B	8. A	9. B
10. B	11. C	12. A	13. D	14. A	15. B	16. D	17. A	18. C
19. C	20. A	21. D	22. D	23. C	24. D	25. C	26. A	27. C
28. A	29. D	30. A	31. B	32. C	33. B	34. A	35. D	36. C
37. B	38. B	39. C	40. C	41. D	42. B	43. C	44. A	45. C
46. B	47. D	48. A	49. B	50. D	51. C	52. C	53. A	54. B

三、多项选择题

1. ABCDE	2. ABCDE	3. BCDE	4. AB	5. CE
6. BCDE	7. ABCDE	8. BDE	9. ABDE	10. BC
11. BCDE	12. ABC	13. CDE	14. ABD	15. ABCDE
16. ADE	17. BCDE	18. ABC	19. ACD	20. BDE
21. ABCDE	22. BDE			

四、简答题

1. （1）点心在不同规格宴会中的比重

首先，宴会的主题不同，点心的比重也就不同，一般主题的宴会点心比重在10%左右。如果是特色宴会，如包子席、饺子席、面点全席等，则面点的比重应在80%左右。其次，高档特色宴会可以配备面点六道，中档宴会可以配备面点四道，普通宴会配备面点两道。

（2）点心在宴会中的作用

宴会的主要内容是由经过精选后面点与菜肴组合形成具有一定规格、质量的一整套菜点构成的，面点是其中的重要组成部分，面点的口味、口感必须与菜品的口味、口感相配合。另外，点心的上桌时机、与什么口味的菜品配合，都会对宴会效果起到很重要的作用。

2.（1）宫廷菜

宫廷菜是奴隶社会王室和封建社会皇室王、帝、后、世子所用的馔肴。现在只是根据记载保留下来的部分菜点。

（2）官府菜

官府菜是封建社会官宦之家所制的馔肴。其特点是用料广泛、制作奇巧、变化多样。

（3）寺院菜

寺院菜泛指道家、佛家宫观寺院烹饪的以素为主的馔肴。

（4）民间菜

民间菜是指乡村、城镇居民家庭日常烹饪的馔肴。民间菜是中国菜点的主体，是中国烹饪的根。

（5）市肆菜

市肆菜指餐馆菜，是饮食市肆制作并出售的馔肴的总称。市肆菜的特色是技法多变、品种繁多、应变力强、适应面广。

此外，还有民族菜，少数民族的风俗习惯和宗教信仰形成了民族菜的特色，其中以清真菜为主要代表。

3. 菜系是指在一定区域内，菜点烹制手法、原料使用范围、菜品特色等方面出现相近或相似的特征，自觉或不自觉地形成的烹饪派别。菜系的形成主要有以下几个因素：

（1）地域物产的制约。不同地域的气候、环境不同，出产的原料品种也有很大的差异。

（2）政治、经济与文化的影响。

（3）民俗和宗教信仰的束缚。不同的风俗及其嗜好反映在饮食习惯方面尤为明显。

（4）菜系形成的主观因素，首先是地方烹饪师的开发创新，其次是消费者的喜爱。

4.（1）拍皮

即把下好的剂子戳立起来，用右手食指揿压一下，然后再用手掌沿着剂子周围着力拍，边拍边转动，把剂子拍成中间厚、四边薄的圆皮。

（2）捏皮

捏皮一般是把剂子用双手揉匀搓圆，再捏成圆壳形，包馅收口，俗称"捏窝"。

（3）摊皮

摊皮是比较特殊的制皮方法，主要用于糨糊状或较稀软的面团制皮，需借助加热和锅具。

（4）敲皮

敲皮是一种较特殊的制皮方法，操作时，用敲皮工具（面棍）在面团原料上轻轻敲击，使坯剂子慢慢展开成坯皮。

（5）擀皮

擀皮是当前最主要、最普遍的制皮方法，技术性较强。由于适用品种多，擀皮的工具和方法也是多种多样。擀皮的方式一般有平展擀制和旋转擀制两种。

5.（1）历史悠久，内涵丰富

中国菜肴发展的历史几乎同中国的文明史一样悠久。早在五千多年前，我国古代就有了烤肉、烤鱼和羹汤类菜品。就菜肴发展历史而言，商周至秦汉这一时期为形成期，魏晋南北朝至今这一时期为发展期和繁荣期。现代烹饪技术和菜肴的发展，是从 20 世纪 80 年代初期开始的，这是中国烹饪发展速度最快的一个时期。近年来，各地结合自身特色和传统，创制了一大批适合市场需求、深受消费者喜爱的新菜点，这些菜点也是中国名菜名点的重要组成部分。

（2）用料广泛，搭配灵活

1）菜肴原料极其多样。菜肴除一般选择动植物性原料外，还喜用山珍海味，另花卉、昆虫、中药亦可入馔。而豆腐、百叶、豆腐皮、素鸡以及豆芽菜、面筋、松花蛋等更是中国菜肴的优良原料。

2）科学合理的组配是中国菜品的重要特色。中国菜肴讲究菜肴的配伍，既恪守"清者配清、浓者配浓、柔者配柔、刚者配刚"的一般规律，又能按时令性味、荤素以及色泽、质地、形状等不同情况挥洒自如地进行搭配，使菜肴风味、色泽、口感、营养都达到完美结合。

3）刀工精细，风味多变。中国菜肴讲究刀口形态，目的在于使形状规则、美化，利于烹制、入味。味是中国菜点的核心和灵魂。同样一种原料，只因使用的调味品和调味手段不同，菜肴口味也就迥然各异。由于味的组合多变，故中国菜肴有"一菜一格，百菜百味"的说法。

6. 首先是地方烹饪师的开发创新。地方风味形成与地方烹饪师的开发、创新能力密切相关。其次是消费者的喜爱。菜系有区域性，消费者对菜点认可最集中的区域，也就是菜系划分的范围。当地群众对本地菜的感情，是一个地方风味流派赖以生存的肥沃土壤。人们对它的喜爱程度往往决定了其生命力的长短。

7. 面团发酵过程就是在面粉中的淀粉、蔗糖分解成单糖，提供酵母繁殖的养分，酵母繁殖利用这些养分，进行呼吸作用和发酵作用，产生大量的二氧化碳气体，并同时产生水和热量。二氧化碳气体被面团中的面筋网络包住不能逸出，从而使面团出现蜂窝组织、膨大、松软，并产生酒香味。如用面肥发酵还产生酸味，这就是发酵的机理。

8. 油酥面团利用干油酥和水油面这两种面团的特性，利用干油酥的酥性做心，水油面酥中有韧的特性做皮，经过多次擀、卷、叠制成油酥性面团。因干油酥和水油面是层层相隔，成熟时，皮层中的水分在烘烤时汽化，使层次中有一定空隙。干油酥有油层而不粘连，使制品结构层次清楚，薄而分明。也就是说，利用油膜使面筋不发生粘连，起到分层作用，这就是油酥面团制作酥皮点心起层的机理。

9. 冷水面团之所以具有质地硬实、筋力足、韧性强、拉力大的特性，就是因为在调制过程中用的是冷水，水温不能引起蛋白质热变性和淀粉膨胀糊化所致。所以，冷水面团的本质主要是蛋白质溶胀所起的作用，故能形成致密面筋网络，把其他物质紧紧包住。

10. 温水面团掺入水的温度与蛋白质热变性和淀粉膨胀糊化温度接近，因此，温水面团本质是淀粉和蛋白质都在起作用，但其作用既不像冷水面团，又不像热水面团，而是在两者之间。蛋白质虽然接近变性，又没有完全变性，还能形成面筋网络，但因水温较高，面筋形成又受到一定的限制，因而面团能保持一定的筋力，但筋力不如冷水面团；淀粉虽已膨胀，吸水性增强，但还只是部分糊化，面团虽较黏柔，但其黏柔性又比热水面团差。

11. 热水面团用的是80℃以上的热水，水温既使蛋白质变性又使淀粉膨胀糊化。所以，热水面团的本质主要是淀粉所起的作用，即淀粉遇热膨胀和糊化，大量吸水并和水融合成为面团。同时，淀粉糊化后黏度增强，因此，热水面团就变得黏柔，略带甜味（淀粉糊化分解为低聚糖和单糖）。蛋白质热变性的结果是：面筋胶体被破坏，无法形成面筋网络，这又形成了热水面团筋力、韧性变差的另一特性。

12. （1）选料加工要适当。

（2）馅料形态要正确。

（3）馅心打水要适宜。

（4）调味要鲜美。

13. （1）形态处理要适当。

（2）合理运用烹调技法。

（3）合理用芡。

14. （1）擦拌要匀、透。

（2）选料要精细。

（3）加工处理要合理。

（4）软硬要适当。

15. （1）加工处理要精细。

（2）炒制火候要恰当。

（3）软硬要适度。

16. （1）包馅法

包馅法一般用来制作包子、饺子等，是最常用的方法。由于这些品种成形方法并不相同，如无缝、捏边、卷边、提褶等，因此上馅的多少、部位、方法也就随之不同。

（2）拢馅法

上馅时的操作常与成形同时进行，如烧卖类上馅后，用手拢起皮捏住，不封口、不露馅。

（3）夹馅法

夹馅法主要适用于糕类制品，制作时上一层坯料加上一层馅，再上一层坯料。可以夹一层，也可以夹多层。如果面团为稀糊状，上馅前先要蒸熟一层，然后铺上一层馅，再铺另一层，如三色糕等。操作时，上馅必须均匀平展、厚薄匀称、规格适当。

（4）卷馅法

卷馅法就是将坯料擀成片状或在片形熟坯上抹上馅心（一般是细粒馅或软馅），然后卷拢成形，再制成生坯或成品。一般馅心外露，如蛋糕卷、花卷、黏质糕卷等。要求上馅平整、厚薄均匀、馅量适当。

（5）滚沾法

这是一种特殊的上馅方法，常与成形方法连用。既是上馅，又是成形，一次完成。如元宵、藕粉圆子等即是把馅心切成小块或搓成小球，放在干粉中滚动，蘸上水或放入开水中烫，再滚上粉而逐步成形的。也有馅料存在于坯料之外的。

（6）酿馅法

此类品种如四喜饺子等，成形后在四个眼中酿装不同的馅（装饰料）。

五、综合题

1. 熟咸馅即馅料经烹制成熟后制成的一类咸馅。熟咸馅制作的一般原则如下：

（1）形态处理要适当

熟咸馅要经过烹制，其形态处理要符合烹调的要求，便于调味和成熟，既要突出馅料的风味特色，又要符合面点包捏的要求。

（2）合理运用烹调技法

熟咸馅口味变化丰富，有鲜嫩、嫩滑、酥香、干香、爽脆、咸鲜等，要灵活运用烹调技法，结合面点工艺合理调制，才能达到较好的效果。

（3）合理用芡

熟咸馅常需在烹调中勾芡。

2. 市肆菜的特点是技法多变、品种繁多、应变力强、适应面广。市肆菜在风味上也有较强的包容性，除以本地特色为主外，还兼有其他地方的特色菜品，以适应不同顾客的需要。市肆菜馆的经营品种也趋于专业化，有专门的包子店、鸭子店、素菜店、羊肉店等；服务形式也多样化，有上门服务的专职厨师，展示了市肆菜的灵活性、多样性，是丰富中国菜品构成的重要因素。

3. 宫廷菜是奴隶社会王室和封建社会皇室王、帝、后、世子所用的馔肴。现在只是根据记载保留下来的部分菜点。宫廷菜肴的选料十分严格，时间、场合的不同，应选择何种原料都有一定的法则，而且天下最好的原料都可任其挑选，为烹饪原料提供了较大的选择空间。烹饪精湛完美是宫廷菜的另一特色，首先能在宫廷中司厨的厨师，都是在全国挑选出来的顶尖厨师；其次宫廷菜在制作时分工细、管理严、要求高，每一道菜点都必须达到最佳效果。

4. 在制作松质糕米粉面团时，首先要掌握好掺水量，粉拌得太干则无黏性，影响成形；粉拌得太潮则黏糯无空隙，易造成夹生现象。掺水量的多少应根据情况而定，一般干磨粉比湿磨粉多，粗粉比细粉多，用糖量多则掺水量相应减少。其次要掌握静置时间，静置是将拌制好的糕粉放置一段时间，使粉粒能均匀、充分地吸收到水分。静置时间的长短应根据粉质、季节和制品的不同而不同。静置后的糕粉需过筛才可使用，静置后的糕粉肯定不会均匀，若不过筛，粉粒粗细不匀，蒸制时就不易成熟。过筛后糕粉粗细均匀，既容易成熟又细腻柔软。松质糕团因不经揉制过程，韧性小，质地松软，遇水易溶，所以成品吃口松软、粉糯、香甜，易消化。

5. 在制作黏质糕米粉面团时，糕粉要蒸制成熟，检验糕粉成熟度的方法是将筷子插入糕粉中取出，若筷子上有糕粉，则表示还未熟透；若筷子上无糕粉，则表示已成熟。还要掌握揉制方法，糕粉成熟后需立即用力反复揉制，揉制时手上可抹凉开水或油，若发现有生粉粒或夹生粉粒应剔除。揉制时尽量少淋水，揉至面团表面光滑不粘手为止。黏质糕粉团为成熟后的米粉揉在一起制成，因而韧性大、黏性足、入口软糯。

6. 在制作团类米粉面团时，首先要掌握好用水量，水多则粉团稀软粘手不易包捏，水少则粉团干硬不易成形。其次要控制好水温，制作团类米粉面团不宜全用沸水，更不能用凉水。全用沸水粉团黏性高，易粘手，不利于制作；凉水制作的粉团黏性低、松散，制品表面也不光洁。团类制品米粉面团由淀粉糊化产生黏性而形成面团。因此，面团软糯、有黏性，可包制多卤的馅，成品有皮薄、馅多、卤汁多、吃口黏、糯润滑、黏实耐饥的特点。

7. 宴会点心的制作工艺比一般点心的制作工艺要求高，选料精细、制作精美、口味多变、造型美观是筵席点心的基本要求。选料时要避免与宴会菜品的原料重复，在原料的部位、季节方面要能体现特色。制作时点心的规格应比普通点心低，点心的馅心、面皮都必须专门调配，并不是普通面点的简单缩小。在造型上要纹路或层次清晰，大小一致，装盘美观大方。口味上应更能体现特色，要对宴会菜品的口味进行补充。同时，宴会点心的工艺还必须体现地方特色。要利用各地的名优特产、风味名点组配宴会，如广东的虾饺、蜂巢芋角，扬州的三丁包、翡翠烧卖，苏州的糕团，上海的生煎包，淮安的汤包，北京的豌豆黄等。

第五章 厨房管理

考核要点

理论知识考核范围	考核要点	重要程度
成本管理	1. 厨房生产成本的概念	掌握
	2. 厨房生产成本的特点	掌握
	3. 主、配成本的核算方法	掌握
	4. 一料一档的计算方法	熟悉
	5. 一料多档的计算方法	熟悉
	6. 调味品成本的核算方法	掌握
	7. 净料率的核算方法	熟悉
	8. 厨房生产作业流程中的成本控制	熟悉
	9. 厨房当日食品成本的控制方法	掌握
	10. 厨房月终食品成本的控制方法	掌握
生产管理	1. 标准食谱的概念	了解
	2. 标准食谱的作用	掌握
	3. 标准食谱的内容	熟悉
	4. 标准食谱的制定与管理	掌握
	5. 加工质量管理的内容	熟悉
	6. 配份烹调质量管理的要领	了解
	7. 冷菜、点心的生产管理	掌握
	8. 动物性原料加工的程序与要求	熟悉
	9. 植物性原料加工的程序与要求	熟悉
	10. 原料切配工作的程序	掌握
	11. 烹调阶段工作的细则	掌握
	12. 冷菜、点心的制作程序	熟悉
销售管理	1. 厨房与前厅的协作内容	熟悉
	2. 厨房产品促销的方式	熟悉
	3. 店内推广促销的方式	掌握
	4. 店外推广促销的方式	掌握

续表

理论知识考核范围	考核要点	重要程度
销售管理	5. 菜点创新的概念	熟悉
	6. 菜点创新的精神特质	掌握
	7. 菜点创新的策略	掌握
	8. 菜点创新的手法	掌握
	9. 菜点创新后续管理的要领	熟悉
	10. 厨房管理激励的模式	熟悉

辅导练习题

一、判断题（下列判断正确的请在括号内打"√"，错误的请在括号内打"×"）

1. 厨房生产成本是指厨房在生产制作产品时所占用和耗费的资金。　　　　　　（　　）

2. 厨房生产原料成本是指制作菜点时耗用的主要原料价值的总和。　　　　　（　　）

3. 厨房生产具有先安排生产，再服务顾客，且即时生产、现场销售等特点。　（　　）

4. 厨房生产的菜点品种繁多，生产批量小，因此单一产品的成本核算较为简单。

　　　　　　　　　　　　　　　　　　　　　　　　　　　　　　　　　（　　）

5. 主料和配料是构成饮食产品的主体。　　　　　　　　　　　　　　　　　（　　）

6. 核算饮食产品成本应首先计算毛料成本。　　　　　　　　　　　　　　　（　　）

7. 净料成本计算方法主要包括一料一档和一料多档两种。　　　　　　　　　（　　）

8. 在计算净料成本时要视具体情况确定单位质量的单位。　　　　　　　　　（　　）

9. 一料一档是指原料经加工处理后只能得到一种净料的情况。　　　　　　　（　　）

10. 原料经加工后得到一种以上净料的计算可以适用一料一档的方法。　　　　（　　）

11. 调味品平均成本核算法适用于任何一类菜品的成本核算。　　　　　　　　（　　）

12. 调味品单件成本的核算必须考虑产品的数量。　　　　　　　　　　　　　（　　）

13. 净料率是指毛料质量与净料质量的比率。　　　　　　　　　　　　　　　（　　）

14. 净料率一般以百分数表示，行业内可以用"折"或"成"来表示。　　　　　（　　）

15. 厨房生产前的成本控制主要是针对生产原料的管理与控制以及成本的预算管理。

　　　　　　　　　　　　　　　　　　　　　　　　　　　　　　　　　（　　）

16. 厨房生产中的成本控制主要体现在加工制作测试、制订厨房生产计划、控制菜肴分量以及完善服务流程等方面。　　　　　　　　　　　　　　　　　　　　　　（　　）

17. 厨房采用标准成本进行原料成本控制，在生产经营中将实际成本与标准成本进行比

较，从而达到对原料成本进行控制的目的。（　　）

18．厨房每天食品成本由直接进料、库房领料以及领出原料成本组成。（　　）

19．标准食谱就是以菜谱的形式，标明菜点的主要原料，规定制作程序，明确装盘规格、成品特点及质量标准等。（　　）

20．采用标准食谱，可以保证菜品的生产质量一致，而且有利于控制菜肴的生产成本。（　　）

21．标准食谱的制定应该包括标准配料量、标准烹饪程序、标准份额和烹制份数、单份菜品标准成本等四个方面的内容。（　　）

22．标准配料量、标准烹饪程序、标准份额和烹制份数这三个方面是标准食谱制定的主要内容。（　　）

23．单份菜品标准成本等于各种配料成本单价乘以主要配料量再除以制作份数。（　　）

24．单份菜品标准成本率等于标准成本额除以销售价格。（　　）

25．加工质量管理主要包括干货原料的涨发、原料的加工出净率和加工的规格标准等几个方面的管理。（　　）

26．加工出净率的控制是指用来做菜的净料和未经加工的原料之比。（　　）

27．配份阶段是决定每份菜肴的用料及其销售的关键阶段。（　　）

28．烹调质量管理中要坚持多炒勤烹。（　　）

29．冷菜和点心生产的管理要求，主要是对菜点的分量、质量、制作程序和存放等几个环节制定详细的管理规范。（　　）

30．点心的分量和数量包括两方面：一是每份点心的数量，二是每只点心的用料及配比。（　　）

31．动物性原料的加工应该遵循物尽其用的原则。（　　）

32．安全的、可食的动物性原料均可食用。（　　）

33．植物性原料都可以先切再洗。（　　）

34．植物性原料必须分类加工和洗涤，并保持其完好，沥干水分后备用。（　　）

35．原料必须解冻至切割状态才可以进行切割加工等工序。（　　）

36．原料切配中要区分不同用途和领用时间，并将已切割原料分别包装冷藏或交上浆岗位浆制。（　　）

37．对于问题菜肴，如果无法重新烹制，应由厨师长交切配岗位重新安排切配，并交与打荷。（　　）

38．开餐时，接受厨师长的安排，根据菜肴的规格标准及时进行烹调。（　　）

39．打开并及时关闭紫外线灯对冷菜间进行消毒杀菌。（　　）

40. 先切配冷菜并放于规定的出菜位置，等待接受订单和宴会通知单。（ ）

41. 沽清单是厨房了解当天购进原料缺货的数量以及积压原料的一种推销单，也是一种提示单。（ ）

42. 厨房接单后，只要不是叫单，没有特殊情况，凉菜应在 5 min 内出一道成品菜。（ ）

43. 促销活动在发布新产品信息的同时，也宣传了企业形象，对新顾客是一种提醒和再动员。（ ）

44. 店内宣传促销主要包括定期活动节目单、餐厅门口告示牌、菜单促销、情人节的宣传等形式。（ ）

45. 节日促销、优惠促销、服务技巧促销等均属于店内推广促销的方式。（ ）

46. 服务员可以通过对菜肴进行形象剖析、提供单个菜肴的人均消费价格、提供多种可能性、利用第三者的意见等方法来提高菜品的销售。（ ）

47. 优惠促销不属于店外推广促销。（ ）

48. 外卖是餐饮企业在餐饮消费场所之外进行的餐饮销售和服务活动，是餐饮销售在外延上的扩大。（ ）

49. 菜点创新的一个立足点是对现有菜点进行局部革新，使之发生根本性的变化。（ ）

50. 菜点创新的概念应该突出两个部分：一是新，二是奇。（ ）

51. 全员促销时应发动所有的服务人员以各种方式积极投入餐饮销售活动中。（ ）

52. 餐饮业的创新是从简单的手工劳作向智能化、机械化、信息化方向发展。（ ）

53. 餐饮企业要通过引进、自创等方式来丰富自己的产品体系，使之保持一种常变常新的态势。（ ）

54. 菜点创新不是打破现有的产品格局，而是给产品目录注入生产制作的新内容。（ ）

55. 中餐的演变与完善是一个不断发展的动态过程，所有的进化和创新都围绕着色、香、味、形、器、养展开。（ ）

56. 传统的"八宝鸭"改成"八宝鸭腿"是属于在原料使用上兼容出新。（ ）

57. 餐饮业应在原料选用上坚持合理借鉴和恰当使用的原则。（ ）

58. 采用合理的调味方法，用新调味品原料调制出的新菜品属于调味创新。（ ）

59. 指标模式就是厨房把菜品创新的总任务分解成若干个小指标，分配给每个厨房或班组，按厨师或班组再把指标分配给每个厨师，规定在一定时间内完成菜品的创新任务。（ ）

60. 菜品创新中，用鸭颈皮制成的"石榴鸭"是属于原料使用上的兼容出新。　（　　）

61. 厨房生产原料成本属于变动成本，与产品销量大小成反比例关系。　（　　）

62. 在餐饮经营中，人们习惯上将价格结构中的费用、税金、利润率三者之和称为毛利。　（　　）

63. 核算厨房生产成本的基础是主料、配料和调料成本。　（　　）

64. 决定每份菜肴用料及其成本的关键阶段是配份阶段。　（　　）

65. 厨房生产成本主要是由房屋租金成本、劳动力成本和经营管理费用组成。　（　　）

66. 开展好厨房生产的前提，就是做好成本预算工作。　（　　）

二、单项选择题（下列每题有4个选项，其中只有1个是正确的，请将其代号填写在横线空白处）

1. 厨房生产成本是指厨房在生产制作产品时所占用的资金和_____。
   A. 耗费成本　　　　　　　　B. 劳动价值
   C. 经营成本　　　　　　　　D. 费用开支

2. 宴会菜点的成本主要由冷菜成本、热菜成本和_____综合构成。
   A. 酒水成本　　　　　　　　B. 点心成本
   C. 劳动成本　　　　　　　　D. 附加成本

3. 厨房成本控制的特点主要体现在处于变化中的成本比重大、可以控制的成本比重大和_____三个方面。
   A. 不可控成本比重小　　　　B. 固定成本不便控制
   C. 成本控制困难　　　　　　D. 成本泄露点多

4. 厨房原料成本核算难度大，主要体现在菜品销售量难以预测、单一产品的成本核算难度大、_____等方面。
   A. 菜品原料的使用模糊　　　B. 单一产品的成本核算难度大
   C. 生产销售的即时性　　　　D. 成本构成的复杂性

5. 宴会菜点的成本中，热菜成本的比例一般为_____。
   A. 50%　　　　　　　　　　B. 70%
   C. 40%　　　　　　　　　　D. 60%

6. 厨房所耗用的食品原料成本包括主料成本、配料成本和_____成本。
   A. 服务　　　　　　　　　　B. 劳动
   C. 调料　　　　　　　　　　D. 其他

7. 下列不属于净料成本的计算方法是_____的计算方法。
   A. 一料一档　　　　　　　　B. 一料多档

C. 多料多档　　　　　　　　　　D. 不同采购渠道成本

8. 原料经过比较复杂的采购渠道，这种净料成本的计算方法是_____的计算方法。

　　A. 一料一档　　　　　　　　　　B. 一料多档

　　C. 多料多档　　　　　　　　　　D. 不同采购渠道成本

9. 原料加工处理后只有一种半成品可以利用，这种净料成本的计算方法是_____的计算方法。

　　A. 一料一档　　　　　　　　　　B. 一料多档

　　C. 多料多档　　　　　　　　　　D. 不同采购渠道成本

10. 一料一档的计算方法适用原料的特点是_____。

　　A. 经加工处理后得到一种以上的净料

　　B. 不需要加工，直接使用的原料

　　C. 得到的净料只有一种需要计算，其余已知

　　D. 经加工处理后只能得到一种净料

11. 运用一料多档进行计算时，分档的原则是_____。

　　A. 质量好的，成本应当略高　　　B. 质量好的，成本应当略低

　　C. 质量差的，成本应当略高　　　D. 无论质量好坏，成本平均

12. 原料经加工处理后得到一种以上的净料，计算净料成本时通常采用的方法是_____。

　　A. 一料一档　　　　　　　　　　B. 一料多档

　　C. 成本系数法　　　　　　　　　D. 销售毛利率法

13. 某原料的净料率为 80%，采购的毛料质量为 20 kg，则加工后的净料质量为_____kg。

　　A. 8　　　　　　　　　　　　　　B. 12

　　C. 16　　　　　　　　　　　　　　D. 18

14. 若某原材料加工前的单位成本价格为 100 元/kg，成本系数为 1.50，则加工后半成品的单位价格为_____元/kg。

　　A. 20　　　　　　　　　　　　　　B. 30

　　C. 50　　　　　　　　　　　　　　D. 150

15. 调味品单件产品的核算方法为_____。

　　A. 先估算产品毛利率，再根据毛利情况估算调味品成本

　　B. 先估算产品的总售价，然后扣除原材料成本

　　C. 先估算整个产品的调味品用量和总价，然后除以产品数量

D. 先估算不同调味品用量，再根据进价分别计算并逐一相加

16. 单件产品的调味品成本也称为_____。

    A. 总成本　　　　　　　　　　B. 个别成本

    C. 平均成本　　　　　　　　　D. 实际成本

17. 下列关于调味品单件成本的核算，表述不正确的是_____。

    A. 热菜调味品成本多采用这种方法　B. 指的是单件产品的调味品成本

    C. 需要逐一核算各类调味品　　D. 实际上就是平均成本

18. 所谓净料率，是指净料质量与_____质量的比率。

    A. 毛料　　　　　　　　　　　B. 主料

    C. 半成品　　　　　　　　　　D. 成品

19. 净料率一般在行业中用_____表示。

    A. 块　　　　　　　　　　　　B. 只

    C. 几分之几　　　　　　　　　D. 折

20. 购进的毛料质量为 20 kg，加工后的净料质量为 12 kg，则该原料的净料率为_____。

    A. 50%　　　　　　　　　　　B. 60%

    C. 70%　　　　　　　　　　　D. 80%

21. 厨房生产前的成本控制主要通过采购控制、验收控制、存储控制、发料控制以及_____进行。

    A. 初加工控制　　　　　　　　B. 生产预算控制

    C. 成本预算控制　　　　　　　D. 原料质量控制

22. 对菜单中占销售量比重大且成本高的菜品，不常采取的措施是_____。

    A. 促销以增加销量　　　　　　B. 大肆降价

    C. 推销其他低成本的菜肴　　　D. 菜肴分量适当减少

23. 常用烹饪原料的集中加工、高档原料的慎重使用和_____，能够帮助厨房生产降低原料成本。

    A. 合理分档取料　　　　　　　B. 科学的加工措施

    C. 原料的充分利用　　　　　　D. 提高使用效率

24. 当日食品成本＝直接进料成本（进货日报表直接进料总额）＋库存领料成本（领料单成本总额）＋调入成本－调出成本－员工用餐成本－_____－招待用餐成本。

    A. 员工工资　　　　　　　　　B. 食品销售利润

    C. 企业税收　　　　　　　　　D. 余料出售收入

25. 厨房每天食品成本由直接进料和_____成本两部分组成。

    A. 库房领料　　　　　　　　　　B. 库存原料

    C. 实际使用原料　　　　　　　　D. 销售菜点

26. 月终食品成本＝领用食品成本（含烹调用料酒等）－酒吧领出食品成本－下脚料销售收入－招待用餐成本－员工购买食品收入－_____。

    A. 员工福利　　　　　　　　　　B. 食品销售利润

    C. 企业缴纳所得税　　　　　　　D. 员工用餐成本

27. 标准食谱是以菜谱的形式，标明菜点的_____，规定制作程序，明确装盘规格、成品特点及质量标准等。

    A. 用料配方　　　　　　　　　　B. 销售价格

    C. 主要原料　　　　　　　　　　D. 营养成分

28. 标准菜谱的作用主要体现在保证产品质量标准化、便于控制菜肴生产成本和_____等方面。

    A. 有利于菜点的复制　　　　　　B. 有利于统一菜点的品质

    C. 有助于确定菜点价格　　　　　D. 有利于产品的宣传

29. 在菜点质量标准化实施过程中，主要采取标准的配料和标准的_____。

    A. 统一质量　　　　　　　　　　B. 统一外观

    C. 菜品口味　　　　　　　　　　D. 生产规程

30. 标准食谱的制定应该包括四个方面的内容，即标准配料量、标准烹饪程序、_____、单份菜品标准成本。

    A. 标准份额　　　　　　　　　　B. 标准营养成分

    C. 标准份额和烹制份数　　　　　D. 标准烹制份数

31. 标准份额是某份菜品以一定价格销售给顾客时规定的数量，如一个小盘酱牛肉的分量是_____g。

    A. 300　　　　　　　　　　　　B. 200

    C. 150　　　　　　　　　　　　D. 250

32. 标准份额、烹制份数和_____一般是由每个厨房自行编制，而且要经过反复的实验与练习。

    A. 烹调程序　　　　　　　　　　B. 菜品出品标准

    C. 加工程序　　　　　　　　　　D. 菜品质量标准

33. 在管理上，标准食谱一经制定，必须严格执行，使用过程中要维持其严肃性和_____。

A. 通用性 　　　　　　　　　　B. 合理性

C. 权威性 　　　　　　　　　　D. 规范性

34. 制定标准食谱时要考虑诸多因素：即将开业的企业要科学计划菜点品种，已经运营的企业要进行菜谱的修正完善，_____。

　　A. 制定标准食谱要根据厨师的素质而定

　　B. 在餐饮企业经营效益最佳时期制定

　　C. 制定标准食谱要选择恰当时间制定

　　D. 制定标准食谱首先根据经济状况而定

35. 加工质量管理主要包括_____、原料的加工出净率和加工的规格标准等几个方面的管理。

　　A. 冰冻原料的解冻质量 　　　B. 干货原料的涨发

　　C. 动物原料的分档取料 　　　D. 原料的初步加工

36. 加工阶段是整个厨房生产制作的基础，加工品的规格质量和_____对后续阶段的厨房生产有直接的影响。

　　A. 出品速度 　　　　　　　　B. 出品规范

　　C. 出品要求 　　　　　　　　D. 出品时效

37. 加工阶段就是对原料的初加工和深加工在规格质量、_____和出品时效方面进行科学管理。

　　A. 出品速度 　　　　　　　　B. 加工数量

　　C. 出品质量 　　　　　　　　D. 出品规范

38. 烹调阶段的管理要求从烹调厨师的操作规范、烹制数量、_____、菜肴质地、成菜温度以及失手菜肴的处理等几个方面加以督导和控制。

　　A. 成菜口味 　　　　　　　　B. 菜肴规格

　　C. 菜肴质量 　　　　　　　　D. 成菜要求

39. 配菜的质量还包括其工作中的程序，要严格防止和杜绝_____、配重菜和配漏菜。

　　A. 配多菜 　　　　　　　　　B. 配错菜

　　C. 配少菜 　　　　　　　　　D. 乱配菜

40. 烹调质量管理要从厨房的操作规范、烹制数量、出菜速度、成菜温度以及_____等方面加以控制。

　　A. 出品质量管理 　　　　　　B. 出品规格

　　C. 对问题菜肴的处理 　　　　D. 出品规范

41. 冷菜和点心生产的管理要求，主要是对菜点的分量、质量、_____和存放等几个环节制定详细的管理规范。

　　A. 菜点口味　　　　　　　　　　B. 菜点要求

　　C. 菜点规格　　　　　　　　　　D. 制作程序

42. 点心的分量和数量包括两个方面：一是每份点心的个数，二是_____。

　　A. 每只点心的用料及配比　　　　B. 每只点心的用料

　　C. 每只点心的质量标准　　　　　D. 每只点心的配比

43. 下列选项中，不属于冷菜和点心管理规范内容的是_____。

　　A. 分量与质量　　　　　　　　　B. 制作程序

　　C. 对问题菜肴的处理　　　　　　D. 规格标准

44. 下列选项中，不属于动物性原料加工程序的是_____。

　　A. 备齐各类加工原料，准备用具、容器

　　B. 烹调预处理

　　C. 根据用料规格进行切割处理

　　D. 深处理，如上浆、腌制等

45. 下列选项中，属于动物性原料加工要求的是_____。

　　A. 注意原料的可食性，确保安全性

　　B. 用料部位或规格准确，物尽其用

　　C. 分类整齐，成形一致，清运垃圾，确保卫生

　　D. 以上都是

46. 下列选项中，属于动物性原料加工程序的是_____。

　　A. 备齐各类加工原料，准备用具、容器

　　B. 深处理，如上浆、腌制等

　　C. 根据用料规格进行切割处理

　　D. 以上都是

47. 下列选项中，不属于植物性原料加工程序的是_____。

　　A. 剔除不能食用的部分并修剪整体

　　B. 无泥沙、虫尸、虫卵，洗涤干净，沥干水分

　　C. 合理放置，不受污染

　　D. 根据烹调要求分开放置

48. 下列选项中，属于植物性原料加工要求的是_____。

　　A. 备齐原料，准备用具及盛器

B. 按熟制菜肴要求对原料进行拣选、分类加工与洗涤

C. 交厨房领用或送冷藏室暂存待用并清洁环境

D. 以上都是

49. 下列选项中，属于植物性原料加工程序的是_____。

A. 剔除不能食用的部分并修剪整体

B. 无泥沙、虫尸、虫卵，洗涤干净，沥干水分

C. 合理放置，不受污染

D. 以上都是

50. 原料切配必须符合大小一致、长短相等、_____、放置整齐的要求。

A. 用料合理　　　　　　　　B. 厚薄均匀

C. 物尽其用　　　　　　　　D. 质量同一

51. 烹饪原料切配过程中，必须区分不同用途和_____。

A. 领用时间　　　　　　　　B. 原料价格

C. 原料档次　　　　　　　　D. 原料规格

52. 下列选项中，原料切配加工应遵循的程序是_____。

A. 备齐切割的原料并解冻，准备用具及盛器，初步切割加工，去下脚料

B. 根据不同烹调要求，分别对畜、禽、水产品、蔬菜类原料进行切割

C. 区别原料的不同用途和领用时间，切配好的分别包装冷藏或交上浆岗位浆制

D. 以上都是

53. 烹调阶段主要包括打荷、炉灶菜肴烹制以及与之相关的打荷盘饰用品的制作、_____和问题菜肴退回厨房的处理等工作程序。

A. 菜肴质量的把关　　　　　B. 菜肴规格的控制

C. 大型活动的餐具准备　　　D. 大型活动的开餐部署

54. 问题菜肴退回厨房后，应及时向_____汇报，并进行复查鉴定。

A. 主管　　　　　　　　　　B. 领班

C. 厨师长　　　　　　　　　D. 经理

55. 问题菜肴退回厨房的处理，下列程序正确的是_____。

A. 汇报厨师长或技术人员→重新烹制或重新切配→炉灶烹制（说明原因）→成品装饰→厨师长检查确认→出菜→分析原因总结防范

B. 汇报当日主管或技术人员→重新烹制或重新切配→炉灶烹制（说明原因）→成品装饰→厨师长检查确认→出菜→分析原因总结防范

C. 汇报经理或技术人员→重新烹制或重新切配→炉灶烹制（说明原因）→成品装

　　　　饰→厨师长检查确认→出菜→分析原因总结防范

　　D. 汇报经理或技术人员→重新烹制或重新切配→炉灶烹制（说明原因）→成品装
　　　　饰→出菜→分析原因总结防范

56. 标准菜谱应包括_____、烹制份数、标准投料量、标准烹调程序以及标准成本等
内容。

　　A. 标准原料　　　　　　　　　　　B. 标准份额

　　C. 规范的物料　　　　　　　　　　D. 统一的规格

57. 冷菜的工作程序大致是_____。

　　A. 紫外线消毒→备齐用料及用具→接受订单和宴会的预订→按规格烹调制作→开
　　　　餐结束后的整理与清洁

　　B. 强光线消毒→备齐用料及用具→接受订单和宴会的预订→按规格烹调制作→开
　　　　餐结束后的整理与清洁

　　C. 强光线消毒→备齐用料及用具→按规格烹调制作→接受订单和宴会的预订→开
　　　　餐结束后的整理与清洁

　　D. 紫外线消毒→备齐用料及用具→按规格烹调制作→接受订单和宴会的预订→开
　　　　餐结束后的整理与清洁

58. 关于点心的工作程序，下列选项正确的是_____。

　　A. 检查设备卫生安全情况→配齐各类原料及用具→制备馅心、料头及预制部分团
　　　　队的点心→制备调料及各类餐具→接受预订→制作→开餐结束，存放物料与清
　　　　洁卫生工作

　　B. 配齐各类原料及用具→检查设备卫生安全情况→制备馅心、料头及预制部分团
　　　　队的点心→制备调料及各类餐具→制作→接受预订→开餐结束，存放物料与清
　　　　洁卫生工作

　　C. 配齐各类原料及用具→检查设备卫生安全情况→制备馅心、料头及预制部分团
　　　　队的点心→制备调料及各类餐具→接受预订→制作→开餐结束，存放物料与清
　　　　洁卫生工作

　　D. 配齐各类原料及用具→检查设备卫生安全情况→制备调料及各类餐具→制备馅
　　　　心、料头及预制部分团队的点心→制作→接受预订→开餐结束，存放物料与清
　　　　洁卫生工作

59. 沽清单是厨房了解当天_____缺货的数量以及积压原料的一种推销单，也是一种
提示单。

　　A. 销售原料　　　　　　　　　　　B. 使用原料

C. 购进原料　　　　　　　　　　D. 取出原料

60. 厨房接单后，只要不是叫单，没有特殊情况，热菜应在_____ min 内出一道成品菜。

    A. 3～5　　　　　　　　　　　　B. 2～3
    C. 5～6　　　　　　　　　　　　D. 4～8

61. 加强前厅人员培训的首要任务是尽快_____，以更好地服务推销菜品。

    A. 熟练服务技能　　　　　　　　B. 熟悉菜单
    C. 熟悉工作环境　　　　　　　　D. 熟悉菜点

62. 下列选项中，不属于店内宣传促销手段的是_____。

    A. 定期活动节目单　　　　　　　B. 餐厅门口告示牌
    C. 菜单促销　　　　　　　　　　D. 情人节的宣传

63. 店内推广促销主要包括节日促销、店内宣传促销、店内服务技巧促销、_____。

    A. 烹饪表演促销　　　　　　　　B. 优惠促销
    C. 外卖促销　　　　　　　　　　D. 全员促销

64. 店外推广促销主要包括优惠促销、旅行团促销、儿童促销、_____。

    A. 节日促销　　　　　　　　　　B. 服务技巧促销
    C. 外卖促销　　　　　　　　　　D. 全员促销

65. 下列选项中，不属于店内宣传促销手段的是_____。

    A. 定期活动节目单　　　　　　　B. 服务技巧促销
    C. 菜单促销　　　　　　　　　　D. 餐厅门口告示牌

66. 店内推广促销主要包括节日促销、店内宣传促销、_____、烹饪表演促销。

    A. 店内服务技巧促销　　　　　　B. 优惠促销
    C. 外卖促销　　　　　　　　　　D. 全员促销

67. 下列选项中，不属于店内推广促销的是_____。

    A. 节日促销　　　　　　　　　　B. 服务技巧促销
    C. 外卖促销　　　　　　　　　　D. 烹饪表演促销

68. 店外推广促销策略是企业旨在开拓餐饮产品销路、_____所进行的向目标顾客传递产品信息、激发购买欲望，进而促成购买行为的全部活动。

    A. 扩大知名度　　　　　　　　　B. 扩增信誉度
    C. 扩大产品品牌的影响力　　　　D. 扩大产品销售量

69. 店外推广促销主要包括优惠促销、旅行团促销、_____、外卖促销。

    A. 儿童促销　　　　　　　　　　B. 全员促销

C. 节日促销　　　　　　　　　D. 烹饪表演促销

70. 下列选项中，不属于店外推广促销的是_____。

    A. 优惠促销　　　　　　　　　B. 旅行团促销

    C. 烹饪表演促销　　　　　　　D. 儿童促销

71. 菜点创新的概念应该突出两个部分：一是_____，二是用。

    A. 奇　　　　　　　　　　　　B. 美

    C. 新　　　　　　　　　　　　D. 雅

72. 菜点创新的产品必须具有_____、可操作性和市场影响的延续性。

    A. 食用性　　　　　　　　　　B. 安全性

    C. 观赏性　　　　　　　　　　D. 个性化

73. 菜点创新的第一个概念就是突出新，就是使用新原料、_____、新调味、新组合、新工艺制作的特色新菜品。

    A. 新想法　　　　　　　　　　B. 新方法

    C. 新器具　　　　　　　　　　D. 新员工

74. 创新是适应和满足时代发展的需要，应跟上时代的节奏，从简单的手工劳作向智能化、机械化、_____等方向发展。

    A. 信息化　　　　　　　　　　B. 自动化

    C. 科学化　　　　　　　　　　D. 工业化

75. 创新是为了适应和满足消费者对饮食的安全性、_____、科学性、简洁性、绿色环保性、快捷便利性的需要。

    A. 食用性　　　　　　　　　　B. 营养性

    C. 观赏性　　　　　　　　　　D. 雅致性

76. 创新的餐饮企业实现了单干型向连锁型的转化、_____的转化、手工型向机械型的转化等。

    A. 传统型向高效型　　　　　　B. 手工型向智能型

    C. 经验型向科学型　　　　　　D. 保守型向开放型

77. 菜点创新策略主要体现在现有产品革新策略、适时增添花色品种、_____上。

    A. 采用新原料策略　　　　　　B. 借鉴新技术策略

    C. 引进新成果策略　　　　　　D. 采用新技法策略

78. 餐饮企业要通过引进、_____等方式来丰富自己的产品体系，使之保持一种常变常新的态势。

    A. 引用　　　　　　　　　　　B. 借鉴

C. 自创　　　　　　　　　　　　D. 学习

79. 下列选项中，不属于菜点创新策略的是_____。

    A. 现有产品革新策略　　　　　　B. 适时增添花色品种

    C. 采用新技术策略　　　　　　　D. 采用新原料策略

80. 菜点的创新手法主要包括原料使用上兼容出新、采用新的调味技法、运用新的组合技巧、_____。

    A. 采用新原料　　　　　　　　　B. 借鉴新技术

    C. 使用新的加工手法　　　　　　D. 引用外来成果

81. 传统的"八宝鸭"创新成"八宝鸭腿"，用鸭颈皮制成的"石榴鸭"，属于_____。

    A. 使用新的加工手法　　　　　　B. 原料使用上兼容出新

    C. 采用新的调味技法　　　　　　D. 运用新的组合技巧

82. 组合是创新最常用，也是最简单的方法。组合主要体现在以下三个方面：一是菜与点的结合，二是中西结合，三是_____的融合。

    A. 古朴与潮流　　　　　　　　　B. 菜系之间

    C. 烹法相互　　　　　　　　　　D. 相似口味

83. 针对厨房产品应从店内推广促销和店外推广促销两个方面制定具体的促销办法，并适时加大_____的力度。

    A. 优惠促销　　　　　　　　　　B. 节日促销

    C. 外卖促销　　　　　　　　　　D. 全员促销

84. 新原料是指新开发、_____的可食性原料，或者过去未曾采用过的可食性原料。

    A. 新引进　　　　　　　　　　　B. 新栽培

    C. 新借鉴　　　　　　　　　　　D. 新成果

85. 使用新的加工方法主要是指用新的_____改变菜品的成形效果，使菜品在形式上日趋精致完善的一种创新手法。

    A. 组合方法　　　　　　　　　　B. 调味方法

    C. 加工工艺　　　　　　　　　　D. 组配工艺

86. 管理者在厨房管理中为了提高效率，通常采取晋级升职激励、成果奖励激励、_____等措施。

    A. 福利激励　　　　　　　　　　B. 公派、学习激励

    C. 精神激励　　　　　　　　　　D. 公费旅游

87. 下列选项中，不可以用作新原料的是_____。

A. 特色原料　　　　　　　　　B. 地方特产原料

C. 工业原料　　　　　　　　　D. 季节性原料

88. 如果单份菜品的预期售价是 58.00 元，规定标准成本率是 30%，单份菜品的预算成本应是_____元。

A. 9.32　　　　　　　　　　　B. 17.40

C. 28.56　　　　　　　　　　D. 32.78

89. 整个厨房生产制作的基础是在_____阶段。

A. 采购　　　　　　　　　　　B. 加工

C. 烹调　　　　　　　　　　　D. 盛装

90. 决定每份菜肴用料及其成本的关键阶段是_____阶段。

A. 采购　　　　　　　　　　　B. 配份

C. 烹调　　　　　　　　　　　D. 盛装

91. 如果单份菜品的预期售价是 28.00 元，标准成本是 8.00 元，标准成本率则是_____。

A. 41%　　　　　　　　　　　B. 32%

C. 28%　　　　　　　　　　　D. 18%

92. 烹调阶段的管理要求从_____方面加以督导和控制。

A. 成菜温度　　　　　　　　　B. 原料选择

C. 成本预算　　　　　　　　　D. 原料领用

93. 有效顺利地核算厨房生产成本的基础是_____。

A. 主料、配料和调料成本　　　B. 冷菜、热菜和面点成本

C. 工资、租金和费用　　　　　D. 三者皆不是

94. 某种食品原料加工前的毛料质量是 100 kg，加工后的损耗质量是 30 kg，该食品的损耗率是_____。

A. 30%　　　　　　　　　　　B. 40%

C. 60%　　　　　　　　　　　D. 70%

95. 食品成本核算与成本控制直接影响着_____。

A. 利润　　　　　　　　　　　B. 工资

C. 租金　　　　　　　　　　　D. 费用

96. 在厨房中相对独立的生产部门一般是_____。

A. 配份加工　　　　　　　　　B. 热菜烹调

C. 原料加工　　　　　　　　　D. 点心制作

97. 维持厨房正常工作秩序，保证厨师顺利制作菜点的前提是_____。

    A. 厨房安全   B. 岗位分工

    C. 合理选料   D. 巧妙布局

98. 综合构成宴会菜点的主要成本是_____。

    A. 工资、租金和费用

    B. 冷菜成本、热菜成本和面点成本

    C. 主料成本、配料成本和调料成本

    D. 三者皆不是

99. 月初食品库存额是 30 876.00 元，本月进货额是 43 235.00 元，月末账面库存额是 1 784.00 元，则本月领用食品成本是_____元。

    A. 62 678.00   B. 82 628.00

    C. 72 327.00   D. 42 357.00

100. 某种食品原料加工前的毛料质量是 100 kg，加工后的净料质量是 70 kg，该食品的净料率是_____。

    A. 30%   B. 40%

    C. 60%   D. 70%

101. 整个厨房生产制作的基础是在_____阶段。

    A. 采购   B. 加工

    C. 烹调   D. 盛装

102. 如果单份菜品的标准成本率是 28%，标准成本是 8.00 元，建议售价是_____。

    A. 45.00   B. 36.00

    C. 28.00   D. 16.00

103. 开展好厨房生产工作的前提是_____。

    A. 原料采购   B. 成本预算

    C. 原料领用   D. 原料验收

104. 随着厨房产品销量的增加，单位原料成本呈现的明显趋势是_____。

    A. 上升   B. 下降

    C. 不变   D. 三者皆不是

三、多项选择题（下列每题有多个选项，至少有 2 个是正确的，请将其代号填写在横线空白处）

1. 厨房生产成本是指厨房在生产制作产品时_____的资金之和。

    A. 占用成本   B. 服务成本

C. 资金成本　　　　　　　　　　　D. 费用开支

E. 劳动成本

2. 厨房生产成本主要由_____组成。

A. 原料成本　　　　　　　　　　　B. 劳动力成本

C. 服务成本　　　　　　　　　　　D. 经营管理费用

E. 其他费用

3. 厨房原料成本核算难度大，主要体现在_____等方面。

A. 菜品销售量难以预测　　　　　　B. 原料品种和数量的准备难以精确安排

C. 菜品原料的使用模糊　　　　　　D. 厨房出品的种类繁多

E. 单一产品的成本核算难度大

4. 厨房成本控制的影响因素主要由_____构成。

A. 制作的手工性　　　　　　　　　B. 技术、用料的模糊性

C. 生产过程短暂性　　　　　　　　D. 产品规格差异性

E. 原料价格波动大

5. 净料成本的计算方法主要包括_____的计算方法。

A. 一料一档　　　　　　　　　　　B. 一料多档

C. 多料多档　　　　　　　　　　　D. 不同采购渠道成本

E. 多料一档

6. 一料一档的计算方法一般适用的情况是_____。

A. 原料经加工处理后只能得到一种净料

B. 原料经加工处理后得到一种半成品，同时又得到可利用的下脚料和废弃料

C. 原料经加工处理后得到一种以上的净料

D. 原料不需要进行任何加工即可使用

E. 半成品和成品也可采取这种计算方法

7. 关于调味品成本核算的意义，下列表述正确的是_____。

A. 调味品在菜点成本中的比重有增大的趋势

B. 调味品成本在原料消耗总值中占有重要比重

C. 有些菜点的调味品成本是主要的成本

D. 调味品在菜点成本中的比重有缩小的趋势

E. 调味品种类复杂，不能单独核算

8. 关于调味品估算方法，下列说法正确的是_____。

A. 主要包括容器估量法、体积估量法和比例对照法

  B. 调味品用量多采用估算方法

  C. 调味品用量相对模糊

  D. 调味品用量要逐个称量

  E. 调味品用量无须称量

9. 用净料率计算净料成本单价，必须具备的指标是_____。

  A. 净料率   B. 毛料单价

  C. 调味品总值   D. 毛料总值

  E. 成品总值

10. 用净料率计算毛料质量，必须具备的指标是_____。

  A. 净料率   B. 毛料单价

  C. 净料质量   D. 毛料总值

  E. 成品总值

11. 厨房生产前的成本控制，主要通过_____等措施实施。

  A. 存储控制   B. 验收控制

  C. 成本预算控制   D. 采购控制

  E. 发料控制

12. 厨房生产中的成本控制，主要体现在_____等方面。

  A. 加工制作测试   B. 制订厨房生产计划

  C. 控制菜肴分量   D. 坚持标准投料量

  E. 降低劳动力成本

13. 当日食品成本＝直接进料成本（进货日报表直接进料总额）＋库存领料成本（领料单成本总额）＋调入成本－_____。

  A. 调出成本   B. 员工用餐成本

  C. 招待用餐成本   D. 余料出售收入

  E. 劳动力成本

14. 月终食品成本＝领用食品成本（含烹调用料酒等）－酒吧领出食品成本－_____。

  A. 下脚料销售收入   B. 招待用餐成本

  C. 员工购买食品收入   D. 员工用餐成本

  E. 企业缴纳所得税

15. 标准食谱具有_____等特点。

  A. 标明菜点的用料配方   B. 规定制作程序

  C. 明确装盘规格、成品特点 D. 明确质量标准

E. 标注菜点的营养成分

16. 通过标准食谱的制定，可以更好地_____。

    A. 保证产品质量标准化　　　　　B. 便于控制菜肴生产成本

    C. 明确装盘规格、成品特点　　　D. 明确质量标准

    E. 有助于确定菜肴价格

17. 标准食谱的制定应该包括_____等内容。

    A. 标准配料量　　　　　　　　　B. 标准烹饪程序

    C. 标准份额　　　　　　　　　　D. 烹制份数

    E. 单份菜品标准成本

18. 标准的烹调程序一般要经过严格的审查才能被制作成标准，主要包括_____。

    A. 产品份额　　　　　　　　　　B. 烹调程序

    C. 配料项目　　　　　　　　　　D. 配料用量

    E. 产品质量标准

19. 制定标准食谱时要考虑诸多因素，下列说法正确的是_____。

    A. 即将开业的企业要科学计划菜点品种

    B. 已经运营的企业进行菜谱的修正完善

    C. 制定标准食谱要选择恰当时间制定

    D. 制定标准食谱首先根据经济状况而定

    E. 制定标准食谱要根据厨师的素质而定

20. 在管理上，标准食谱一经制定，必须要严格执行，使用过程中要维持_____。

    A. 通用性　　　　　　　　　　　B. 严肃性

    C. 权威性　　　　　　　　　　　D. 规范性

    E. 习惯性

21. 加工质量管理主要包括_____等几个方面的管理。

    A. 冰冻原料的解冻质量　　　　　B. 原料的加工出净率

    C. 干货原料的涨发　　　　　　　D. 原料的初步加工

    E. 加工的规格标准

22. 加工阶段就是对原料的初加工和深加工在_____等方面进行科学的管理。

    A. 规格质量　　　　　　　　　　B. 加工数量

    C. 出品质量　　　　　　　　　　D. 出品时效

    E. 加工的规格标准

23. 烹调阶段的管理要求从烹调厨师的_____等几个方面加以督导和控制。

A. 操作规范　　　　　　　　B. 烹制数量

C. 菜肴质地　　　　　　　　D. 成菜温度

E. 失手菜肴的处理

24. 控制和防止错配菜、漏配菜的措施包括_____。

A. 制定配菜工作程序　　　　B. 健全出菜制度

C. 制定出品规格标准　　　　D. 由专业人员配菜

E. 规范菜肴质量标准

25. 冷菜和点心生产的管理要求，主要是对菜点的_____等几个环节制定详细的管理规范。

A. 分量　　　　　　　　　　B. 质量

C. 制作程序　　　　　　　　D. 存放

E. 失手菜肴的处理

26. 点心的分量和数量包括两个方面：一是_____，二是_____。

A. 每只点心的用料及配比　　B. 每只点心的用料

C. 每只点心的质量标准　　　D. 每只点心的配比

E. 每份点心的个数

27. 动物性原料加工程序主要包括_____。

A. 备齐各类加工原料，准备用具、容器

B. 根据用料规格进行切割处理

C. 深处理，如上浆、腌制等

D. 烹调预处理

E. 失手菜肴的处理

28. 动物性原料加工要求包括_____。

A. 注意原料的可食性，确保用料的安全性

B. 用料部位或规格准确，物尽其用

C. 分类整齐

D. 清洁场地，清运垃圾，确保场所和器具的卫生

E. 成形一致

29. 下列选项中，属于植物性原料加工程序的是_____。

A. 剔除不能食用的部分并修剪整体

B. 无泥沙、虫尸、虫卵，洗涤干净，沥干水分

C. 合理放置，不受污染

D. 根据烹调要求分开放置

E. 根据菜品要求选择原料

30. 下列选项中，_____属于植物性原料加工要求。

　　A. 备齐原料，准备用具及盛器

　　B. 按熟制菜肴要求对原料进行拣选，或取嫩叶、心

　　C. 分类加工与洗涤，保持其完好，沥干水分后备用

　　D. 交厨房领用或送冷藏室暂存待用

　　E. 清洁场地，清运垃圾，清理用具，妥善保管

31. 原料切配工作应遵循的程序包括_____。

　　A. 备齐需切割的原料，解冻至可切割状态，准备用具及盛器

　　B. 对切割原料进行初步整理，铲除筋、膜皮，斩尽脚、须等下脚料

　　C. 根据不同烹调要求，分别对畜、禽、水产品、蔬菜类原料进行切割

　　D. 区别原料的不同用途和领用时间

　　E. 切配好的原料分别包装冷藏或交上浆岗位浆制

32. 原料切配加工必须符合_____等要求。

　　A. 大小一致、长短相等　　　　　　B. 厚薄均匀、放置整齐

　　C. 质量一致　　　　　　　　　　　D. 规格相同

　　E. 用料合理、物尽其用

33. 烹调阶段主要包括炉灶菜肴烹制、_____等工作程序。

　　A. 打荷　　　　　　　　　　　　　B. 打荷盘饰用品的制作

　　C. 大型活动的餐具准备　　　　　　D. 菜肴质量的把关

　　E. 问题菜肴退回厨房的处理

34. 炉灶菜肴烹制的工作程序包括_____。

　　A. 准备用具，开启排油烟罩，点燃炉火

　　B. 对不同性质的原料，分别进行焯水、过油等初步熟处理

　　C. 吊制清汤、高汤或浓汤，为制作菜肴做准备

　　D. 准备各种调味汁及必要的用糊，做好开餐准备

　　E. 开餐结束，保管好剩余物料，并保持环境卫生清洁

35. 下列选项中，属于冷菜工作程序的是_____。

　　A. 紫外线消毒　　　　　　　　　　B. 备齐用料及用具

　　C. 按规格烹调制作　　　　　　　　D. 接受订单和宴会的预订

　　E. 开餐结束后的整理与清洁

36. 下列选项中，属于点心工作程序的是_____。
 A. 配齐各类原料及用具
 B. 检查设备卫生安全情况
 C. 接受预订并制作部分点心
 D. 开餐结束，存放物料与清洁卫生工作
 E. 制备馅心、料头及预制部分团队的点心

37. 服务员写单据，一般一式三联，一联交给_____，一联交给_____，一联交给_____。
 A. 厨房
 B. 顾客
 C. 收银台
 D. 领班
 E. 主管

38. 沽清单是厨房了解当天_____以及_____的一种推销单，也是一种提示单。
 A. 常用原料
 B. 积压原料
 C. 销售原料
 D. 使用原料
 E. 购进原料缺货的数量

39. 厨房产品促销的方式主要包括_____等。
 A. 店内推广促销
 B. 店外推广促销
 C. 旅行团促销
 D. 全员促销
 E. 外卖促销

40. 下列选项中，属于店外促销方式的是_____。
 A. 优惠促销
 B. 旅行团促销
 C. 儿童促销
 D. 全员促销
 E. 外卖促销

41. 店内推广促销主要包括_____等方面的内容。
 A. 节日促销
 B. 宣传促销
 C. 服务技巧促销
 D. 烹饪表演促销
 E. 全员促销

42. 下列选项中，不属于店内促销内容的是_____。
 A. 节日促销
 B. 烹饪表演促销
 C. 儿童促销
 D. 全员促销
 E. 外卖促销

43. 店外推广促销主要包括_____等方面的内容。
 A. 优惠促销
 B. 全员促销
 C. 儿童促销
 D. 外卖促销

E. 旅行团促销

44. 下列选项中，不属于店外促销内容的是_____。

　　A. 旅行团促销　　　　　　　　B. 全员促销

　　C. 儿童促销　　　　　　　　　D. 烹饪表演促销

　　E. 外卖促销

45. 菜点创新的概念应该突出两个部分：一是_____，二是_____。

　　A. 用　　　　　　　　　　　　B. 新

　　C. 雅　　　　　　　　　　　　D. 奇

　　E. 美

46. 菜点创新的产品，突出用方面主要体现为_____等。

　　A. 食用性　　　　　　　　　　B. 安全性

　　C. 可操作性　　　　　　　　　D. 个性化

　　E. 市场影响的延续性

47. 创新是为了适应和满足消费者对饮食的_____等需要。

　　A. 安全性　　　　　　　　　　B. 营养性

　　C. 科学性　　　　　　　　　　D. 绿色环保性

　　E. 快捷便利性

48. 创新是适应和满足时代发展的需要，时代的节奏从简单的手工劳作向_____等方向发展。

　　A. 智能化　　　　　　　　　　B. 机械化

　　C. 工业化　　　　　　　　　　D. 个性化

　　E. 信息化

49. 下列选项中，属于菜点创新策略的是_____。

　　A. 现有产品革新　　　　　　　B. 适时增添花色品种

　　C. 采用新技术　　　　　　　　D. 采用新原料

　　E. 借鉴外来成果

50. 菜点创新的根本在于原料拓展，_____等都可以作为菜点创新的主题。

　　A. 特色原料　　　　　　　　　B. 地方特产原料

　　C. 野生原料　　　　　　　　　D. 季节性原料

　　E. 某些特殊原料

51. 组合是创新最常用，也是最简单的方法。组合主要体现在以下三个方面：一是_____，二是_____，三是_____。

A. 菜与点的结合　　B. 中西结合
C. 烹法相互融合　　D. 菜系之间的融合
E. 古朴与潮流的融合

52. 中餐的演变与发展是一个不断发展的动态过程，具体落实到操作上主要表现为_____。
A. 使用新的加工手法　　B. 原料使用上兼容出新
C. 采用新的调味技法　　D. 运用新的组合技巧
E. 借鉴外来优秀成果

53. 目前菜点创新已成为餐饮企业的一种长效机制，因此在菜点创新的后续管理上必须做好_____等工作。
A. 对创新菜点的包装，确保良好的市场
B. 对创新菜点的宣传，要求创新少而精
C. 对创新菜点的监控，做好销售管理
D. 融入菜单分析，纳入正常生命周期
E. 建立健全创新成果的奖励办法与措施

54. 菜点的创新手法主要包括_____。
A. 原料使用上兼容出新　　B. 采用新的调味技法
C. 运用新的组合技巧　　D. 使用新的加工手法
E. 加强创新菜点管理

55. 菜点创新过程中，给予创新菜品的厨师额外奖励与表彰，一般有_____。
A. 晋级升职激励　　B. 成果奖励激励
C. 公派学习奖励　　D. 精神鼓励
E. 旅游奖励

56. 下列选项中，不属于给予创新菜品的厨师额外奖励内容的是_____。
A. 公派学习、旅游奖励　　B. 晋级升职激励
C. 成果奖励激励　　D. 休假日期奖励
E. 精神鼓励

57. 厨房生产前采购控制成本主要体现在_____等方面。
A. 质量　　B. 数量
C. 价格　　D. 加工
E. 制作

58. 下列符合标准食谱概念的选项是_____。

A. 采用菜谱的形式　　　　　　　B. 标明用料和配方

C. 规定制作程序　　　　　　　　D. 明确盛装规格

E. 注明成品特点及质量标准

59. 店内宣传促销采用的形式是_____。

A. 餐厅门口告示牌　　　　　　　B. 定期活动节目单

C. 菜单促销　　　　　　　　　　D. 小礼品促销

E. 电梯内餐饮广告

60. 菜点创新可以采用的策略是_____。

A. 革新现有产品　　　　　　　　B. 适时增添花色品种

C. 采用新环境　　　　　　　　　D. 应用新方法

E. 应用新原料

61. 菜点创新应成为餐饮企业的一种长效机制，新产品的后续管理是_____。

A. 观察消费者认可程度　　　　　B. 检查预期效果

C. 注意保密，严禁宣传　　　　　D. 融入菜单分析

E. 兑现新成果奖励办法

62. 在厨房中相对独立的生产部门是_____。

A. 冷菜制作　　　　　　　　　　B. 点心制作

C. 原料加工　　　　　　　　　　D. 热菜烹调

E. 配份加工

63. 下列属于厨房生产经营管理费用的细节内容是_____。

A. 原材料成本　　　　　　　　　B. 能源费用

C. 设备设施折旧费用　　　　　　D. 借贷利息

E. 人工成本

64. 督导控制烹调质量主要涉及_____。

A. 服务操作规范　　　　　　　　B. 烹制数量

C. 出菜速度　　　　　　　　　　D. 餐厅环境温度

E. 对问题菜肴的处理

四、简答题

1. 简述厨房生产成本定义及组成。

2. 简述厨房生产原料成本的含义及其构成。

3. 简述厨房生产成本的特点。

4. 简述厨房生产前的成本控制。

5. 简述厨房生产中的成本控制。

6. 简述厨房生产后的成本控制。

7. 简述厨房生产实际耗用量大于标准用量的主要原因。

8. 简述标准食谱的概念与作用。

9. 简述标准食谱的内容与要求。

10. 简述原料加工质量管理的内容。

11. 简述烹调阶段管理要务及炉灶的工作程序。

12. 简述问题菜肴退回厨房处理程序。

13. 简述厨房产品店内推广促销的方式。

14. 简述厨房产品店外推广促销的方式。

15. 简述菜点创新的策略。

16. 简述菜点创新后续管理的要点。

五、综合题

1. 论述厨房配份。

2. 论述菜点创新的手法。

3. 论述标准食谱的内容与要求。

4. 论述标准菜谱的制定与管理。

六、计算题

1. 供货商给某餐饮企业提供 75 kg 里脊肉，每千克的价格为 16.4 元。厨房发现不够用后，采购人员又从市场上购进 50 kg，每千克为 17.2 元，求里脊肉每千克的平均成本。

2. 某酒楼购进猪腿肉 5 kg，单价 12.6 元，经处理后分成猪皮和净肉两类，净料率是 89%。已知猪皮单价为 5.8 元，求净肉 100 g 的成本。

3. 某厨房接受一项宴会任务，人数 20 人，标准每人 200 元，销售毛利率为 70%，已知此宴会由 A、B、C、D 四类菜点组成，C 类菜点由四种点心构成，占宴会成本的 15%，其中 C1 点心用净料 600 g，毛料进价为 60 元/kg，净料率为 80%，其他用料成本为 10.6 元；C2 点心主料毛重 1.2 kg，熟品率为 60%，熟料单位成本为 39 元/kg，其他用料成本为 20.6 元；C3 点心主料 800 g，单位成本为 30 元/kg，其他用料成本为 18 元；C4 点心主料成本为 38.8 元，其他用料成本为 6 元，求宴会 C 类点心预计成本和实际耗料成本。

4. 制作水煮牛肉，用牛肉片 250 g，牛肉进价 36 元/kg，净料率为 90%，菜心 200 g，进价 4 元/kg，油 75 g，进价 10 元/kg，香油 30 g，进价 26 元/kg，高汤 500 g，合计 2 元，郫县辣酱、泡辣椒、干辣椒、辣椒面、花椒、酱油、料酒、醋、盐、味精、葱姜蒜等调料共 1.8 元，求该菜成本。若销售毛利率为 60%，求该菜售价。

5. 黑鱼一条毛重 1.5 kg，每千克 32 元，加工成鱼丝净料率为 50%，下脚料头、尾、骨占 35%，作价每千克 5 元，损耗率为 15%，求鱼丝的单位成本。

制作银芽鱼丝一份，用鱼丝 200 g，净豆芽 100 g，单价 3.2 元/kg，油 60 g，单价 10 元/kg，料酒、盐、味精、清汤、蛋清、水淀粉、葱丝、毛姜水等共计 2.5 元，求该菜成本。若销售毛利率为 60%，求该菜售价。

参考答案

一、判断题

1. √	2. ×	3. ×	4. ×	5. √	6. ×	7. ×	8. √	9. √
10. ×	11. ×	12. ×	13. ×	14. √	15. √	16. ×	17. ×	18. ×
19. ×	20. √	21. √	22. ×	23. ×	24. √	25. ×	26. √	27. ×
28. ×	29. √	30. ×	31. √	32. ×	33. ×	34. √	35. ×	36. √
37. √	38. ×	39. √	40. ×	41. √	42. ×	43. ×	44. √	45. ×
46. √	47. ×	48. √	49. √	50. ×	51. ×	52. √	53. √	54. √
55. √	56. ×	57. √	58. ×	59. √	60. ×	61. ×	62. ×	63. √
64. √	65. ×	66. √						

二、单项选择题

1. A	2. B	3. D	4. B	5. B	6. C	7. C	8. D	9. A
10. D	11. A	12. B	13. C	14. D	15. D	16. B	17. D	18. A
19. D	20. B	21. C	22. B	23. C	24. D	25. A	26. D	27. A
28. C	29. D	30. C	31. B	32. A	33. C	34. C	35. C	36. C
37. B	38. A	39. B	40. C	41. D	42. A	43. D	44. D	45. D
46. D	47. D	48. D	49. D	50. B	51. C	52. D	53. C	54. C
55. A	56. B	57. D	58. C	59. C	60. A	61. B	62. D	63. A
64. C	65. B	66. A	67. C	68. D	69. A	70. C	71. C	72. A
73. B	74. A	75. B	76. C	77. C	78. C	79. C	80. C	81. C
82. B	83. D	84. A	85. C	86. C	87. C	88. B	89. B	90. B
91. C	92. A	93. A	94. A	95. A	96. D	97. A	98. B	99. C
100. D	101. B	102. C	103. B	104. C				

三、多项选择题

1. AC	2. ABD	3. ABE	4. ABCDE	5. ABD

6. AB	7. ABC	8. ABC	9. AB	10. AC
11. ABCDE	12. ABCD	13. ABCD	14. ABCD	15. ABCD
16. ABE	17. ABCDE	18. ABCD	19. ABC	20. BC
21. ABE	22. ABD	23. ABCDE	24. ABD	25. ABCD
26. AE	27. ABC	28. ABCDE	29. ABC	30. ABCDE
31. ABCDE	32. ABE	33. ABCE	34. ABCDE	35. ABCDE
36. ABCDE	37. ABC	38. BE	39. ABD	40. ABCE
41. ABCD	42. CDE	43. ACDE	44. BD	45. AB
46. ACE	47. ABCDE	48. ABE	49. ABD	50. ABCDE
51. ABD	52. ABCD	53. ABCDE	54. ABCD	55. ABCE
56. DE	57. ABC	58. ABCDE	59. ABCDE	60. ABDE
61. ABDE	62. AB	63. BCD	64. BCE	

四、简答题

1. 厨房生产成本是指厨房在生产制作产品时所占用和耗费的资金。这主要由三部分构成：原料成本、劳动力成本（人工成本）以及经营管理费用。其中，前两项约占生产成本的70%～80%，是厨房生产成本的主要部分。人工成本是指参与厨房生产的所有人员的费用。经营管理费用是指厨房在生产和餐饮经营中，除原材料成本和人工成本以外的成本，包括店面租金、能源费用、借贷利息、设备设施的折旧费等。

2. 厨房生产原料成本是指生产制作菜点时实际耗用的各种原料价值的总和。

根据原料在菜点制作中的不同作用，原料可分为三类，即主料、配料（或称辅料）和调料。这三类原料是核算厨房生产成本的基础，又称为厨房生产成本三要素。生产成本三要素是单个菜肴的成本构成，而对于宴会菜点的成本来说，则主要由冷菜成本、热菜成本和点心成本综合构成。许多餐饮企业将冷菜成本定为食品原料成本的15%，热菜成本定为70%，点心成本定为10%，调料成本按5%计算。

3. （1）原料成本核算难度大，具体表现是：菜品销售量难以预测，原料品种和数量的准备难以精确安排，单一产品的成本核算难度大。

（2）菜点食品成本构成相对简单。

（3）食品成本核算与成本控制直接影响利润。

（4）生产人员的主观因素及状态对成本影响较大。

4. 成本生产前的成本控制，主要是针对生产原料的管理与控制以及成本的预算控制等。

（1）采购控制。

（2）验收控制。

（3）储存控制。

（4）发料控制。

（5）成本预算控制。

5. 厨房生产中的成本控制主要体现在对原料加工、使用的环节上，主要包括以下几个方面：

（1）加工制作测试。

（2）制订厨房生产计划。

（3）坚持标准投料量。

（4）控制菜肴分量。

另外，常用原料的集中加工、高档原料的慎重使用以及原料的充分利用等也是在厨房生产中必须注意的事项，这些能够帮助厨房生产降低原料成本。

6. 厨房生产后的成本控制主要体现在实际成本发生后，与预算当月、当周、当日成本进行比较、分析，及时找出原因并进行适当调整。具体要注意以下几种情况：

（1）企业经营业务不太繁忙时，原料采购频率要提高，尽量减少库存损耗。

（2）少数几种菜式成本偏高时可采用保持原价而适当减少菜式分量以抵消成本增长的办法。

（3）对于成本较高，但在菜单中占总销售量比重大的菜品，则可以考虑下述几种解决办法：

1）企业可否通过促销手段来增加这些菜肴的销量，如果可行则维持不动。

2）企业可否通过其他成本并未上升的菜肴的推销来抵消部分菜肴成本的增加量。

3）菜肴分量上的适当减少。

7.（1）操作中未按标准用量投料，用料分量超过标准菜谱上的规定。

（2）操作中有浪费现象，如菜肴制作失手不能食用而重新制作的情况。

（3）原料采购不当造成净料率过低，如使用河虾挤虾仁时，原料品质对出净率影响较大。

（4）库房、厨房、餐厅中存在的其他问题等。

8. 标准食谱是以菜谱的形式，标明菜肴（包括点心）的用料配方，规定制作程序，明确装盘规格、成品的特点及质量标准，这是厨房每道菜点生产的全面技术规定，也是不同时期用于核算菜肴或点心成本的可靠依据。

标准菜谱的作用：

（1）保证产品质量标准化。

（2）便于控制菜肴生产成本。

（3）有助于确定菜肴价格。

9.（1）标准配料量

规定生产菜肴所需的各种主料、配料和调味品的数量，即标准配料量。

（2）标准烹调程序

标准食谱上规定了菜品的标准烹调方法和操作步骤。

（3）标准份额和烹制份数

实际生产中，菜谱对该菜品的烹制份数必须明确规定，才能正确计算标准配料量、标准份额和每份菜的标准成本。

（4）单份菜品标准成本

首先通过实验，将各种菜肴的制作份数、菜肴的配料及其用量以及烹调方法固定下来，制定出标准，然后将各种配料的金额相加，汇总出菜品生产的总成本，再除以制作份数，得出每份菜的标准成本。

10. 加工质量管理主要包括冰冻原料的解冻质量、原料的加工出净率和加工的规格标准等几个方面的管理。具体内容阐述如下：

（1）冰冻原料加工前必须经过解冻，使解冻后的原料恢复新鲜、软嫩的状态，要尽量保持原料固有的风味和营养。

（2）加工出净率的控制是指用来做菜的净料和未经加工的原始原料之比。出净率越高，菜肴单位成本就越低。

（3）原料加工质量直接关系到菜肴成品的色、香、味、形及营养和卫生状况。除了控制加工原料的出净率外，还需要严格把握加工品的规格标准和卫生指标。

11. 烹调阶段主要包括打荷、炉灶菜肴烹制以及与之相关的打荷盘饰用品的制作、大型活动的餐具准备和问题菜肴退回厨房的处理等工作程序。

炉灶菜肴烹制工作程序如下：

（1）准备用具，开启排油烟罩，点燃炉火，使之处于工作状态。

（2）对不同性质的原料，根据烹调要求，分别进行焯水、过油等初步熟处理。

（3）吊制清汤、高汤或浓汤，为烹制高档菜肴及宴会菜肴做好准备。

（4）熬制各种调味汁，制备必要的用糊，做好开餐的各项准备工作。

（5）开餐时，接受打荷的安排，根据菜肴的规格标准及时进行烹调。

（6）开餐结束，妥善保管剩余食品及调料，擦洗灶头，清洁整理工作区域及用具。

12.（1）问题菜肴退回后，及时向厨师长或有关技术人员汇报，进行复查鉴定。

（2）若属烹调失当菜肴，交打荷即刻安排炉灶调整口味，重新烹制。

（3）无法重新烹制的菜肴，由厨师长交配份岗位重新安排原料切配，并交与打荷。

（4）打荷接到已配好或已安排重新烹制的菜肴，及时迅速分派炉灶烹制，并交代清楚。

（5）烹调成熟后，按规格装饰点缀，经厨师长检查认可，迅速递于备餐划单出菜人员，并说明清楚。

（6）餐后分析原因，计入成本，同时做好记录，计划采取的相应措施，避免类似情况再次发生。

13. 厨房产品店内推广促销具体做法如下：

（1）节日促销

各种节日是难得的促销时机，尤其是"五一""十一"长假期间，企业要制订完善的促销计划。

（2）店内宣传促销的手段

店内宣传促销的工作主要包括定期活动节目单、餐厅门口告示牌、菜单促销、电梯内餐饮广告、小礼品促销等几种形式。

（3）店内服务技巧促销

可充分发挥服务人员的促销技巧，如利用顾客点菜的机会，服务员可以通过对菜肴进行形象剖析、单个菜肴的人均消费价格、提供多种可能性、利用第三者的意见或代客做决定等方法提高菜品，尤其是高利润菜品的销售。

另外，餐厅还可以进行现场烹制促销，通过制作人员的表演，以其直观效果使顾客产生消费的冲动。

14. 店内推广促销策略是企业旨在开拓餐饮产品销路、扩大产品销售所进行的向目标顾客传递产品信息、激发购买欲望，进而促成购买行为的全部活动。主要有以下几种形式：

（1）优惠促销

优惠促销的具体做法很多，一般包括消费打折、开展优惠日和优惠时间段、节日奖品优惠以及优惠券等，实际操作起来灵活多变。

（2）旅行团促销

这种促销策略要求企业了解旅行团的构成和特点，包括客源国、旅行团成员的年龄、消费水平、饮食偏好和其他特别要求等。

（3）儿童促销

根据统计分析，儿童是影响就餐决策的重要因素。所以，餐饮企业可配置儿童服务设施，为儿童提供专门的菜单和特定份额的餐食及饮料。

（4）外卖促销

外卖是餐饮企业在餐饮消费场所之外进行的餐饮销售和服务活动，是餐饮销售在外延上的扩大。

15.（1）现有产品革新策略

菜点创新不是打破现有的产品格局，而是给产品目录注入可以生产制作的新内容。

（2）适时增添花色品种

餐饮企业要通过引进、自创等方式来丰富自己的产品体系，使之保持一种常变常新的态势。

（3）采用新原料策略

新原料一般是指新开发、新引进的可食性原料，或者过去未采用过的可食性原料。菜品创新的根本在于原料拓展，特色原料、地方特产原料、野生原料、季节性原料以及一些特殊原料等都可以作为菜点创新的主题。

16. 在菜点创新的后续管理上必须做好以下几个方面的工作：

（1）对创新菜点进行全方位包装，确保产生良好的市场反应。

（2）对创新菜点要进行个别或少部分的宣传，要求菜点创新少而精。

（3）对创新菜点进行实时市场监控，做好销售管理，观察被消费者认可的程度。

（4）融入菜单分析，使新菜点进入正常生命周期。

（5）及时兑现创新成果的奖励办法，在企业内部形成一种积极创新的激励氛围。

五、综合题

1. 配份阶段是决定每份菜肴的用料及其成本的关键阶段。

（1）配份数量与成本控制

配份数量控制是确保每份配出的菜肴数量合乎规格，成品饱满而不超标，使每份菜肴产生应有效益，是成本控制的核心。因为原料通过加工、切割、上浆，到配份岗位时其单位成本已经很高。

（2）配份质量管理

菜肴配份首先要保证同样的菜名，其原料配份必须相同。厨房必须按标准菜谱进行培训，统一用料配菜，并加强岗位间的监督、检查。配份岗位操作时还应考虑烹调操作的方便性。

（3）烹调质量管理

烹调质量管理要从厨房操作规范、烹制数量、出菜速度、成菜温度以及对问题菜肴的处理等几个方面加以督导、控制。首先，要求厨师服从打荷派菜安排，按正常出菜次序和顾客要求的出菜速度烹制出品。其次，在烹调过程中，要督导厨师按规定操作程序进行烹制，并按规定的调料比例投放调料，不可随心所欲，任意发挥。

2. 中餐的演变与完善，具体落实到操作上，有以下一些创新手法：

（1）原料使用上兼容出新

餐饮企业在原料选用上应坚持合理借鉴和恰当使用的原则，把本地产的原料、外地产的原料，甚至是国外产的原料都统统拿过来为我所用。同时，也要利用现代科学技术、先进的生产设备和各种烹饪技法，将基础原料加工成可食的烹饪原料，从而更加丰富烹饪原料的品种。

（2）采用新的调味技法

采用合理的调味手法，用新调味原料调制出的新味型菜品属于调味创新。界定菜品是否属于调味创新，主要看菜品是否产生新味型，调味原料、调味手法是过程，新味型是结果，只用新原料或新手法，如果不能产生新味型，仍然不属于调味创新。

（3）运用新的组合技巧

组合是创新最常用，也是最简便的方法。组合主要体现在三个方面：一是菜与点的结合，二是中西结合，三是菜系之间的融合。这些组合元素既可以是传统的，也可以是全新的，还可以是新老并行的，但组合的结果必须是全新的。

（4）使用新的加工手法

使用新的加工手法主要是指用新的加工工艺改变菜品的成形效果，使菜品在形式上日趋精致完美的一种创新手法。例如，在传统的"八宝鸭"的基础上改成"八宝鸭腿"等。

3. 标准食谱的制定应该包括四个方面的内容：标准配料量、标准烹调程序、标准份额和烹制份数、单份菜品标准成本。

（1）标准配料量

规定生产菜肴所需的各种主料、配料和调味品的数量，即标准配料量。在确定标准生产规程以前，首先要确定生产一份标准份额的菜品需要哪些调料，用料分别是多少，每种配料的成本单价是多少。

（2）标准烹调程序

标准食谱上规定了菜品的标准烹调方法和操作步骤。标准烹调程序要详细、具体地规定食品烹调需要的炊具和工具、原料加工切配的方法、加料的数量和次序、烹调的方法、烹调的温度和时间，同时还要规定盛菜的餐具、菜品的摆放方法等。

（3）标准份额和烹制份数

实际生产中，有些菜品只适宜一份一份地单独烹制，有的则可以数份甚至数十份一起烹制。因此，菜谱对该菜品的烹制份数必须明确规定，才能正确计算标准配料量、标准份额和每份菜的标准成本。

（4）单份菜品标准成本

首先通过实验，将各种菜肴的制作份数、菜肴的配料及其用量以及烹调方法固定下来，制定出标准，然后将各种配料的金额相加，汇总出菜品生产的总成本，再除以制作份数，得出每份菜的标准成本。每份菜的标准成本是控制成本的工具，也是菜品定价的基础。

4. 制定标准菜谱时，要考虑两种情况：一是即将开业的餐饮企业，要科学地计划菜点品种，制定适合自己经营要求的菜肴生产制作规范，这一点对正在经营中的餐饮企业面临新增添、新创菜点品种时同样适用；二是已经生产经营的餐饮企业，对现行品种的标准菜谱进行修正和完善，适应新的消费需求。

制定标准菜谱要选择合适的时间，如分期组织餐饮管理人员、厨师和服务员进行专门研究，哪些需要补充，哪些需要进一步规范。管理人员要对菜肴销售情况进行分析，提供参考意见；服务人员要及时反馈顾客在消费过程中提出的意见和建议；厨师要对菜肴配置、器皿等进行复查和完善。因而，制定标准菜谱同时也是餐饮管理不断完善的过程。

在管理上，标准菜谱一经制定，必须严格执行。在使用过程中，要维持其严肃性和权威性，减少随意投料和乱放而导致厨房出品质量不一致、不稳定的现象，确保标准菜谱在规范厨房出品质量方面发挥应有的作用。

六、计算题

1. 里脊肉的平均成本 $=(50\times17.2+75\times16.4)\div(50+75)=16.7$（元）

答：里脊肉每千克的平均成本为 16.7 元。

2. 净肉质量 $=5\text{ kg}\times89\%=4.45$（kg）

猪皮质量 $=5\text{ kg}-4.45\text{ kg}=0.55$（kg）

净肉 100 g 的成本 $=[(12.6\times5-5.8\times0.55)\div4.45]\times10\%=1.34$（元）

答：净肉 100 g 的成本为 1.34 元。

3. C1 点心成本 $=60\div80\%\times0.6+10.6=55.6$（元）

C2 点心成本 $=39\times1.2\times60\%+20.6=48.68$（元）

C3 点心成本 $=30\times0.8+18=42$（元）

C4 点心成本 $=38.8+6=44.8$（元）

C 类点心实际耗料成本 $=55.6+48.68+42+44.8=191.08$（元）

C 类点心预计成本 $=200\times20\times(1-70\%)\times15\%=180$（元）

答：宴会 C 类点心预计成本为 180 元，实际耗料成本为 191.08 元。

4. 该菜成本 $=36\div90\%\times0.25+4\times0.2+10\times0.075+26\times0.03+2+1.8$

$\qquad\qquad=10+0.8+0.75+0.78+2+1.8$

$\qquad\qquad=16.13$（元）

该菜售价 $=16.13\div(1-60\%)$

$\qquad\qquad=16.13\div40\%$

$\qquad\qquad\approx40.33$（元）

答：该菜成本为 16.13 元，售价为 40.33 元。

5. 鱼丝的单位成本＝(32×1.5－5×1.5×35％)÷(1.5×50％)

＝(48－2.63)÷0.75

＝60.49（元）

该菜成本＝60.49×0.2＋3.2×0.1＋10×0.06＋2.5

＝12.1＋0.32＋0.6＋2.5

＝15.52（元）

该菜售价＝15.52÷(1－60％)

＝38.8（元）

答：鱼丝的单位成本为 60.49 元。该菜成本为 15.52 元，售价为 38.8 元。

第六章　技师培训指导

考 核 要 点

理论知识考核范围	考核要点	重要程度
培训计划的编制程序及要求	1. 确定培训需求	掌握
	2. 设置培训目标	掌握
	3. 拟订培训计划	掌握
培训教案的编写程序及要求	1. 教案的基本内容	掌握
	2. 编写教案的基本形式	掌握
	3. 编写教案的准备	掌握
培训注意事项	1. 企业培训应注意的问题	掌握
	2. 制订培训计划的注意事项	掌握
	3. 编写教案的注意事项	掌握

辅导练习题

一、判断题（下列判断正确的请在括号内打"√"，错误的请在括号内打"×"）

1. 培训计划的基本内容包括目标、原则、要求、时间、方式、组织人、考评方式、预算等。　　　　　　　　　　　　　　　　　　　　　　　　　　　　（　　）

2. 制订相应的短期培训计划，应从企业的战略发展目标出发。　　　（　　）

3. 确定培训需求是设计培训项目、建立评估模型的基础。　　　　　（　　）

4. 培训教案的形式必须统一。　　　　　　　　　　　　　　　　　（　　）

5. 确定培训需求一般从组织、工作和人员三方面进行分析。　　　　（　　）

6. 培训时不必确定具体目标，只要使受训者有所收获即可。　　　　（　　）

7. 为了达到培训效果，应将多种培训方法结合起来灵活使用。　　　（　　）

8. 年度培训计划的制订应具体到每一课程的具体细节。　　　　　　（　　）

9. 教案是教师实施教学的基本文件。　　　　　　　　　　　　　　（　　）

10. 培训效果可从培训工作本身及受训者通过培训后的行为表现方面来评价。　（　　）

11. 培训时不必选择培训对象，只要是自己企业员工即可。 （　　）

12. 企业培训时应采用灌输式教学，提高教学效率。 （　　）

13. 人员培训时应注意人员素质培训与专业素质培训相结合。 （　　）

14. 培训指导者一般都由企业老总担任。 （　　）

15. 厨师培训时，厨师长是比较合适的培训指导者。 （　　）

16. 厨师培训的内容一般包括知识培训、技能培训和素质培训。 （　　）

17. 技师在指导培训学员时只要做好技能示范即可，不必进行理论讲解。 （　　）

18. 技能培训是组织培训的最高层次。 （　　）

19. 餐饮企业可进行各种类型的培训而不需要考虑培训的可行性。 （　　）

20. 培训教材在编写时要求专业性强、理论高深。 （　　）

二、**单项选择题**（下列每题有 4 个选项，其中只有 1 个是正确的，请将其代号填写在横线空白处）

1. 根据教师的特点和教学内容的需要，教案的形式一般要求_____。

    A. 多种多样　　　　　　　　　　B. 统一

    C. 讲稿式　　　　　　　　　　　D. 多媒体式

2. 组织培训的第一层次是_____。

    A. 素质培训　　　　　　　　　　B. 知识培训

    C. 技能培训　　　　　　　　　　D. 熟练程度

3. 确定培训需求需要进行_____。

    A. 组织分析、市场分析、财务分析

    B. 工作分析、财务分析、组织分析

    C. 人员分析、市场分析、组织分析

    D. 组织分析、人员分析、工作分析

4. 培训教案一般是以_____为单位的具体教学计划。

    A. 小时　　　　　　　　　　　　B. 课时

    C. 一天　　　　　　　　　　　　D. 半天

5. 根据教师对教材的熟悉程度和实际经验的不同，教案可以_____。

    A. 由略到详　　　　　　　　　　B. 有详有略

    C. 详细　　　　　　　　　　　　D. 简略

6. 组织培训的最高层次是_____。

    A. 素质培训　　　　　　　　　　B. 知识培训

    C. 技能培训　　　　　　　　　　D. 熟练程度

7. 培训内容一般包括的三个层次是_____。

    A. 知识培训、技能培训、素质培训

    B. 领导培训、主管培训、员工培训

    C. 初级培训、中级培训、高级培训

    D. 新员工培训、优秀员工培训、骨干员工培训

8. 最适合担任厨师的培训指导者的是_____。

    A. 单位老总   B. 社会名流

    C. 单位厨师长   D. 著名学者

9. 下列不属于培训计划基本内容的是_____。

    A. 培训目标   B. 培训时间

    C. 培训方式   D. 培训地点

10. 企业长期培训计划制订的出发点是_____。

    A. 企业当前发展目标   B. 企业阶段发展目标

    C. 企业战略发展目标   D. 没有限制

11. 培训方式选用的根据是_____。

    A. 培训对象   B. 培训内容

    C. 培训时间   D. 培训条件

12. 编写培训教材应该_____。

    A. 理论高深   B. 专业性强

    C. 易记易懂   D. 多用外文资料

13. 企业组织员工培训的实施纲领是_____。

    A. 培训计划   B. 培训对象

    C. 培训效果   D. 培训过程

14. 以企业战略发展目标为依据制订的培训计划是_____。

    A. 课程培训计划   B. 个人培训计划

    C. 年度培训计划   D. 长期培训计划

15. 企业培训教育属于_____。

    A. 学前教育   B. 学校教育

    C. 成人教育   D. 精英教育

三、多项选择题（下列每题有多个选项，至少有2个是正确的，请将其代号填写在横线空白处）

1. 工作分析的目的是确定培训与开发的内容，即让员工达到满意的工作绩效所必须掌

握的东西，如_____。

    A. 工作态度   B. 专业知识

    C. 专业技能   D. 设备设施

    E. 产品结构

2. 常见的组织培训方法有_____。

    A. 讲授法   B. 演示法

    C. 案例法   D. 讨论法

    E. 角色扮演法

3. 确定培训需求需要进行必要的_____。

    A. 组织分析   B. 工作分析

    C. 财务分析   D. 市场分析

    E. 人员分析

4. 培训教案常见的形式有_____。

    A. 讲稿式教案   B. 多媒体式教案

    C. 剧本式教案   D. 流程式教案

    E. 过程设计式教案

5. 准备教案应做好的工作包括_____。

    A. 了解培训对象   B. 熟悉教材

    C. 熟悉培训环境   D. 选择教学方法

    E. 了解培训市场

6. 培训计划的基本内容包括_____。

    A. 培训目标   B. 培训时间

    C. 培训方式   D. 考评方式

    E. 经费预算

7. 企业培训的对象一般包括_____。

    A. 新员工   B. 即将轮岗员工

    C. 即将晋升员工   D. 即将退休员工

    E. 知识、技能要更新的员工

8. 课堂教学一般包括的环节有_____。

    A. 组织教学   B. 导入新课

    C. 讲授新课   D. 巩固新课

    E. 布置作业

9. 编写培训教材时应尽量考虑_____。

    A. 理论高深　　　　　　　　　　B. 趣味性

    C. 深入浅出　　　　　　　　　　D. 易记易懂

    E. 多用外文资料

10. 教案编写过程中应注意的事项包括_____。

    A. 要尊重成人教育的规律

    B. 要理论联系实际

    C. 要与受训人的认知结构相结合

    D. 要因材施教

    E. 要多用外文资料吸引学生

四、简答题

1. 培训讲义编写的基本原则是什么？

2. 如何评价培训效果？

3. 完整的教案应包括哪些内容？

4. 培训内容通常包括哪几个层次？

5. 企业培训应如何采用合适的培训方式？

五、综合题

1. 试述选择培训指导者的原则和方法。

2. 试述企业培训应注意的问题。

参考答案

一、判断题

1. √　　2. ×　　3. √　　4. ×　　5. √　　6. ×　　7. √　　8. ×　　9. √

10. √　　11. ×　　12. ×　　13. √　　14. ×　　15. √　　16. √　　17. ×　　18. ×

19. ×　　20. ×

二、单项选择题

1. A　　2. B　　3. D　　4. B　　5. B　　6. A　　7. A　　8. C　　9. D

10. C　　11. A　　12. C　　13. A　　14. D　　15. C

三、多项选择题

1. ABC　　2. ABCDE　　3. ABE　　4. ABDE　　5. ABD

6. ABCDE　　7. ABCE　　8. ABCDE　　9. BCD　　10. ABCD

四、简答题

1. 在培训材料的编排上，尽可能考虑到趣味性，深入浅出，易记易懂。充分利用现代化的培训工具，采用视听材料，以增强感性认识。书面材料力求形式多样化，多用图表，简明扼要。

2. 培训效果的评价包括两层意义，即培训工作本身的评价和受训者经过培训后所表现出的行为。整个培训效果评价可分为三个阶段：第一阶段，侧重于对培训课程内容是否合适进行评定，通过组织受训者讨论，了解他们对课程的反映；第二阶段，通过各种考核方式和手段，评价受训者的学习效果和学习成绩；第三阶段，在培训结束后，通过考核受训者的工作表现来评价培训效果，如可通过对受训者前后的工作态度、熟练程度、工作成果等进行比较来加以评价。

3. 教案一般是以课时为单位的具体教学计划，即每节课的教学内容和方案。一个完整的教案一般包括培训课题、培训对象、授课时间、教学目的、教学重点难点、教学方法、教学进程（包括教学内容的安排、教学时间的分配等）。根据教师对教材的熟悉程度和实际经验的不同，教案可以有详有略，不必强求一种格式。

4. 培训内容一般包括三个层次，即知识培训、技能培训和素质培训。究竟该选择哪个层次的培训内容，各企业应根据各个培训内容层次的特点和培训需求来选择。知识培训是组织培训的第一层次。知识培训有利于理解概念，增强对新环境的适应能力，减少企业引进新技术、新设备、新工艺的障碍和阻挠。技能培训是组织培训的第二层次，是指培训操作能力。素质培训是组织培训的最高层次。素质高的员工应该有正确的价值观，有积极的态度，有良好的思维习惯，有较高的目标。

5. 企业培训的对象是成年人，培训方式必须与成年人的学习规律相适应。成年人的特点是记忆力相对较差，但理解能力强，并具有一定的工作和社会经验。因此，采用参与式的培训方式是比较合适的，即在培训过程中，培训者应多应用实例并创造更多的机会使受训者将自己所了解和掌握的知识和技能表现出来，以供其他受训者参考。适当采用"吊胃口"的方式和其他技巧可提高受训者的学习兴趣，多表扬少批评能增强学员的学习信心。此外，还应该重视受训者提出的意见和问题，集思广益，有利于提升培训效果。

五、综合题

1. 培训指导者一般来源于企业内部和外部，企业组织内的领导、具备特殊知识和技能的员工是培训指导者的重要内部资源。企业组织内的领导是比较合适的培训指导者的人选，如厨师长，他们既具有专业知识，又具有宝贵的工作经验；他们希望员工获得成功，以表明他们自己的领导才能；他们是在培训自己的员工，所以能保证培训与工作有关。此外，根据需要，有时企业还从外部聘请培训指导者。外部培训资源和内部培训资源各有优缺点，外部资源与内部资源结合使用是最佳选择。

2.（1）合理选定受训对象。

（2）培训需求要符合客观实际。

（3）明确培训的真正目的。

（4）对提出的培训方案要进行可行性论证。

（5）采用合适的培训方式。

高级技师理论知识鉴定指导

第七章 营养配餐

考 核 要 点

理论知识考核范围	考核要点	重要程度
营养配餐	1. 中国居民膳食营养素参考摄入量	掌握
	2. 各类烹饪原料的营养功能特点	掌握
	3. 食物品种和数量的确定原则	掌握
	4. 食谱设计的特点	掌握
	5. 能量的计算方法	掌握
	6. 一日三餐产能营养素供给量的计算方法	掌握
	7. 特殊环境作业人员营养配餐的方法	掌握
	8. 特定生理阶段人群营养配餐的方法	掌握
	9. 特殊病理状态人群营养配餐的方法	掌握
	10. 特殊环境作业人员营养配餐的特点与原则	掌握
	11. 特定生理阶段人群营养配餐的特点与原则	掌握
	12. 特殊病理状态人群营养配餐的特点与原则	掌握
	13. 补养类食物的特点	掌握
	14. 温里类食物的特点	掌握
	15. 理血类食物的特点	掌握
	16. 消食类食物的特点	掌握
	17. 祛湿类食物的特点	掌握
	18. 清热类食物的特点	掌握

辅导练习题

一、判断题（下列判断正确的请在括号内打"√"，错误的请在括号内打"×"）

1. 人体维持生命活动的能量来自食物中的蛋白质。（　　）

2. 人体维持生命活动的能量来自食物中的无机盐和维生素。（　　）

3. 人体维持生命活动的能量来自食物中的膳食纤维和碳水化合物。（　　）

4. 碳水化合物是人体能量最重要的来源。（　　）

5. 我国居民每日50％以上的蛋白质来自于谷类及其制品。（　　）

6. 小麦胚乳中亚油酸含量较多，容易被人体吸收。（　　）

7. 黄豆含有较高的蛋白质和脂肪，碳水化合物相对较少。（　　）

8. 蚕豆含有较多的碳水化合物、一定量的蛋白质和少量的脂肪。（　　）

9. 新鲜蔬菜、水果含有丰富的碳水化合物、蛋白质和脂肪。（　　）

10. 动物性食物是人体优质蛋白质、脂类、碳水化合物、维生素、无机盐的重要来源。

（　　）

11. 鱼类的脂肪多为饱和脂肪酸，不易被人体消化、吸收和利用。（　　）

12. 奶类中的乳糖可以调节胃酸并促进胃肠道蠕动。（　　）

13. 含蛋白质、脂肪、碳水化合物高的食物是酸性食物。（　　）

14. 蔬菜、水果是碱性食物。（　　）

15. 蛋白质摄入量以每日达到供给量标准的±5％为正常。（　　）

16. 大豆中的大豆异黄酮具有良好的抗氧化能力，可以抑制低密度脂蛋白氧化，具有抗动脉硬化和抗冠心病的作用。（　　）

17. 人体需要的宏量营养素主要是指蛋白质、脂肪、碳水化合物和水。（　　）

18. 随着人的年龄不断增长，人体各种器官的功能会不断增强，尤其是消化能力和代谢能力增强明显。（　　）

19. 动物内脏中含有的蛋白质属于非优质蛋白质，不利于人体的消化、吸收和利用。

（　　）

20. 中国居民膳食营养素的摄入量标准落实在日常每餐膳食之中。（　　）

21. 糖尿病病人应多选用低血糖指数的食物。（　　）

22. 人参、山药、马铃薯等为补气类食物。（　　）

23. 萝卜、藕、山楂为消食类食物。（　　）

24. 高血压人群应限制咸菜、咸鱼、咸肉等食物的摄入。（　　）

25. 水芹、苋菜、苦瓜为清热类食物。（　　）

26. 高脂血症人群应严格控制富含胆固醇食物的摄入。（　　）

二、单项选择题（下列每题有4个选项，其中只有1个是正确的，请将其代号填写在横线空白处）

1. 人体维持生命活动的能量来自食物中的_____。
   A. 无机盐　　　　　　　　　　　B. 维生素
   C. 水　　　　　　　　　　　　　D. 蛋白质

2. 具有清热解毒、凉血传统养生作用的蔬菜是_____。
   A. 荠菜、百合　　　　　　　　　B. 莲藕、辣椒
   C. 苋菜、水芹　　　　　　　　　D. 苦瓜、山楂

3. 低温环境下作业人员的配餐应满足各种营养需要，但_____除外。
   A. 充足的蔬菜　　　　　　　　　B. 充足的肉类
   C. 供应热食　　　　　　　　　　D. 供应冷食

4. 人体能量最重要的来源是_____。
   A. 蛋白质　　　　　　　　　　　B. 脂肪
   C. 碳水化合物　　　　　　　　　D. 无机盐

5. 通过观察或实验获得的健康人群某种营养素的摄入量是指_____。
   A. 平均需要量　　　　　　　　　B. 推荐摄入量
   C. 适宜摄入量　　　　　　　　　D. 可耐受的最高摄入量

6. _____相当于传统的膳食营养素的供给量。
   A. 平均需要量　　　　　　　　　B. 推荐摄入量
   C. 适宜摄入量　　　　　　　　　D. 可耐受的最高摄入量

7. 谷类、薯类是人体_____的主要来源。
   A. 能量　　　　　　　　　　　　B. 脂肪
   C. 维生素A　　　　　　　　　　D. 铁

8. 小麦_____中亚油酸含量较多，容易被人体吸收。
   A. 麦麸　　　　　　　　　　　　B. 胚乳
   C. 糊粉层　　　　　　　　　　　D. 胚芽

9. 含有较高的蛋白质和脂肪，而碳水化合物相对较少的是_____。
   A. 黑豆　　　　　　　　　　　　B. 赤豆
   C. 绿豆　　　　　　　　　　　　D. 扁豆

10. 含有较多的碳水化合物、一定量的蛋白质和少量脂肪的是_____。

    A. 黑豆   B. 赤豆
    C. 青豆   D. 黄豆

11. 新鲜蔬菜、水果中含有丰富的_____。
    A. 蛋白质   B. 膳食纤维
    C. 脂肪   D. 碳水化合物

12. 动物性食物含有丰富的营养素，但_____除外。
    A. 蛋白质   B. 维生素
    C. 脂肪   D. 碳水化合物

13. _____中的脂肪多为不饱和脂肪酸，容易被人体消化、吸收和利用。
    A. 鱼类   B. 猪肉
    C. 羊肉   D. 牛肉

14. 奶类中的_____可以调节胃酸并促进胃肠道蠕动。
    A. 蛋白质   B. 脂肪
    C. 乳糖   D. 维生素

15. 蛋白质摄取量以每日达到供给量标准的_____为正常。
    A. ±5%   B. ±10%
    C. ±15%   D. ±20%

16. 标准体重（kg）的计算公式为_____。
    A. 身高（cm）－100   B. 身高（cm）－105
    C. 身高（cm）－110   D. 身高（cm）－115

17. 下列体质指数（kg/m²）的计算公式正确的是_____。
    A. 实际体重（kg）/身高（m）
    B. 实际体重的平方（kg²）/身高的平方（m²）
    C. 实际体重的平方（kg²）/身高（m）
    D. 实际体重（kg）/身高的平方（m²）

18. 能为人体提供能量，参与氧气运输，促进肌肉收缩作用的营养素是_____。
    A. 脂肪酸   B. 蛋白质
    C. 碳水化合物   D. 维生素和矿物质

19. 一个特定人群的平均需要量，主要用于计划和评价群体的膳食，这种量化的概念叫
作_____。
    A. 可耐受最高摄入量   B. 推荐摄入量
    C. 适宜摄入量   D. 平衡需要量

20. 一个中等体力活动的成年男性，每日所需能量供给量标准是_____ MJ。

    A. 11.30   B. 25.30

    C. 21.30   D. 31.30

21. 如果人体摄入的能量长期高于实际消耗，过剩的能量会转变成人体的_____储存起来。

    A. 血脂   B. 热量

    C. 脂肪   D. 血糖

22. 对体内铅超标的人群膳食进行配餐时，要注意做到_____。

    A. 控制果胶的摄入   B. 摄入足量的矿物质

    C. 禁止食用粗纤维食物   D. 供应充足的维生素

23. 日常营养配餐设计中，蛋白质应选自饮食中的_____。

    A. 谷类、薯类和豆类食物

    B. 牛奶、蛋品和肉食

    C. 粮食、豆类及其制品、动物性食物

    D. 动物性食物

24. 大豆中含有的皂苷物质具有一定的_____。

    A. 降脂和抗氧化作用   B. 降脂作用

    C. 抗氧化作用   D. 降糖作用

25. 根据中国传统的养生思想，下列食物属于温性品种的是_____。

    A. 韭菜   B. 金针菜

    C. 枸杞子   D. 黑木耳

26. 当判断标准中的体质指数小于 18.5 时，体型为_____。

    A. 正常   B. 消瘦

    C. 肥胖   D. 极度肥胖

27. 老年人群膳食配餐原则中应注意_____。

    A. 增加谷物的摄入   B. 限制能量的摄入

    C. 适量增加刺激性食物   D. 提倡选用动物性食物

28. 当判断标准中的体质指数在 25～30 之间时，体型为_____。

    A. 消瘦   B. 正常

    C. 超重   D. 肥胖

29. 膳食中蛋白质、脂肪、碳水化合物的供给量标准分别占全天总能量的_____。

    A. 20%、30%、40%

B. 50%、20%、20%

C. 10%～15%、30%～35%、20%～40%

D. 10%～15%、20%～30%、55%～65%

30. 高血压患者的日常膳食要注意严格控制_____。

A. 蛋白质的摄入量   B. 食盐的摄入量

C. 碳水化合物的摄入量   D. 无机盐的摄入量

三、多项选择题（下列每题有多个选项，至少有2个是正确的，请将其代号填写在横线空白处）

1. 人体维持生命活动的能量来自食物中的_____。

A. 蛋白质   B. 脂肪

C. 碳水化合物   D. 维生素

E. 无机盐

2. 中国居民膳食营养素参考摄入量主要包括_____。

A. 平均需要量   B. 推荐摄入量

C. 适宜摄入量   D. 可耐受的最高摄入量

E. 膳食供给量

3. 食物营养成分表包括_____。

A. 能量   B. 水分

C. 蛋白质   D. 脂肪

E. 碳水化合物

4. 谷类和薯类是我国国民_____的主要来源。

A. 能量   B. 脂肪

C. 蛋白质   D. 维生素C

E. 钙

5. 大豆主要包括_____。

A. 黄豆   B. 扁豆

C. 黑豆   D. 青豆

E. 赤豆

6. 含有较高的蛋白质和脂肪，而碳水化合物相对较少的是_____。

A. 黄豆   B. 扁豆

C. 黑豆   D. 青豆

E. 赤豆

7. 含有较多的碳水化合物、一定量的蛋白质和少量脂肪的是_____。

    A. 蚕豆   B. 青豆

    C. 豌豆   D. 绿豆

    E. 赤豆

8. 新鲜蔬菜、水果中含有丰富的_____。

    A. 维生素   B. 无机盐

    C. 蛋白质   D. 膳食纤维

    E. 脂肪

9. 动物性食物是人体_____的重要来源。

    A. 蛋白质   B. 维生素

    C. 脂肪   D. 碳水化合物

    E. 无机盐

10. 含_____高的食物是酸性食物。

    A. 蛋白质   B. 碳水化合物

    C. 脂肪   D. 维生素

    E. 水

11. 碱性食物主要有_____。

    A. 蔬菜   B. 肉类

    C. 水果   D. 鱼类

    E. 蛋类

12. 下列选项中，属于老年人群膳食配餐原则的是_____。

    A. 增加谷物的摄入   B. 限制能量的摄入

    C. 严禁刺激性食物的摄入   D. 提倡选用易消化的食物

    E. 限制食盐的摄入

13. 高温环境下人体代谢的特点主要有_____。

    A. 水的丢失   B. 无机盐的丢失

    C. 水溶性维生素的丢失   D. 消化液分泌减少

    E. 能量代谢增加

14. 下列选项中，属于营养配餐中食谱定义的是_____。

    A. 每日各餐   B. 主副食的品种数量

    C. 烹调方法   D. 用餐时间

    E. 编成的表

15. 大豆中含有大豆异黄酮，其具有的作用是_____。
   A. 降血脂　　　　　　　　　　B. 提高免疫力
   C. 抗肿瘤　　　　　　　　　　D. 软化血管
   E. 抑制低密度脂蛋白氧化

16. 肥胖症人群营养膳食配餐的原则主要包括_____。
   A. 控制总能量的摄入量　　　　B. 控制常量营养素的供给比例
   C. 减少食物摄入量和种类　　　D. 控制粮食的品种
   E. 禁食动物性食物

17. 在传统中国养生保健饮食观念中，具有补气作用的食物是_____。
   A. 香菇　　　　　　　　　　　B. 韭菜
   C. 大枣　　　　　　　　　　　D. 苋菜
   E. 泥鳅

18. 在传统中国养生保健饮食观念中，具有消食作用的食物是_____。
   A. 枸杞　　　　　　　　　　　B. 苦瓜
   C. 山楂　　　　　　　　　　　D. 萝卜
   E. 山药

19. 与糖尿病关系最为密切的无机盐是_____。
   A. 铬　　　　　　　　　　　　B. 锌
   C. 钙　　　　　　　　　　　　D. 铁
   E. 碘

20. 苹果和洋葱中都含有较丰富的类黄酮，其主要作用包括_____。
   A. 良好的抗氧化能力　　　　　B. 抑制低密度脂蛋白氧化
   C. 抗动脉硬化　　　　　　　　D. 抗冠心病
   E. 降血脂

21. 下列符合高温作业人员日常膳食配餐要求的是_____。
   A. 注意补充无机盐钠和钾
   B. 注意补充维生素 B_1、维生素 B_2 和尼克酸
   C. 注意刺激食欲
   D. 注意补充脂肪
   E. 注意补充无机盐钙和磷

22. 下列符合一餐食谱品种数量调整设计原则的是_____。
   A. 一至两种谷类食物　　　　　B. 两种奶类食物

    C. 三至四种蔬菜　　　　　　　D. 一种豆制品

    E. 两至三种动物性食物

四、简答题

1. 简述配餐过程中主食品种和数量确定的原则。

2. 配餐过程中副食品种和数量确定的原则主要包括哪些？

3. 简述人体能量确定的方法。

4. 如何根据人的身高、体重与劳动强度计算其全日能量的供给量？

5. 简述高温环境下作业人员配餐的方法。

6. 简述低温环境下作业人员配餐的方法。

7. 简述铅作业人员配餐的方法。

8. 简述苯作业人员配餐的方法。

9. 简述噪声与振动环境下作业人员配餐的注意事项。

10. 简述幼儿、儿童的营养配餐。

11. 简述镉作业人员营养配餐的特点与原则。

12. 简述接触有机磷农药人员营养配餐的特点与原则。

13. 简述汞作业人员营养配餐的特点与原则。

14. 孕妇的营养配餐有哪些特点与原则？

15. 乳母的营养配餐有哪些特点与原则？

16. 简述老年人营养配餐的特点与原则。

五、综合题

1. 论述食谱的设计。

2. 食物品种和数量的确定原则是什么？

3. 试述高温环境下人体代谢的特点。

4. 试述铅作业人员营养配餐的特点与原则。

5. 试述苯作业人员营养配餐的特点与原则。

6. 试述肥胖症人群营养配餐的特点与原则。

7. 简论糖尿病人群营养配餐的特点与原则。

8. 简论高血压人群营养配餐的特点与原则。

9. 简论高脂血症人群营养配餐的特点与原则。

10. 某成年女性，年龄45岁，身高165 cm，体重58 kg，从事轻体力劳动，计算其每日能量需要量。

11. 某成年女性，每日能量供给量为7.56 MJ，计算其早餐中蛋白质、脂肪和碳水化合物提供的能量。

参考答案

一、判断题

1. ×　　2. ×　　3. ×　　4. √　　5. √　　6. ×　　7. √　　8. √　　9. ×

10. ×　11. ×　12. √　13. √　14. √　15. ×　16. ×　17. ×　18. ×

19. ×　20. ×　21. √　22. √　23. ×　24. √　25. √　26. √

二、单项选择题

1. D　　2. C　　3. D　　4. C　　5. C　　6. B　　7. A　　8. D　　9. A

10. B　11. B　12. D　13. A　14. C　15. B　16. B　17. D　18. B

19. D　20. A　21. C　22. D　23. A　24. A　25. A　26. B　27. B

28. D　29. D　30. B

三、多项选择题

1. ABC　　　2. ABCD　　　3. ABCDE　　　4. AC　　　5. ACD

6. ACD　　　7. ACDE　　　8. ABD　　　9. ABCE　　　10. ABC

11. AC　　　12. BCDE　　　13. ABCDE　　　14. ABCDE　　　15. ABC

16. ABCDE　17. BCE　　　18. CD　　　19. ABC　　　20. ABCD

21. ABC　　　22. ACD

四、简答题

1.（1）根据就餐人员全天能量的需求，碳水化合物的供给量应占总能量的 55%～65%，从而可计算出粮食的摄入量。

（2）根据各类主食选料中碳水化合物的含量确定，并与三餐的能量分配基本保持一致，如早餐占 30%，午餐占 40%，晚餐占 30%。

2. 配餐过程中副食品种和数量确定的原则主要包括：

（1）计算主食中含有的蛋白质数量。

（2）用应摄入的蛋白质总量减去主食中蛋白质的数量，即为副食应提供的蛋白质数量。

（3）为保证膳食蛋白质供给的质量，副食蛋白质中 2/3 应由动物性食物供给，1/3 由面豆制品供给，据此可求出各自的蛋白质供给量。

（4）查表并计算各类动物性食物及豆制品的供给量。

（5）设计蔬菜的品种与数量。

核定各类食物用量后，就可以确定每日每餐的饭菜用量。

3. 人体能量确定的方法主要有：

（1）查表确定能量的需要量

各阶段人群及不同劳动强度人群的能量需要量，可直接查表。

（2）根据标准体重和劳动强度确定能量供给量

世界卫生组织将成人职业劳动强度分为轻、中、重体力活动三个等级。

根据人的身高、体重与劳动强度计算其全日能量供给量。

4. 计算步骤如下：

（1）计算标准体重

根据成年人的身高计算标准体重，计算公式为：

$$标准体重（kg）＝身高（cm）－105$$

（2）计算体质指数（Body Mass Index，BMI）

计算公式为：

$$体质指数（kg/m^2）＝实际体重（kg）/身高的平方（m^2）$$

判断标准是：体质指数<18.5 为消瘦，18.5～23 为正常，23～25 为超重，25～30 为肥胖，>30 为极度肥胖。

（3）全日能量供给量的计算

根据体型与体力活动情况，查表（成年人全日每千克标准体重能量供给量表）计算并确定其能量供给量，计算公式为：

$$全日能量供给量（kcal）＝标准体重（kg）×单位标准体重能量需要量（kcal/kg）$$

5. 高温环境下作业人员配餐的方法是：

（1）合理搭配

合理搭配、精心烹调谷类、豆类及动物性食物，以补充优质蛋白质及 B 族维生素。

（2）多吃蔬菜

补充含无机盐尤其是钾盐和维生素丰富的蔬菜、水果和豆类，其中水果中的有机酸可刺激食欲并有利于食物胃内消化。

（3）注意补水和补盐

以汤作为补充水及无机盐的重要措施。由于含盐饮料通常不受欢迎，故水和盐的补充以汤的形式较好，菜汤、肉汤、鱼汤可交替选择，在餐前饮少量的汤还可增加食欲。对大量出汗人群，宜在两餐用膳之间补充一定量的含盐饮料。

6. 低温环境下作业人员配餐的方法是：

（1）补充充足的营养素

适当增加能量和脂肪的供给，蛋白质也要按供给量标准充分保证，为此，应增加肉类、蛋和奶的供应。此外，还应有充足的蔬菜，以保证抗坏血酸、胡萝卜素、钙和钾等的需要。膳食的配制中应注意增加肝脏和瘦猪肉的供应，以满足身体对于维生素A、硫胺素和核黄素的需要。

(2) 供应热食

在消化道内，食物的消化过程（包括酶的作用）适于在接近体温的温度中进行，故寒冷条件下进食过多凉饭菜会影响消化功能，而热食则有利于食物的消化、吸收。

7. 铅作业人员配餐方法是：

(1) 供给充足的维生素C。

(2) 补充优质的蛋白质。

(3) 增加各种维生素。

(4) 适当限制脂肪的摄入。

(5) 呈酸性食品与呈碱性食品交替使用。

8. 苯作业人员配餐方法是：

(1) 增加优质蛋白质的供给。

(2) 适当限制膳食脂肪的摄入。

(3) 补充维生素。

(4) 补充促进造血的有关营养素。

9. 噪声与振动环境下作业人员的配餐应注意：

(1) 适当增加能量和蛋白质的供给。

(2) 适当增加脂肪的摄入量。

(3) 增加各种维生素的摄入量。

10. (1) 1~2岁的幼儿，身体发育迅速，需要各种营养物质，但体内胃肠道功能还不够成熟，消化力不强，咀嚼能力也有限，故应增加餐次，供给富有营养的物质。

(2) 3~5岁的孩子活动能力加强，除了以上幼儿的原则外，食物分量要增加，并且逐步增加粗粮类食物，一部分以零食方式提供，如午睡后食用少量有营养的食物或汤水，注意培养良好而卫生的生活饮食习惯。

(3) 学龄儿童是指6~12岁的孩子，他们独立活动能力加强，可以接受成年人的大部分食物。

11. 预防镉中毒，镉作业人员的营养配餐应注意：

(1) 摄入充足的蛋白质，可减轻因氧化镉中毒而引起的红细胞、血红蛋白含量下降和低蛋白质血症。

(2) 脂肪摄入量不宜过高，因为膳食脂肪会增加镉的吸收。

（3）钙的摄入量每日不应低于 800 mg，因为高钙膳食对镉中毒有保护作用。同时，高钙能减轻慢性镉中毒所引起的体重增长缓慢、生长抑制、神经症候群症状、肾脏病变和精子功能降低等症状。

（4）在镉中毒过程中，肝肾中的金属硫蛋白与镉结合而耗竭，这是镉造成肝肾损害的重要原因。而摄入适量的锌则能促进金属硫蛋白的合成。

（5）摄入足量的抗坏血酸，可对镉的毒性产生拮抗作用。

12. 接触有机磷农药人员的营养配餐应注意：

（1）蛋白质摄入

有机磷农药在体内的氧化产物使其毒性增强，而分解产物则使毒性降低，蛋白质可影响有机磷农药的分解代谢，对于有机磷农药接触者每日的蛋白质供给量应不低于 90 g。

（2）抗坏血酸等维生素摄入

抗坏血酸使胱氨酸还原为半胱氨酸，有利于有机磷农药的代谢，降低其毒性，烟酸和叶酸对有机磷农药乐果的细胞毒性有防治效果。

13. 汞作业人员营养配餐的特点与原则：

（1）维生素 E

对甲基汞的毒性具有防御作用。花生油、芝麻油都含有丰富的维生素 E。

（2）硒

硒对于甲基汞中毒机体有保护作用，可减轻神经症状，还能减轻氯化汞引起的生长抑制，并对汞引起的肾脏损害有明显的防护作用。

（3）果胶

果胶能与汞结合，加速汞离子排出，降低血液中汞离子的浓度。含果胶丰富的有马铃薯、胡萝卜、萝卜、豌豆、刀豆、甜菜、青菜、柿子椒、橘子、金橘、柚子、草莓、苹果、梨、核桃、花生和栗子等。

（4）蛋白质

蛋白质中的含硫氨基酸能与汞结合成为稳定的化合物，从而防止汞对身体造成的损害。鸡蛋清蛋白、小麦面筋蛋白、大米蛋白含量尤为丰富。

14. 自妊娠第四个月起，保证充足的能量和各种营养素，以满足合成代谢的需要。

（1）保证优质蛋白质的供给。妊娠后期保持体重的正常增长，膳食中应增加鱼、肉、蛋等优质蛋白质的食物。

（2）确保无机盐和维生素的供给。含钙丰富的奶类食物，蔬菜、水果等富含无机盐、维生素、膳食纤维的食物。

（3）食物可口能增进食欲。

（4）食物容易消化，并注意做些有益的体力活动。

15. 为了保护母体和满足分泌乳汁的需要，必须满足乳母的各种营养需要。

（1）保证供给充足的优质蛋白质。

（2）多选择含钙丰富的食物。

（3）重视新鲜的蔬菜和水果。

（4）注意粗细粮的搭配及膳食的多样化。

（5）注意烹饪加工方法的选用，动物性食物宜煮或煨，少用油炸方法。

16. （1）限制能量的摄入，体重控制在标准体重范围内。

（2）适当增加优质蛋白质的摄入。

（3）控制脂肪的摄入量，全天不超过 40 g，动物油适量。

（4）注意粗细粮的搭配。

（5）控制食盐的摄入量，全天控制在 4～6 g。

（6）注意补充钙、磷等无机盐和各种维生素。

（7）增加膳食纤维的供给量。

五、综合题

1. 食谱设计的主要内容包括：

（1）了解与掌握本地区的食物资源。

（2）设计常用菜单

根据中式烹调师的技术水平和设备条件，列出所有能够制作的主食品种和菜肴名称，包括荤菜、素菜、热菜、凉菜、汤菜等，加以汇总，写出清单。

（3）确定食谱类型

食谱类型取决于就餐方式。就餐方式主要有包餐制和选购制。

（4）食物品种的选择与调整

选择食物应注意来源和品种的多样性，做到有主有副、有精有粗、有荤有素、有干有稀，保证人体的各种营养需要。

（5）食物用量的确定

食物品种选定后，在每日各餐中进行平衡调配，然后确定食物的用量。

（6）食谱的调整

一餐食谱一般选择一至两种动物性原料、一种豆制品、三至四种蔬菜、一至两种粮谷类食物。

（7）食谱的形成。

2. （1）主食品种和数量的确定

根据就餐人员全天能量的需求，碳水化合物的供给量应占总能量的 55％～65％，从而可计算出粮食的摄入量。并与三餐的能量分配基本保持一致，如早餐占 30％，午餐占 40％，晚餐占 30％。

（2）副食品种和数量的确定

1）计算主食中含有的蛋白质数量。

2）用应摄入的蛋白质总量减去主食中蛋白质的数量，即为副食应提供的蛋白质数量。

3）为保证膳食蛋白质供给的质量，副食蛋白质中 2/3 应由动物性食物供给，1/3 由面豆制品供给，据此可求出各自的蛋白质供给量。

4）查表并计算各类动物性食物及豆制品的供给量。

5）设计蔬菜的品种与数量。

核定各类食物用量后，就可以确定每日每餐的饭菜用量。

（3）膳食平衡

膳食平衡应包括主食与副食的平衡，酸碱平衡，荤与素的平衡，杂与精的平衡，食物冷与热的平衡，干与稀的平衡，食物寒、热、温、凉四性的平衡。

3. 高温环境下人体代谢的特点主要有：

（1）水及无机盐的丢失

人在高温环境下劳动和生活时，出汗量大，汗水中的无机盐主要是钠、钾等。

（2）水溶性维生素的丢失

高温环境下大量出汗也会引起维生素 B_1、维生素 B_2 和尼克酸等的丢失。

（3）可溶性含氮物的丢失

高温作业时汗液中的可溶性氮主要是氨基酸。此外，由于机体处于高温及失水状态，加速了组织蛋白质的分解，从而促使尿氮的排出。

（4）消化液分泌减少，消化功能下降

大量出汗引起的失水是消化液分泌减少的主要原因。出汗伴随的氯化钠丢失使体内的氯急剧减少，影响到盐酸的分泌。高温刺激下的体温调节中枢兴奋及伴随的摄水中枢兴奋也可引起摄食中枢抑制，其共同作用的结果是高温环境下机体消化功能减退及食欲下降。

（5）能量代谢增加

一方面高温引起机体基础代谢增加；另一方面机体在对高温进行应激即适应的过程中，大量出汗、心跳加快等体温调节，也可引起机体热能消耗的增加。

4. 铅作业人员的营养配餐应注意以下几点：

（1）供给充足的维生素 C

维生素 C 可在肠道内与铅形成溶解度较低的抗坏血酸铅盐，以减少肠道对铅的吸收。

（2）补充含硫氨基酸的优质蛋白质

蛋白质营养不良可降低机体的排铅能力，增加铅在体内的蓄积和机体对铅中毒的敏感性。

（3）补充保护神经系统并促进血红蛋白合成的营养素

例如，维生素 B_1、维生素 B_2 及叶酸。

（4）适当限制脂肪的摄入

为避免高脂肪膳食所导致的铅在小肠吸收的增加，脂肪的供给量不超过 25％。

（5）呈酸性食品与呈碱性食品交替使用

谷类、豆类和含蛋白质较多的呈酸性食品的摄入，有利于骨骼内钙的沉积。而含钙、镁、钾较多的蔬菜、水果和奶类等呈碱性食物的供给，有利于钙沉积于骨骼组织，以缓解铅的急性毒性。

5. 苯作业人员的营养配餐应注意以下几点：

（1）增加优质蛋白质的供给

有利于增强肝细胞的功能，进而提高机体对苯的解毒能力，而且优质蛋白质尤其是含硫氨基酸丰富的蛋白质可提供足够的胱氨酸以利于维持体内还原型谷胱甘肽的适宜水平，主要是由于部分苯可直接与还原型谷胱甘肽结合而解毒。

（2）适当限制膳食脂肪的供给

苯对脂肪的亲和力强，高脂肪摄入可增加苯在体内的蓄积，甚至导致体内苯排出速度的减缓，膳食脂肪供给量不宜超过总热量的 25％。

（3）补充维生素 C

苯进入体内后主要在肝细胞内进行生物转化，维生素 C 参与体内氧化还原过程，增加苯的代谢，所以苯作业人员在平衡膳食的基础上应适当增加维生素 C 的供给量。

（4）补充促进造血的有关营养素

苯对造血系统具有毒性，在苯中毒的预防和治疗时，要在平衡膳食的基础上适当补充铁、维生素 B_{12} 及叶酸，以促进血红蛋白的合成和红细胞的生成。

6. 肥胖症人群营养配餐的特点与原则：

（1）控制总能量摄入量，限制每天食物摄入的种类

减少能量必须以保证人体能从事正常的活动为原则，否则会影响正常活动，甚至会对机体造成损害。

（2）控制常量营养素的供给比

蛋白质占全天总能量的 25％，脂肪为 10％，碳水化合物为 65％。因此，在选择食物种类时，应多吃瘦肉、奶、水果、蔬菜和谷类食物，少吃肥肉等油脂含量高的食物，一日三餐

食物总摄入量应控制在 500 g 以内。为防止饥饿感，可吃纤维含量高的食品或市场上出售的纤维食品。

（3）减少食物摄入量和种类

应注意保证蛋白质、维生素、无机盐和微量元素的摄入量达到推荐供给标准，以便满足机体正常生理需要。

同时，为了达到减肥目的，建议改掉不良的饮食习惯，如暴饮暴食、吃零食、偏食等，坚持适度的体力活动。只要持之以恒、长期坚持，定能收到良好效果。

7. 糖尿病人群营养配餐的特点与原则：

（1）合理控制总能量

控制能量摄入量是糖尿病营养治疗的原则，因此，合理摄入能量使之达到或维持体重在理想范围之内。

（2）碳水化合物

碳水化合物最好选用吸收较慢的多糖（如玉米、荞麦、燕麦、红薯等），也可选用米、面等谷类，以及含单糖与双糖的食物（如蜂蜜、蜜饯、蔗糖等），精制糖应忌用。不同种类含等量碳水化合物的食物进入体内所引起血糖不同，这可以用血糖指数来反映。在常用主食中，面食的血糖指数和吸收比率比米饭低，而粗粮和豆类又低于米面，故糖尿病病人应多选用低血糖指数的食物。

（3）控制脂肪和胆固醇的摄入

每日脂肪供给量的比例应不高于 30%，要选用含不饱和脂肪酸的植物油，限制动物脂肪酸的摄入，每日胆固醇摄入量在 300 mg 以下。

（4）选用优质蛋白质

蛋白质供给量占总能量的 15%～20%，或成人 1.2～1.5 g/千克体重·日，优质蛋白质应占蛋白质总量的 1/3 以上，多选用大豆制品、鱼、禽、瘦肉等食物。

（5）维生素和无机盐的供给

由于膳食受到一定限制，所以容易导致上述营养素的缺乏。与糖尿病关系最为密切的是B族维生素，它可改善神经症状。其次是维生素 C，可改善微血管循环。

补充钾、钠、镁等无机盐是为了维持体内电解质平衡，防止或纠正电解质紊乱。在无机盐中，铬、锌、钙尤为重要，因为三价铬是葡萄糖耐量因子的组成部分，而锌是胰岛素的组成部分，补钙可防止骨质疏松。

8. 高血压人群营养配餐的特点与原则：

（1）多食用能保护血管和有降血压、降血脂作用的食物

多食用能保护血管和有降血压、降血脂作用的食物有助于降低血压，降血压食物主要有

芹菜、胡萝卜、番茄、荸荠、黄瓜、木耳、海带、香蕉等；降血脂食物有山楂、大蒜、洋葱以及香菇、平菇、蘑菇、黑木耳、银耳、蕈类等。

（2）多选用高钾低钠的食物

高钾低钠的食物有豆类、玉米、腐竹、马铃薯、芋头、竹笋、荸荠、苋菜、冬菇、花生、杏仁等。

（3）多食用富含钙的食物

富含钙的食物有奶与奶制品、豆类及其制品、鱼、虾等。

（4）富含维生素的新鲜蔬菜、水果

富含维生素的新鲜蔬菜、水果有油菜、小白菜、芹菜、莴笋、柑橘、大枣、猕猴桃、苹果等。

（5）限制能量过高食物

尤其是动物油脂或油炸食物。

（6）限制所有过咸食物

过咸食物如咸菜、咸鱼、咸肉等。

（7）限制酒、咖啡以及辛辣等刺激性食物

9. 高脂血症人群营养配餐的特点与原则：

（1）严格控制胆固醇摄入

每日胆固醇摄入量控制在 200 mg 以下。

（2）严格控制脂肪摄入

尤其限制动物性脂肪，适当增加植物油，多选用富含不饱和脂肪酸的深海鱼类。

（3）碳水化合物的控制

对一般高脂血症病人的总能量和碳水化合物可不必限制，但若合并有肥胖症时，必须控制其碳水化合物的供给量。

（4）多摄取富含膳食纤维的植物性食物

例如，芹菜、韭菜、油菜、各种粗粮等。

（5）多选用富含奶与奶制品、豆类及其制品。

10. （1）标准体重＝165－105＝60（kg）。

（2）体质指数＝58/(1.65²)＝21.3（kg/m²），属于正常体重。

（3）查表，正常体重、轻体力活动者单位标准体重能量供给量为 30 kcal/kg，因此，总能量＝60×0.126＝7.56（MJ）。

即该成年女性每日能量需要量为 7.56 MJ。

11. 三餐能量的分配占全天总能量的百分比分别为早餐 30%，午餐 40%，晚餐 30%。

产热营养素占总能量的比例为蛋白质 10%～15%，脂肪 20%～30%，碳水化合物 55%～65%。

早餐的能量	7.56 MJ×30%＝2.27（MJ）
早餐中的蛋白质	2.27 MJ×12%＝0.27（MJ）
脂肪	2.27 MJ×25%＝0.57（MJ）
碳水化合物	2.27 MJ×63%＝1.43（MJ）

即该成年女性早餐中蛋白质、脂肪和碳水化合物提供的能量分别为 0.27 MJ、0.57 MJ 和 1.43 MJ。

第八章 宴会主理

考核要点

理论知识考核范围	考核要点	重要程度
宴会菜品生产的组织实施	1. 宴会菜品生产的特点	掌握
	2. 宴会菜品生产过程	掌握
	3. 宴会菜品生产设计的要求	掌握
	4. 目标性要求的含义	掌握
	5. 集合性要求的含义	掌握
	6. 协调性要求的含义	掌握
	7. 平行性要求的含义	掌握
	8. 标准性要求的含义	掌握
	9. 节奏性要求的含义	掌握
	10. 宴会菜品生产工艺设计的方法	掌握
	11. 标准菜谱设计法	掌握
	12. 标量式设计法	掌握
	13. 工艺流程卡设计法	掌握
	14. 工艺工序卡设计法	掌握
	15. 表格式设计法	掌握
	16. 宴会菜品生产实施方案的定义	掌握
	17. 宴会菜品生产实施方案的内容	掌握
	18. 影响宴会菜品生产的客观因素	熟悉
	19. 影响宴会菜品生产的主观因素	熟悉
	20. 宴会菜品生产的调控方法	了解
	21. 宴会菜品生产实施方案的编制步骤	掌握
	22. 宴会菜品生产的组织实施步骤	掌握
宴会服务的组织实施	1. 宴会服务的特点	掌握
	2. 宴会服务的作用	掌握
	3. 宴会服务实施方案的定义	掌握
	4. 宴会服务实施方案的内容	掌握

理论知识考核范围	考核要点	重要程度
宴会服务的组织实施	5. 宴会服务人员分工计划的内容	掌握
	6. 宴会场景的布置与物品计划的内容	掌握
	7. 开宴前检查工作计划的内容	掌握
	8. 宴会现场指挥管理计划的内容	掌握
	9. 宴会服务实施方案的编制步骤	掌握
	10. 宴会服务的组织实施步骤	掌握

辅导练习题

一、判断题（下列判断正确的请在括号内打"√"，错误的请在括号内打"×"）

1. 宴会菜品生产方式具有预约的特点。　　　　　　　　　　　　　　（　　）

2. 宴会菜品生产都是按照即时的宴会任务要求来组织的。　　　　　　（　　）

3. 宴会菜品生产过程具有连续化的特点。　　　　　　　　　　　　　（　　）

4. 宴会菜品生产是否连续由厨师长决定。　　　　　　　　　　　　　（　　）

5. 一个宴会的菜品生产内容是无重复性的。　　　　　　　　　　　　（　　）

6. 宴会菜品不可以进行批量化生产。　　　　　　　　　　　　　　　（　　）

7. 在饭店宴会经营中，虽然预订的宴会档次相同，但宴会菜品组合一定是不相同的。

　　　　　　　　　　　　　　　　　　　　　　　　　　　　　　（　　）

8. 宴会菜品生产过程就是将生产出来的菜品输送出去的过程。　　　　（　　）

9. 宴会菜品生产过程的第一阶段是制订生产计划阶段。　　　　　　　（　　）

10. 宴会菜品烹饪原料准备是在菜品生产加工过程中进行的。　　　　（　　）

11. 辅助加工阶段是指为基本加工和烹调加工提供净料的各种预加工过程。（　　）

12. 基本加工阶段是指将经过辅助加工的烹饪原料变为半成品的过程。（　　）

13. 成品输出阶段是宴会菜品生产过程的最后一个阶段。　　　　　　（　　）

14. 宴会菜品成品输出贯穿于宴会运转过程。　　　　　　　　　　　（　　）

15. 宴会菜品生产过程的各阶段及工序之间是各自独立的。　　　　　（　　）

16. 协调性是宴会菜品生产设计的首要要求。　　　　　　　　　　　（　　）

17. 目标性是指宴会菜品生产过程、生产工艺组成及其运转所要达到的阶段成果和总目标。　　　　　　　　　　　　　　　　　　　　　　　　　　　　（　　）

18. 宴会菜品生产目标是由一系列相互联系、相互制约的技术经济指标组成的。（　　）

19. 集合性是指为达到宴会生产目标要求应如何集中组织菜品生产的过程。　　（　　）

20. 协调性是指宴会菜品生产的各部门、各工艺阶段之间的联系和作用关系。　（　　）

21. 实现平行性要求与缩短宴会菜品生产时间、提高生产效率无关。　　　　（　　）

22. 标准性是保持宴会菜品生产质量一贯性的关键要求。　　　　　　　　　（　　）

23. 宴会生产过程的节奏性是指在一定的时间限度内，有序地、有间隔地输出宴会菜品。　　　　　　　　　　　　　　　　　　　　　　　　　　　　　　　（　　）

24. 宴会菜品输出的节奏性取决于生产的节奏性。　　　　　　　　　　　　（　　）

25. 宴会标准菜谱是关于制作菜品的一系列说明的集合。　　　　　　　　　（　　）

26. 宴会标准菜谱例份的量是以用餐总人数来确定的。　　　　　　　　　　（　　）

27. 宴会标准菜谱有利于规范厨师的操作。　　　　　　　　　　　　　　　（　　）

28. 宴会标准菜谱有利于控制生产过程。　　　　　　　　　　　　　　　　（　　）

29. 宴会标准菜谱有利于降低菜品生产成本。　　　　　　　　　　　　　　（　　）

30. 宴会标准菜谱有利于控制菜品质量。　　　　　　　　　　　　　　　　（　　）

31. 标量式设计法是在宴会标准菜谱基础上的细化。　　　　　　　　　　　（　　）

32. 标量式设计法有利于提高厨师的操作技术水平。　　　　　　　　　　　（　　）

33. 标量式设计法有利于控制宴会菜品规格。　　　　　　　　　　　　　　（　　）

34. 工艺流程卡是以图示和文字说明的形式反映宴会菜品制作程序的设计方法。（　　）

35. 工艺流程卡与标量法的区别在于是否用图示反映宴会菜品工艺流程。　　（　　）

36. 用图示反映宴会菜品工艺流程时，加工工序的衔接和转换要示意清楚。　（　　）

37. 宴会菜品工艺工序卡是按照生产工序编制的。　　　　　　　　　　　　（　　）

38. 宴会菜品工艺流程卡与工艺工序卡的设计内容是相同的。　　　　　　　（　　）

39. 应用工艺工序卡的目的在于提高厨师操作菜品的熟练性。　　　　　　　（　　）

40. 表格式是用表格形式反映宴会菜品项目内容的一种设计方法。　　　　　（　　）

41. 采用表格式设计宴会菜品没有排列顺序的要求。　　　　　　　　　　　（　　）

42. 宴会菜品生产实施方案是根据宴会生产任务的目标要求编制的。　　　　（　　）

43. 宴会菜品生产实施方案能保证宴会活动按照既定的目标状态有效运行。　（　　）

44. 宴会菜品生产实施方案是用于指导和规范宴会服务活动的技术文件。　　（　　）

45. 宴会菜品生产实施方案编制完成后要进行宴会菜单设计。　　　　　　　（　　）

46. 宴会菜品用料单一般是按照实际需要量填写的。　　　　　　　　　　　（　　）

47. 宴会原材料订购计划单是在菜品用料单的基础上填报的。　　　　　　　（　　）

48. 原材料订购计划单上填写的烹饪原料都是净料。　　　　　　　　　　　（　　）

49. 原材料订购计划单上填写的原料数量是不乘以保险系数的。　　　　　　（　　）

50. 一般情况下，原材料订购计划单上原材料质量要求一栏无须填写。（　　）

51. 宴会菜品原料的供货时间都是以口头方式告知采供部的。（　　）

52. 宴会生产分工与完成时间计划是宴会菜品生产实施方案中的重要内容。（　　）

53. 拟订宴会生产分工与完成时间计划要结合宴会生产的实际情况来考虑。（　　）

54. 宴会菜品生产工序移动的方式虽有不同，但完成生产的时间要求是相同的。（　　）

55. 生产设备与餐具使用计划要根据不同宴会任务的生产要求和菜品特点制订。（　　）

56. 宴会任务的难易是影响宴会生产的主观因素。（　　）

57. 生产人员的责任意识、工作态度是影响宴会生产的主观因素。（　　）

58. 在执行宴会菜品生产实施方案过程中有无现场督导不影响实施结果。（　　）

59. 宴会服务就是服务员为顾客饮宴时提供的服务。（　　）

60. 宴会服务具有系统化的特点。（　　）

61. 一个服务环节的脱节或不到位对整个宴会的正常运转没有影响。（　　）

62. 程序化是宴会服务的特点之一。（　　）

63. 宴会服务的各项工作是按照一定程序运行的。（　　）

64. 宴会服务具有标准化的特点。（　　）

65. 标准化的服务程序和操作规范是宴会服务人员必须遵守的工作准则。（　　）

66. 宴会服务以人为中心，因此特别强调标准化。（　　）

67. 宴会服务质量直接反映宴会的规格。（　　）

68. 宴会规格虽有不同，但宴会厅布局、摆台、席间服务的要求是相同的。（　　）

69. 高质量的服务就是指便宴也能享受高规格服务。（　　）

70. 宴会服务质量的高低不影响宴会顾客的进餐情绪。（　　）

71. 宴会气氛是宴会举办者精心营造的结果。（　　）

72. 宴会服务的成败决定宴会经营的成效。（　　）

73. 一次令顾客满意的宴会服务，就是一次成功的宴会营销。（　　）

74. 宴会服务质量的高低直接影响饭店的声誉。（　　）

75. 虽然宴会服务质量低劣，但可以通过高质量宴会菜品提升饭店的声誉和形象。（　　）

76. 宴会服务实施方案能保证宴会服务活动按照既定的目标状态有效运行。（　　）

77. 宴会服务实施方案是用于指导和规范宴会生产活动的技术文件。（　　）

78. 宴会服务实施方案是为完成宴会服务目标任务而制订的。（　　）

79. 服务人员分工计划是宴会服务实施方案的重要组成部分。（　　）

80. 大型宴会各岗位服务人员分工要结合每个服务人员的特长来进行。（　　）

81. 为贵宾席、主宾席服务的服务员，外貌比业务水平更为重要。　　　　（　　）

82. 大型中餐宴会一般采用随机方法分配服务人员。　　　　　　　　　（　　）

83. 大型中餐宴会主宾区桌席的走菜服务员要多于盯桌服务员。　　　　（　　）

84. 大型中餐宴会服务一般设现场指挥和各区负责人。　　　　　　　　（　　）

85. 大型宴会一定要按区明确负责宴会结账的服务人员。　　　　　　　（　　）

86. 宴会场景布置一定要反映出宴会的特点。　　　　　　　　　　　　（　　）

87. 多桌宴会厅桌子之间的距离要求不得小于 1 m。　　　　　　　　　（　　）

88. 一般来说，宴会备用餐具不应低于需要数量的 20％。　　　　　　　（　　）

89. 整形上席的水果一般为两个品种，每个品种按每位顾客 250 g 计算数量。（　　）

90. 大型宴会一般在正式开始时上冷菜。　　　　　　　　　　　　　　（　　）

91. 开宴前的检查工作是宴会组织实施的关键环节，能够消除隐患，降低事故发生率，保证宴会顺利进行。　　　　　　　　　　　　　　　　　　　　　（　　）

92. 开宴前人员到位检查就是查服务员仪容仪表是否符合要求。　　　　（　　）

93. 个人卫生是开宴前卫生检查的主要内容。　　　　　　　　　　　　（　　）

94. 加强宴会现场管理能及时解决宴会运行过程中出现的新情况、新问题。（　　）

95. 宴会现场指挥一般由餐饮部经理或行政总厨担任。　　　　　　　　（　　）

96. 宴会现场指挥的主要工作是巡视宴会厅。　　　　　　　　　　　　（　　）

97. 保证同步用餐是大型宴会节奏调控的重点。　　　　　　　　　　　（　　）

98. 结账工作是宴会结束工作的重要内容之一。　　　　　　　　　　　（　　）

99. 在宴会进行中发生的令人不愉快的场面，宴会结束后要主动再次向顾客道歉，求得顾客的谅解。　　　　　　　　　　　　　　　　　　　　　　　（　　）

100. 宴会结束后，应认真做好宴会的建档立卷工作。　　　　　　　　（　　）

二、单项选择题（下列每题有 4 个选项，其中只有 1 个是正确的，请将其代号填写在横线空白处）

1. 宴会菜品生产方式的特点是_____。

　　A. 预约式　　　　　　　　　　　B. 即时式

　　C. 自主式　　　　　　　　　　　D. 自然式

2. 宴会菜品生产过程的特点是_____。

　　A. 智能化　　　　　　　　　　　B. 个性化

　　C. 连续化　　　　　　　　　　　D. 阶段性

3. 宴会菜品生产是在规定的_____连续且有序地将所有菜品生产出来。

　　A. 原料中　　　　　　　　　　　B. 时限内

    C. 成本内　　　　　　　　　　D. 风味内

4. 宴会菜品生产的连续性是和_____的规定性密不可分的。

    A. 菜品原料　　　　　　　　　B. 烹调方法

    C. 菜品造型　　　　　　　　　D. 饮宴习惯

5. 宴会无论规模大小，其菜品之间是_____。

    A. 没有联系的　　　　　　　　B. 味型一致的

    C. 可以重复的　　　　　　　　D. 没有重复的

6. 与零点菜品生产松散性不同，宴会菜品可以实行_____。

    A. 标准化生产　　　　　　　　B. 智能化生产

    C. 批量化生产　　　　　　　　D. 机械化生产

7. 宴会菜品生产过程开始于_____。

    A. 准备烹饪原料　　　　　　　B. 辅助加工

    C. 制订生产计划　　　　　　　D. 基本加工

8. 制订生产计划属于宴会菜品生产过程的_____。

    A. 第一阶段　　　　　　　　　B. 第二阶段

    C. 第三阶段　　　　　　　　　D. 第四阶段

9. 准备烹饪原料属于宴会菜品生产过程的_____。

    A. 第一阶段　　　　　　　　　B. 第二阶段

    C. 第三阶段　　　　　　　　　D. 第四阶段

10. 为基本加工和烹调加工提供净料的初加工过程属于_____。

    A. 辅助加工阶段　　　　　　　B. 基本加工阶段

    C. 烹调加工阶段　　　　　　　D. 成形加工阶段

11. 下列选项中，属于辅助加工的是_____。

    A. 配菜加工　　　　　　　　　B. 冷菜拼摆

    C. 热菜烹制　　　　　　　　　D. 干料涨发

12. 将烹饪原料加工成半成品的过程属于_____。

    A. 辅助加工阶段　　　　　　　B. 烹调加工阶段

    C. 基本加工阶段　　　　　　　D. 菜品输出阶段

13. 将半成品制熟并调味成可食菜品的过程属于_____。

    A. 辅助加工阶段　　　　　　　B. 基本加工阶段

    C. 烹调加工阶段　　　　　　　D. 菜品输出阶段

14. 宴会菜品生产过程的最后阶段是_____。

A. 准备烹饪原料　　　　　　　　　B. 菜品成形加工

C. 菜品盛装加工　　　　　　　　　D. 菜品成品输出

15. 宴会菜品成品输出贯穿于_____。

　　A. 生产过程　　　　　　　　　　B. 宴会进程

　　C. 酒水饮用　　　　　　　　　　D. 菜品质量

16. 宴会菜品生产过程的各个阶段是_____。

　　A. 紧密联系的　　　　　　　　　B. 完全独立的

　　C. 没有区别的　　　　　　　　　D. 不分顺序的

17. 宴会菜品生产设计的首要要求是_____。

　　A. 目标性　　　　　　　　　　　B. 协调性

　　C. 平行性　　　　　　　　　　　D. 顺序性

18. 宴会菜品生产目标是由一系列相互联系、相互制约的_____和经济指标组成的。

　　A. 成本指标　　　　　　　　　　B. 技术指标

　　C. 质量指标　　　　　　　　　　D. 利润指标

19. 为达到宴会生产的目标要求，合理组织菜品生产过程，体现的是_____。

　　A. 平行性要求　　　　　　　　　B. 协调性要求

　　C. 集合性要求　　　　　　　　　D. 标准性要求

20. 规定宴会菜品生产各部门、各工艺阶段之间的联系和作用关系的是_____。

　　A. 平行性要求　　　　　　　　　B. 标准性要求

　　C. 集合性要求　　　　　　　　　D. 协调性要求

21. 宴会菜品按统一标准进行生产，可以保证稳定的_____。

　　A. 原料质量　　　　　　　　　　B. 配菜质量

　　C. 烹调质量　　　　　　　　　　D. 菜品质量

22. 在一定时间限度内，有序、有间隔地输出宴会菜品产品，体现的是_____。

　　A. 集合性要求　　　　　　　　　B. 节奏性要求

　　C. 有序性要求　　　　　　　　　D. 平行性要求

23. 决定宴会菜品输出节奏的是_____。

　　A. 顾客的饮宴节奏　　　　　　　B. 菜品的生产速度

　　C. 菜品的上席节奏　　　　　　　D. 席间的服务节奏

24. 反映制作宴会菜品一系列说明集合的是_____。

　　A. 原料种类　　　　　　　　　　B. 加工方法

　　C. 标准菜谱　　　　　　　　　　D. 制作程序

25. 宴会标准菜谱中使用的概念和专业术语要_____。
    A. 确切一致　　　　　　　　　B. 有学术性
    C. 有通用性　　　　　　　　　D. 有地区性

26. 宴会标准菜谱中的原料数量要_____。
    A. 以克（g）为单位　　　　　　B. 以容器计重
    C. 定量化　　　　　　　　　　D. 适量化

27. 编写宴会标准菜谱时，菜品制作过程不能颠倒加工的_____。
    A. 工艺特点　　　　　　　　　B. 重要性
    C. 时间跨度　　　　　　　　　D. 先后顺序

28. 作为例份的宴会标准菜谱，确定其量的基本单位是_____。
    A. 一席人　　　　　　　　　　B. 10 人
    C. 用餐总人数　　　　　　　　D. 随机方法

29. 列出宴会每种菜肴或点心名称、用料配方的宴会菜品生产工艺设计方法是
_____。
    A. 标准菜谱式　　　　　　　　B. 标量式
    C. 工艺流程卡　　　　　　　　D. 工艺工序卡

30. 对宴会菜品操作要求熟练掌握的厨师，采用_____设计菜品更简便适用。
    A. 标量式　　　　　　　　　　B. 标准菜谱式
    C. 工艺工序卡　　　　　　　　D. 工艺流程卡

31. 在标量法的基础上，以图示和文字说明形式反映菜品加工过程的设计方法是
_____。
    A. 标准菜谱式　　　　　　　　B. 表格式
    C. 工艺流程卡　　　　　　　　D. 工艺工序卡

32. 工艺流程卡是以_____形式反映宴会菜品加工环节的设计方法。
    A. 表格　　　　　　　　　　　B. 图示
    C. 文字说明　　　　　　　　　D. 图示和文字说明

33. 工艺流程卡区别于标量法的是前者有反映宴会菜品的_____。
    A. 工艺流程图　　　　　　　　B. 原料名称
    C. 原料数量　　　　　　　　　D. 配菜比例

34. 用图示反映宴会菜品工艺流程时，加工工序的_____要清晰有序。
    A. 衔接和转换　　　　　　　　B. 文字说明
    C. 操作规程　　　　　　　　　D. 技术关键

35. 工艺流程卡中关于加工工序的文字描述要_____。

A. 详尽缜密　　　　　　　　B. 简洁明了

C. 通顺流畅　　　　　　　　D. 文辞优美

36. 工艺工序卡是按照菜品_____的详细操作内容编制而成的。

A. 加工阶段　　　　　　　　B. 加工工序

C. 加工方法　　　　　　　　D. 加工规格

37. 工艺工序卡与工艺流程卡的区别是前者对宴会菜品操作内容的描述_____。

A. 更专业　　　　　　　　　B. 更易懂

C. 更简略　　　　　　　　　D. 更详细

38. 将宴会菜品内容按项目编制成表格形式的设计方法是_____。

A. 工艺工序卡　　　　　　　B. 标量式

C. 工艺流程卡　　　　　　　D. 表格式

39. 根据宴会生产任务的目标要求编制的是宴会_____实施方案。

A. 预订销售　　　　　　　　B. 生产和服务

C. 菜品生产　　　　　　　　D. 餐厅服务

40. 宴会菜品生产实施方案能保证宴会生产按照既定的_____有效运行。

A. 成本目标　　　　　　　　B. 利润目标

C. 目标状态　　　　　　　　D. 技术指标

41. 宴会菜品生产实施方案是在_____设计完成后编制的。

A. 宴会菜单　　　　　　　　B. 服务方案

C. 宴会方案　　　　　　　　D. 生产工艺

42. 宴会菜品用料单一般是按照_____填写的。

A. 设计需要量　　　　　　　B. 实际需要量

C. 毛料量　　　　　　　　　D. 损耗量

43. 宴会原材料订购计划单是在_____的基础上填报的。

A. 市场调研　　　　　　　　B. 餐具使用计划

C. 菜品用料单　　　　　　　D. 人员分工计划

44. 原材料订购计划单上填写的烹饪原料指的是_____。

A. 已成形的半成品　　　　　B. 已经加工的净料

C. 未经加工的毛料　　　　　D. 市场原料实际状况

45. 宴会生产人员的_____应服从宴会生产任务的需要。

A. 配置和分工　　　　　　　B. 技术职务

C. 技术进步　　　　　　　　　　D. 技术特长

46. 宴会生产分工与完成时间计划要结合菜品_____的特点来考虑。

A. 制熟加工程度　　　　　　　　B. 实行平行移动

C. 实行顺序移动　　　　　　　　D. 生产工序移动

47. 要根据不同宴会任务的生产要求和_____来制订生产设备与餐具使用计划。

A. 菜品造型　　　　　　　　　　B. 菜品特点

C. 生产规模　　　　　　　　　　D. 落实情况

48. 影响宴会生产的客观因素有菜品原料、_____、生产任务的轻重难易等。

A. 工作态度　　　　　　　　　　B. 主人翁意识

C. 生产设备　　　　　　　　　　D. 主观能动性

49. 生产人员的责任意识、工作态度及_____是影响宴会生产的主观因素。

A. 技术构成　　　　　　　　　　B. 主观能动性

C. 原料供应　　　　　　　　　　D. 设备设施

50. 为防止和消除宴会生产过程中出现的问题，应加强对宴会生产的_____。

A. 检查　　　　　　　　　　　　B. 督导

C. 调控　　　　　　　　　　　　D. 指挥

51. 广义上的宴会服务不仅有就餐中的服务，还包括问询、预订、筹办、组织实施、反馈信息等，这说明宴会服务具有_____的特点。

A. 系统化　　　　　　　　　　　B. 程序化

C. 标准化　　　　　　　　　　　D. 人性化

52. 宴会服务是按照一定顺序依次进行的，这说明宴会服务具有_____的特点。

A. 礼仪性　　　　　　　　　　　B. 规范化

C. 标准化　　　　　　　　　　　D. 程序化

53. 宴会斟酒的各个环节都讲究操作规范，这说明宴会服务具有_____的特点。

A. 礼仪性　　　　　　　　　　　B. 定性化

C. 程序化　　　　　　　　　　　D. 标准化

54. 宴会服务是以顾客为中心的服务艺术，因此特别强调_____。

A. 礼仪性　　　　　　　　　　　B. 程序化

C. 人性化　　　　　　　　　　　D. 社会化

55. 宴会服务规格的高低直接反映_____。

A. 服务的技能　　　　　　　　　B. 服务的态度

C. 宴会的规格　　　　　　　　　D. 宴会的规模

56. 营造温馨欢快的宴会氛围是和_____密不可分的。

 A. 服务员的态度   B. 是否微笑服务

 C. 菜品上席速度   D. 宴会服务质量

57. 宴会服务的成败决定_____的成效。

 A. 宴会经营   B. 宴会预订

 C. 宴会推销   D. 宴会策划

58. 一次完美的宴会服务，就是一次成功的_____的展示。

 A. 饭店管理   B. 饭店形象

 C. 服务技能   D. 服务质量

59. 为顺利完成宴会服务的目标任务，应该编制宴会服务_____。

 A. 实施方案   B. 标准菜谱

 C. 服务程序   D. 岗位职责

60. 大型宴会任务重、责任大，需要确定宴会_____，全面负责宴会工作。

 A. 迎宾员   B. 总指挥

 C. 服务员   D. 服务领班

61. 大型宴会各服务区域的_____要有丰富的工作经验和处理突发事件的能力。

 A. 服务员   B. 传菜员

 C. 值台员   D. 负责人

62. 参加宴会服务的工作人员要掌握熟练的宴会_____。

 A. 斟酒技巧   B. 摆台技能

 C. 服务技能   D. 外语会话

63. 开宴前的准备是为确保宴会准时、高效、优质地开展而做的_____工作。

 A. 形式化   B. 礼仪性

 C. 务虚性   D. 基础性

64. 属于大型宴会前服务准备工作的是_____。

 A. 台型布置   B. 上菜服务

 C. 分菜服务   D. 斟酒服务

65. 宴会餐桌之间的距离要求在_____m以上。

 A. 0.5   B. 1

 C. 2   D. 3

66. 大型中式宴会餐桌不放席次卡的是_____。

 A. 副桌   B. 主桌

C. 圆桌　　　　　　　　　　　　D. 条桌

67. 大型中式宴会台型布置与宾客座位图要放在_____的醒目位置。

    A. 饭店大堂入口处　　　　　　B. 宴会厅通道

    C. 宴会厅入口处　　　　　　　D. 宴会厅内

68. 宴会服务所用小件餐具的数量是一桌的数量乘以桌数再加_____。

    A. 每客使用量　　　　　　　　B. 增加客数量

    C. 损坏量　　　　　　　　　　D. 备用量

69. 一般来说，宴会备用餐具不应低于需要数量的_____。

    A. 15%　　　　　　　　　　　B. 20%

    C. 25%　　　　　　　　　　　D. 30%

70. 服务员领取每桌的酒品饮料，一般是在宴会开始_____min。

    A. 前10　　　　　　　　　　　B. 前30

    C. 后10　　　　　　　　　　　D. 后30

71. 整形上席的水果其品种数一般为_____个。

    A. 4　　　　　　　　　　　　　B. 3

    C. 2　　　　　　　　　　　　　D. 1

72. 整形上席的水果一般为两个品种，每个品种按每位顾客_____g计算数量。

    A. 125　　　　　　　　　　　B. 200

    C. 250　　　　　　　　　　　D. 300

73. 大型宴会一般在正式开始前15～30 min _____。

    A. 摆好冷菜　　　　　　　　　B. 摆好台型

    C. 领取餐具　　　　　　　　　D. 清洗餐具

74. 担任大中型宴会现场指挥的，一般是餐饮部经理或_____。

    A. 饭店总经理　　　　　　　　B. 宴会部经理

    C. 行政总厨　　　　　　　　　D. 餐厅领班

75. 宴会现场指挥人员对服务人员现场纠错时，应避免_____。

    A. 暗示　　　　　　　　　　　B. 提醒

    C. 长时间说教　　　　　　　　D. 以身示教

76. 宴会运行过程中，应加强调控宴会节奏和_____。

    A. 上菜品种　　　　　　　　　B. 上菜质量

    C. 上菜数量　　　　　　　　　D. 上菜速度

77. 为保证运转中的宴会有一个圆满的结局，要认真做好宴会_____。

A. 预订工作   B. 结束工作

C. 销售工作   D. 菜品生产

78. 宴会结账前应请_____核对确认。

    A. 宴会举办人   B. 饭店财务部

    C. 宴会部经理   D. 宴会厨师长

79. 大型宴会结束后，宴会部经理应主动征询_____对宴会的意见和评价。

    A. 预订部   B. 厨师长

    C. 销售部   D. 主办者

80. 宴会活动资料的建档立卷工作是在_____。

    A. 宴会开始前   B. 宴会过程中

    C. 宴会结束后   D. 宴会总结会前

三、多项选择题（下列每题有多个选项，至少有 2 个是正确的，请将其代号填写在横线空白处）

1. 宴会菜品生产过程是按照_____来组织生产的。

    A. 顾客事先的预订   B. 预订的设计

    C. 完成任务的时间   D. 松散型方式

    E. 厨师长负责制

2. 宴会结束工作的主要内容有_____。

    A. 结账   B. 征求宾客对宴会的意见

    C. 协调服务人员的分工   D. 清洗餐具和整理餐厅

    E. 做好宴会总结和档案立卷工作

3. 决定宴会菜品生产连续性的因素有_____。

    A. 原料供应模式   B. 宴会饮食习惯

    C. 菜品内容的不重复   D. 菜品的构成方式

    E. 菜品宜现做现食

4. 决定宴会菜品可以实行批量化生产的因素有_____。

    A. 宴会任务   B. 经营的实际需要

    C. 原料选用   D. 厨师的技术水平

    E. 加工方法

5. 宴会菜品生产的特点有_____。

    A. 即时性的生产预订   B. 预约式的生产方式

    C. 连续化的生产过程   D. 无重复的生产内容

E. 可批量化的生产任务

6. 下列符合宴会菜品生产过程含义的选项有_____。

A. 在接受宴会生产任务前　　　B. 从制订生产计划开始

C. 生产出所有宴会菜品　　　　D. 完成烹调与装盘加工

E. 将菜品输送上席为止

7. 下列属于宴会菜品生产不同阶段的选项有_____。

A. 烹饪原料准备阶段　　　　　B. 辅助加工阶段

C. 基本加工阶段　　　　　　　D. 烹调和装盘阶段

E. 菜品成品输出阶段

8. 在采购宴会菜品原料时，可以超前准备的原料有_____。

A. 可冷冻冷藏的原料　　　　　B. 活养时间较长的原料

C. 新鲜的蔬菜原料　　　　　　D. 新鲜的水果原料

E. 动植物干货原料

9. 下列属于菜品基本加工项目的有_____。

A. 干货原料涨发加工　　　　　B. 热菜的配菜加工

C. 点心的成形加工　　　　　　D. 冷菜的制熟调味加工

E. 鲜活原料的初加工

10. 下列属于宴会菜品生产设计要求的选项有_____。

A. 目标性要求　　　　　　　　B. 集合性要求

C. 协调性要求　　　　　　　　D. 标准性要求

E. 节奏性要求

11. 目标性是宴会菜品生产过程、生产工艺组成及其运转所要达到的_____。

A. 阶段成果　　　　　　　　　B. 总目标

C. 数量目标　　　　　　　　　D. 质量目标

E. 利润目标

12. 宴会菜品生产目标是由一系列相互联系、相互制约的_____组成的。

A. 产量指标　　　　　　　　　B. 质量指标

C. 技术指标　　　　　　　　　D. 经济指标

E. 成本指标

13. 下列属于宴会菜品生产目标的有_____。

A. 产量目标　　　　　　　　　B. 质量目标

C. 成本目标　　　　　　　　　D. 利润目标

E. 销售目标

14. 协调性要求宴会菜品生产部门及各工艺阶段、工序之间_____。

    A. 任务明确　　　　　　　　　B. 分工明确

    C. 责任明确　　　　　　　　　D. 衔接有序

    E. 相互合作

15. 实现宴会菜品生产平行性的要求，可以_____。

    A. 避免出现忙闲不均的现象　　B. 减少不必要的等待现象

    C. 缩短菜品生产时间　　　　　D. 降低生产工艺难度

    E. 提高生产效率

16. 宴会菜品按标准进行生产的好处有_____。

    A. 能够提高菜品生产的效率　　B. 有利于生产过程的管理

    C. 成本控制在规定的范围内　　D. 保证菜品质量的稳定性

    E. 可以降低厨师的薪酬水平

17. 宴会菜品生产的节奏性要求是指在一定的时间限度内，生产并输出宴会菜品产品要_____。

    A. 分主次　　　　　　　　　　B. 有序化

    C. 有间隔　　　　　　　　　　D. 有效率

    E. 不停顿

18. 宴会活动时间的长短、顾客用餐速度的快慢，规定和制约着_____。

    A. 原料准备的节奏性　　　　　B. 菜品生产的节奏性

    C. 菜品输出的节奏性　　　　　D. 菜品数量的增减

    E. 菜品质量的一贯性

19. 宴会菜品生产工艺的设计方法有_____。

    A. 标准菜谱式　　　　　　　　B. 工艺工序卡

    C. 工艺流程卡　　　　　　　　D. 标量式

    E. 表格式

20. 下列属于宴会标准菜谱内容的选项有_____。

    A. 菜品原料配方　　　　　　　B. 制作程序和方法

    C. 盛器规格和装盘形式　　　　D. 菜品的质量标准

    E. 菜品成本和售价

21. 设计宴会标准菜谱的注意事项有_____。

    A. 叙述要简明扼要　　　　　　B. 原料数量要准确

C. 制作程序明确无误　　　　　　D. 避免使用专业术语

E. 原料采购计划明确

22. 使用宴会标准菜谱的作用有_____。

A. 规范厨师操作　　　　　　　　B. 控制生产过程

C. 控制生产成本　　　　　　　　D. 保证菜品质量

E. 有利于科学管理

23. 采用标量式设计宴会菜品需要列出_____。

A. 菜品名称　　　　　　　　　　B. 用料配方

C. 生产厨房　　　　　　　　　　D. 制作人员

E. 菜品份数

24. 采用工艺流程卡设计宴会菜品需要_____。

A. 写出菜品名称　　　　　　　　B. 标明用料配方

C. 以图示反映加工环节　　　　　D. 列出注意事项

E. 标明质量特点

25. 下列选项中，属于宴会菜品生产实施方案内容的有_____。

A. 宴会菜品生产工艺设计书

B. 宴会菜品用料单

C. 原材料订购计划单

D. 宴会生产分工与完成时间计划

E. 生产设备与餐具的使用计划

26. 影响宴会生产的客观因素有_____。

A. 原料因素　　　　　　　　　　B. 设备条件

C. 质量意识　　　　　　　　　　D. 技术水平

E. 责任意识

27. 影响宴会生产的主观因素有_____。

A. 设备条件　　　　　　　　　　B. 技术水平

C. 责任意识　　　　　　　　　　D. 主观能动性

E. 工作态度

28. 宴会服务的特点有_____。

A. 系统化　　　　　　　　　　　B. 程序化

C. 标准化　　　　　　　　　　　D. 温馨感

E. 人性化

29. 宴会服务质量的高低影响到_____。

　　A. 菜品的质量　　　　　　　B. 宴会规格的高低

　　C. 宴会的气氛　　　　　　　D. 宴会经营的成效

　　E. 饭店的声誉

30. 下列选项中，属于大型宴会服务实施方案内容的有_____。

　　A. 台面用具准备计划　　　　B. 服务物品准备计划

　　C. 宴会场景布置计划　　　　D. 服务人员分工计划

　　E. 服务员的仪容仪表

31. 开宴前的检查工作计划的主要内容有_____。

　　A. 餐桌检查　　　　　　　　B. 服务员到位检查

　　C. 卫生检查　　　　　　　　D. 安全检查

　　E. 设备检查

32. 下列属于大型宴会场景布置内容的选项有_____。

　　A. 宴会厅背景布置　　　　　B. 主席台布置

　　C. 盆栽绿化布置　　　　　　D. 台型布置

　　E. 走菜路线设计

33. 开宴前对餐台进行检查的主要内容有_____。

　　A. 值台服务员着装及仪容仪表是否符合要求

　　B. 餐桌摆放是否符合宴会主办单位的要求

　　C. 摆台是否按本次宴会的规格要求完成

　　D. 每桌应有的备用餐具及棉织品是否齐全

　　E. 席次卡是否按规定放到指定的席位上

34. 开宴前的卫生检查内容有_____。

　　A. 个人卫生　　　　　　　　B. 餐用具卫生

　　C. 环境卫生　　　　　　　　D. 食品卫生

　　E. 原料卫生

35. 宴会现场指挥管理工作的重点有_____。

　　A. 巡视宴会厅加强现场调控　　B. 督导服务员按规程进行操作

　　C. 现场纠正不规范的服务行为　　D. 协调服务员之间的配合

　　E. 及时处置突发事件

四、简答题

1. 简述宴会菜品生产的特点。

2. 简述宴会菜品生产过程各阶段的基本任务。

3. 简述宴会菜品生产设计的基本要求。

4. 简述宴会标准菜谱设计的注意事项。

5. 简述宴会菜品工艺流程卡的设计要求。

6. 简述宴会菜品生产实施方案的基本构成。

7. 简述填写宴会原材料订购计划单的注意事项。

8. 简述宴会菜品生产实施方案的编制步骤。

9. 简述宴会菜品生产的组织实施步骤。

10. 简述宴会服务的特点。

11. 简述宴会服务的作用。

12. 简述宴会菜品服务实施方案的基本构成。

13. 简述宴会场景与物品准备计划的基本内容。

14. 简述宴会前检查工作的基本内容。

15. 简述宴会服务实施方案的编制步骤。

16. 简述宴会服务的组织实施步骤。

五、综合题

1. 简论宴会菜品生产的特点及生产过程。

2. 简论宴会菜品生产的设计要求。

3. 简论宴会菜品生产工艺设计方法的基本特点。

4. 简论宴会标准菜谱设计的注意事项。

5. 简论宴会菜品生产实施方案的基本内容。

6. 简论宴会服务的特点及作用。

7. 简论宴会菜品服务实施方案的基本内容。

8. 简论宴会现场指挥管理工作的基本职能。

参考答案

一、判断题

1. √ 2. × 3. √ 4. × 5. √ 6. × 7. × 8. × 9. √

10. × 11. √ 12. √ 13. √ 14. √ 15. × 16. × 17. √ 18. √

19. × 20. √ 21. × 22. √ 23. √ 24. × 25. √ 26. × 27. √

28. √ 29. √ 30. √ 31. × 32. × 33. √ 34. √ 35. × 36. √

37. √ 38. × 39. × 40. √ 41. × 42. √ 43. × 44. × 45. ×
46. √ 47. √ 48. × 49. × 50. × 51. × 52. √ 53. √ 54. ×
55. √ 56. × 57. √ 58. × 59. × 60. √ 61. × 62. √ 63. √
64. √ 65. √ 66. × 67. √ 68. × 69. × 70. √ 71. × 72. √
73. √ 74. √ 75. × 76. √ 77. × 78. √ 79. √ 80. √ 81. ×
82. × 83. × 84. √ 85. × 86. √ 87. × 88. √ 89. × 90. ×
91. √ 92. × 93. √ 94. √ 95. × 96. × 97. √ 98. √ 99. √
100. √

二、单项选择题

1. A   2. C   3. B   4. D   5. D   6. C   7. C   8. A   9. B
10. A 11. D 12. C 13. C 14. D 15. B 16. A 17. A 18. B
19. C 20. D 21. D 22. B 23. A 24. C 25. A 26. C 27. D
28. B 29. B 30. A 31. C 32. D 33. A 34. A 35. B 36. B
37. D 38. D 39. C 40. C 41. A 42. B 43. C 44. D 45. A
46. D 47. B 48. C 49. B 50. C 51. A 52. D 53. D 54. C
55. C 56. D 57. A 58. B 59. B 60. B 61. D 62. B 63. D
64. A 65. C 66. B 67. C 68. D 69. B 70. B 71. C 72. A
73. A 74. B 75. C 76. D 77. B 78. A 79. D 80. C

三、多项选择题

1. ABC   2. ABDE   3. BDE   4. AB   5. BCDE
6. BCE   7. ABCDE   8. ABE   9. BCD   10. ABCDE
11. AB   12. CD   13. ABCD   14. DE   15. ABCE
16. ABCD   17. BC   18. BC   19. ABCDE   20. ABCDE
21. ABC   22. ABCDE   23. ABE   24. ABCDE   25. ABCDE
26. ABD   27. CDE   28. ABCE   29. BCDE   30. BCD
31. ABCDE   32. ABCD   33. BCDE   34. ABCD   35. ABCDE

四、简答题

1. 宴会菜品生产不同于零点菜品生产，其特点如下：

（1）预约式的生产方式

餐饮企业经营宴会大多是根据顾客的事先预订进行的，生产过程则是按照预先的设计规定和完成任务的时间要求来组织生产的。因此，宴会菜品的生产方式具有预约的特点。

（2）连续化的生产过程

　　宴会菜品生产必须是在规定的时限内，连续不断地、有序地将所有菜品生产出来，然后输送出去。

　　（3）无重复性的生产内容

　　一个宴会无论规模大小，就其菜品组合而言，菜肴或点心品种之间没有重复性，即是由不同的菜肴或点心品种构成的组合体。

　　（4）可以批量化的生产任务

　　与零点菜品生产松散性不同，宴会菜品生产可以实行批量化。

　　2. 宴会菜品生产过程可分为制订生产计划阶段、烹饪原料准备阶段、辅助加工阶段、基本加工阶段、烹调与装盘加工阶段和成品输出阶段。

　　（1）制订生产计划阶段

　　是根据宴会任务的要求和已经设计好的宴会菜单，制订如何组织菜品生产的计划。

　　（2）烹饪原料准备阶段

　　是菜品在生产加工以前进行的各种烹饪原料准备的过程。准备的内容是根据已制定好的"烹饪原料采购单"上的内容要求进行的。

　　（3）辅助加工阶段

　　为基本加工和烹调加工提供净料的各种预加工或初加工过程。

　　（4）基本加工阶段

　　是将烹饪原料变为半成品的过程。

　　（5）烹调与装盘加工阶段

　　是将半成品经烹调或制熟加工后，成为可食菜肴或点心的过程。

　　（6）成品输出阶段

　　是将生产出来的菜肴、点心及时有序地提供上席，以保证宴会正常运转的过程。

　　3. 宴会菜品生产设计的要求有以下几点：

　　（1）目标性要求

　　是指生产过程、生产工艺组成及其运转所要达到的阶段成果和总目标。

　　（2）集合性要求

　　是指为达到宴会生产目标要求，如何合理组织菜品生产过程。

　　（3）协调性要求

　　是指从宴会菜品生产过程总体出发，规定各生产部门、各工艺阶段之间的联系和作用关系。

　　（4）平行性要求

　　是指宴会菜品生产过程各阶段、各工序的平行作业。

（5）标准性要求

是指宴会菜品必须按统一标准进行生产，以保证菜点质量及其一贯性。

（6）节奏性要求

是指在一定的时间限度内，有序地、有间隔地输出宴会菜品产品。

4. 宴会标准菜谱是关于制作某一菜品的一系列说明的集合。其设计应注意的事项有：

（1）叙述要简明扼要，顺畅易懂。

（2）概念、专业术语的使用要确切一致。

（3）原料按使用顺序排列，原料名称要写全称，对质量、规格有特别要求的必须注明，需用替代品的也要注明。

（4）原料的数量要准确，计量单位要统一。

（5）制作程序要按加工顺序一步步地写，定量数据准确，定性描述精当。

（6）如果条件许可，用图示表示产品的装盘形式，以加强直观性。对成品质量特点的说明要言简意赅。

（7）标准菜谱的分量以用餐人数10人来计量。

5. 工艺流程卡是在标量法的基础上，以图示和文字说明形式反映宴会菜品工艺流程的设计方法。设计工艺流程卡的基本要求是：

（1）加工工序的转换和衔接，要交代得清清楚楚。

（2）文字描述要简洁明了。

（3）概念、专业术语的应用要准确，特别是关键词一定要精确。

（4）图示清晰有序，便于阅读。

6. 宴会菜品生产实施方案是根据宴会任务的目标要求编制的用于指导和规范宴会生产活动按照既定的目标状态有效运行的技术文件。宴会菜品生产实施方案的主要构成内容如下：

（1）宴会菜品用料单。

（2）原材料订购计划单。

（3）宴会生产分工与完成时间计划。

（4）生产设备与餐具的使用计划。

（5）影响宴会生产的因素与处理预案。

7. 填写宴会原材料订购计划单的注意事项有以下几点：

（1）所需原料按市场实际供应状况填写。如果是净料出售的则填写净料，如果是毛料则先进行净料与毛料的换算后再填写。

（2）原料数量是需要量加备用量，然后减去库存数后得到的数量。

（3）原材料质量要求一定要准确地说明，如有特别要求的原料，则将希望达到的质量要求在备注栏中清楚地写明。

（4）如果市场上供应的原料名称与烹饪行业习惯称呼不一致或相互间的规格不一致时，经采供双方协调后确认。

（5）原料的供货时间填写要明确，不填或误填都会影响菜品生产。

8. 宴会菜品生产实施方案的编制步骤如下：

（1）充分了解宴会任务的性质、目标和要求。

（2）认真研究宴会菜单的结构，确定菜品生产量、生产技术要求，如加工规格、配份规格、盛器规格、装盘形式等。

（3）制定标准菜谱，开出宴会菜品用料标准料单，初步核算成本。

（4）制订宴会生产计划。

（5）编制宴会菜品生产实施方案。

9. 宴会菜品生产的组织实施步骤如下：

（1）组织生产人员培训，明确宴会菜品生产任务。

（2）落实人员分工，分解宴会生产任务，明确工作职责，明确菜品加工要求、技术标准、质量标准、注意事项和完成任务的时间。

（3）确定生产运转形式及不同岗位、工种相互间的衔接。

（4）检查加工设备设施，确保正常使用。

（5）组织菜品的生产加工过程，加强过程督导，检查生产质量，及时解决生产中出现的问题。

（6）按照既定的出菜程序，有条不紊地输出菜品。

（7）完成生产后，做好结束工作。

10. 宴会服务的特点有：

（1）宴会服务的系统化

广义的宴会服务并不是仅指宴会服务员在宴请时为顾客提供的服务，它同时还指顾客问询、预订、筹办、组织实施、实际接待以及跟踪、反馈等，是宴会部各个部门全体员工共同努力、密切配合完成的工作。

（2）宴会服务的程序化

宴会提供的服务有先后顺序，各项工作是按照一定程序运行的，这些程序不能先后颠倒，更不能中断，否则便无法进行操作。

（3）宴会服务的标准化

每一项宴会服务工作都有一定的标准，是服务人员工作的准则，必须严格遵守。

（4）宴会服务的人性化

宴会服务的对象是人，因此要在这种服务中体现以人为中心，强调人性化。

11. 宴会服务的作用主要有：

（1）宴会服务质量的高低直接体现宴会规格的高低

不同规格的宴会对宴会厅的布局、摆台、座次安排以及席间服务的要求是不同的。赴宴者可以根据服务规格和服务质量高低来评判宴会档次和规格高低。

（2）宴会服务质量的高低直接影响宴会气氛

不论是中餐宴会还是西餐宴会都非常讲究宴会气氛，作为直接参与宴会服务的工作人员，应与主办人一起营造优雅欢快的宴会氛围。

（3）宴会服务的成败决定宴会经营的成效

一次成功的宴会服务就是一次成功的宴会营销，如此良性循环，可以给企业带来丰厚的财富。

（4）宴会服务质量的高低直接影响饭店的声誉

宴会服务人员直接与顾客接触，他们的一言一行、一举一动都会在顾客心目中留下深刻的印象，并影响顾客对饭店的评价。

12. 宴会服务实施方案是根据宴会任务的目标要求编制的用于指导和规范宴会服务活动按照既定的目标状态有效运行的技术文件。宴会服务实施方案主要构成内容如下：

（1）人员分工计划。

（2）宴会场景布置与物品计划。

（3）开宴前的检查工作计划。

（4）宴会现场指挥管理计划。

（5）宴会结束工作计划。

13. （1）宴会场景布置计划

1）宴会厅环境布置计划。

2）宴会台型、摆台及席位设计。

3）文艺演出场地安排。

4）酒吧、礼品台、贵宾休息室的安排与布置。

（2）物品准备计划

1）台面用品。

2）酒品饮料。

3）备好水果。

4）摆好冷菜。

14. 宴会前检查工作的基本内容主要包括：

（1）餐桌检查。

（2）人员到位检查。

（3）卫生检查

主要检查个人卫生、餐用具卫生、宴会厅环境卫生、食品菜肴卫生等。

（4）安全检查

主要检查宴会厅出入口安全通道、灭火器材、家具桌椅牢固性、地板地毯安全性及宴会用酒精或固体燃料等易燃品。

（5）设备检查

主要检查电器设备、音响设备、空调设备及其他设施等。

15. 宴会服务实施方案的编制步骤如下：

（1）充分了解宴会任务的性质和目标要求。

（2）在充分掌握有关宴会活动的各种信息的基础上，确立宴会服务的任务要求与各项工作目标。

（3）制订人员分工计划。

（4）制订宴会场景布置计划。

（5）制订宴会台型设计计划。

（6）制定服务操作程序和服务规范。

（7）制订各项物品使用计划，如台布、酒具、餐具的种类、规格、数量等。

（8）宴会运转过程的服务与督导及其他工作安排。

（9）编制宴会实施方案。

16. 宴会服务的组织实施步骤如下：

（1）统一宴会服务人员思想，熟悉宴会服务工作内容，熟悉宴会菜单内容。

（2）落实人员分工，分解服务任务，明确工作职责、任务要求和操作标准。

（3）做好各种物品的准备工作。

（4）根据设计要求布置宴会餐厅，摆放宴会台型。

（5）做好餐桌摆台及工作台的餐具、酒水摆放。

（6）组织检查宴会开始前的各项服务准备工作。

（7）加强宴会运转过程中的现场指挥和督导。

（8）做好宴会结束的各项工作。

五、综合题

1.（1）特点

1）预约式的生产方式。餐饮企业经营宴会大多是根据顾客的事先预订进行的，生产过程则是按照预先的设计规定和完成任务的时间要求来组织生产的。因此，宴会菜品的生产方式具有预约的特点。

2）连续化的生产过程。宴会菜品生产必须是在规定的时限内，连续不断地、有序地将所有菜品生产出来，然后输送出去。

3）无重复性的生产内容。一个宴会无论规模大小，就其菜品组合而言，菜肴或点心品种之间没有重复性，即是由不同的菜肴或点心品种构成的组合体。

4）可以批量化的生产任务。与零点菜品生产松散性不同，宴会菜品生产可以实行批量化。

（2）生产过程

1）制订生产计划阶段。是根据宴会任务的要求，根据已经设计好的宴会菜单，制订如何组织菜品生产的计划。

2）烹饪原料准备阶段。是菜品在生产加工以前进行的各种烹饪原料准备的过程。准备的内容是根据已制定好的"烹饪原料采购单"上的内容要求进行的。

3）辅助加工阶段。为基本加工和烹调加工提供净料的各种预加工或初加工过程。

4）基本加工阶段。是将烹饪原料变为半成品的过程。

5）烹调与装盘加工阶段。是将半成品经烹调或制熟加工后，成为可食菜肴或点心的过程。

6）成品输出阶段。是将生产出来的菜肴、点心及时有序地提供上席，以保证宴会正常运转的过程。

2. 宴会菜品生产的设计要求有：

（1）目标性要求

是指生产过程、生产工艺组成及其运转所要达到的阶段成果和总目标。宴会菜品生产的目标是由一系列相互联系、相互制约的技术经济指标组成的。宴会菜品生产设计，必须首先明确目标，保证所设计的生产工艺能有效地实现目标要求。

（2）集合性要求

是指为达到宴会生产目标要求，如何合理组织菜品生产过程。要通过集合性分析，明确宴会生产任务的轻重缓急，确定宴会菜单中菜品生产工艺的难易繁简程度和经济技术指标，根据各生产部门的人员配置、生产能力、运作程序等情况，合理地分解宴会生产任务，组织生产过程，并采取相应的调控手段，保证生产过程的正常运转。

（3）协调性要求

是指从宴会菜品生产过程总体出发，规定各生产部门、各工艺阶段之间的联系和作用关系。宴会菜品的生产既需要分工明确、责任明确，以保证各自生产任务的完成；同时，也需要各生产部门相互间的合作与协调，各工艺阶段、各工序之间的衔接和连续，以保证整个生产过程中，生产对象始终处于运动状态，没有或很少有不必要的停顿和等待现象。

（4）平行性要求

是指宴会菜品生产过程的各阶段、各工序的平行作业。这种平行性的具体表现是指在一定时间段内，不同品种的菜肴与点心可以在不同生产部门平行生产，各工艺阶段可以平行作业。平行性可以使生产部门和生产人员无忙闲不均的现象，缩短宴会菜品生产时间，提高生产效率。

（5）标准性要求

是指宴会菜品必须按统一标准进行生产，以保证菜点质量及其一贯性。标准性是宴会菜品生产的生命线。有了标准，就能高效率地组织生产，生产工艺过程就能进行控制，成本就能控制在规定的范围内，菜品质量就能保持一贯性。

（6）节奏性要求

是指在一定的时间限度内，有序地、有间隔地输出宴会菜品产品。宴会活动时间的长短、顾客用餐速度的快慢，规定和制约着生产节奏性、菜品输出的节奏性变化。设计中要规定菜品输出的间隔时间，同时又要根据宴会活动实际、现场顾客用餐速度，随时调整生产节奏，保证菜品输出不掉台或过度集中。

3. 宴会菜品生产工艺设计方法及其特点是：

（1）标准菜谱式

标准菜谱式就是以菜谱的形式列出菜肴或点心所用原料配方，规定制作程序和方法，明确盛器规格和装盘形式，注明菜肴或点心的质量标准，说明可供用餐人数（或每客分量）、成本和售价的设计方法。简单地说，标准菜谱是关于制作某一菜品的一系列说明的集合。

（2）标量法

标量法就是列出宴会每种菜肴或点心的名称、用料配方，注明菜肴或点心份数和用餐人数，以它作为厨房备料、切割加工、配份和烹调依据的设计方法。这种形式的设计，有利于控制食品成本和菜点规格，比较适合对菜品非常熟悉、已掌握生产标准、有较高操作技术水平的厨师。

（3）工艺流程卡（或称工艺路线卡、制作程序卡）

工艺流程卡是在标量法的基础上，将加工生产每种菜肴或点心的工艺过程中的每道加工环节（或加工工序）以图示和文字说明形式反映出来的设计方法。

（4）工艺工序卡

工艺工序卡是按照菜肴或点心的生产过程每一个工艺阶段分工序编制的。在工艺工序卡上，菜品工艺阶段中的每一道加工工序的详细操作内容、加工方法和规格要求、注意事项等，都一一清楚地列出来。对高规格宴会的菜品，或对一些技术难度高的菜品，或是厨师不够熟悉的菜品，设计工艺工序卡比较适宜。

（5）表格式

表格式是将宴会菜品的用料、制作方法和质量标准等项目内容，按菜品类别及上席顺序编制成表格形式的一种设计方法。表格式具有栏目分得较细、文字浅显易懂、适应行业习惯的特点。

4. 宴会标准菜谱是关于制作某一菜品的一系列说明的集合。其设计应注意的事项有：

（1）叙述要简明扼要，顺畅易懂。

（2）概念、专业术语的使用要确切一致。如有不熟悉或不普遍使用的概念、专业术语须另加说明。

（3）原料按使用顺序排列，名称要写全称，对质量、规格有特别要求的必须注明，需用替代品的也要注明。

（4）原料的数量要准确，计量单位要统一，一般用克（g）、千克（kg）表示。如适合用量具的可以用茶匙、汤匙、杯子等固定量具标注用量。

（5）制作程序要按加工顺序一步步编写，定量数据准确，定性描述精当。

（6）如果条件许可，用图示表示产品的装盘形式，以加强直观性。对成品质量特点的说明要言简意赅。

（7）标准菜谱的分量以用餐人数10人来计量。当顾客人数有变化时，分量应随之增加或减少。

宴会菜品采用标准菜谱设计，对于规范厨师的操作、控制生产过程和生产成本、保证宴会菜品质量和加强科学管理是非常必要的。

5. 宴会菜品生产实施方案是根据宴会任务的目标要求编制的用于指导和规范宴会生产活动按照既定的目标状态有效运行的技术文件。构成宴会菜品生产实施方案的基本内容有：

（1）宴会菜品用料单

宴会菜品用料单是按实际需要量来填写的，即是按照设计需要量加上一定的损耗量填写的。有了用料单，可以对储存、发货、实际用料进行宴会食品成本跟踪控制。

（2）原材料订购计划单

原材料订购计划单是在宴会用料单的基础上填写的。

（3）宴会生产分工与完成时间计划

一般情况下，应根据宴会生产任务的需要实施。在完成大型宴会或高规格宴会任务时，要对有关宴会生产任务进行分解及人员分工与配置，明确职责并提出完成任务的时间要求。

拟订这样的计划，还要根据菜点在生产工序上移动的特点，并结合宴会生产的实际情况来考虑。

（4）生产设备与餐具的使用计划

在宴会菜品生产过程中，需要使用多种设备及各种不同规格的餐具等。所以，要根据不同宴会任务的生产特点和菜品特点，制订生产设备与餐具使用计划，并检查计划落实情况、完好情况和使用情况，以保证生产的正常运行。

（5）影响宴会生产的因素与处理预案

影响宴会生产的客观因素主要有原料因素、设备条件、生产任务的轻重难易、生产人员的技术构成和水平等；主观因素主要有生产人员的责任意识、工作态度、对生产的重视程度和主观能动性的发挥水平。为了保证生产计划的贯彻执行和生产有效运行，应针对可能影响宴会生产的主客观因素提出相应的处理预案。

6.（1）特点

1）宴会服务的系统化。宴会服务是宴会部各个部门全体员工共同努力、密切配合完成的工作。

2）宴会服务的程序化。宴会提供的服务有先后顺序，各项工作是按照一定程序运行的，这些程序不能先后颠倒，更不能中断，否则便无法进行操作。

3）宴会服务的标准化。每一项宴会服务工作都有一定的标准，是服务人员工作的准则，必须严格遵守。

4）宴会服务的人性化。宴会服务的对象是人，因此要在这种服务中体现以人为中心，强调人性化。

（2）作用

1）宴会服务质量的高低直接体现宴会规格的高低。不同规格的宴会对宴会厅的布局、摆台、座次安排以及席间服务的要求是不同的。赴宴者可以根据服务规格和服务质量高低来评判宴会档次和规格高低。

2）宴会服务质量的高低直接影响宴会气氛。不论是中餐宴会还是西餐宴会都非常讲究宴会气氛，作为直接参与宴会服务的工作人员，应与主办人一起营造优雅欢快的宴会氛围。

3）宴会服务的成败决定宴会经营的成效。一次成功的宴会服务，就是一次成功的宴会营销，如此良性循环，可以给企业带来丰厚的财富。

4）宴会服务质量的高低直接影响饭店的声誉。宴会服务人员直接与顾客接触，他们的一言一行、一举一动都会在顾客心目中留下深刻的印象，并影响顾客对饭店的评价。

7. 宴会服务实施方案是根据宴会任务的目标要求编制的用于指导和规范宴会服务活动按照既定的目标状态有效运行的技术文件。构成宴会服务实施方案的基本内容如下：

（1）人员分工计划

规模较大的宴会要确定总指挥人员。在准备阶段要向服务人员交任务、讲意义、提要求、宣布人员分工和服务注意事项。为了保证服务质量，可将宴会桌位和人员分工情况标在图形上，使参加宴会的服务人员知道自己的职责。

（2）宴会场景的布置与物品计划

开宴前的物质准备是指为了确保宴会准时、高质、高效地开展而做的一切物质上的准备工作，具体包括场景布置、场地布置、台型布置、物品准备等内容。

（3）开宴前的检查工作计划

开宴前的检查是宴会组织实施的关键环节，它是消除宴会隐患，将可能发生的事故率降至最低程度，确保宴会顺畅、高效、优质运行的前提条件，是必不可少的工作。开宴前的检查主要有餐桌检查、人员到位检查、卫生检查、安全检查、设备检查等内容。

（4）宴会现场指挥管理计划

宴会进行过程中经常会出现一些在计划中不能预见的新情况、新问题，对这些新情况、新问题又必须及时予以解决，因此，加强宴会现场指挥管理十分重要。

宴会现场指挥一般由餐饮部经理或宴会部经理执行，规模比较小的宴会也可以由主管执行。宴会现场指挥计划主要包括巡视、监督、纠错、协调、决策、调控等方面的工作内容。

（5）宴会结束工作计划

宴会结束后，要认真做好收尾工作，使每一次宴会都有一个圆满的结局。做好宴会的收尾工作，应重点做好结账、送客、征求顾客意见、整理餐厅和清洗餐具、宴会档案立卷等方面的工作。

8. 宴会进行过程中经常会出现一些在计划中不能预见的新情况、新问题，对这些新情况、新问题又必须及时予以解决，因此，加强宴会现场指挥管理十分重要。

宴会现场指挥一般由餐饮部经理或宴会部经理执行，规模比较小的宴会也可以由主管执行。宴会现场指挥主要负责宴会运转过程中的巡视、监督、纠错、协调、决策、调控等方面的工作。

（1）巡视

规模较大的宴会，现场指挥员要不停地在餐厅各处巡视，巡视时要做到"腿要勤、眼要明、耳要聪、脑要思"，要边巡视边指挥控制。

（2）监督

宴会开始以后，现场指挥要对服务员的服务行为进行监督，统一服务规范。

（3）纠错

现场指挥要及时发现和纠正服务员在服务过程中的不规范行为和错误。纠错的方法为或提醒，或暗示，或批评，或以身示教。纠错切不可采用粗暴批评或长时间说教的方法，以免影响正常服务。

（4）协调

大型宴会服务工作任务重、头绪多，服务人员也多，如果出现没有明确的工作，或服务环节脱节，就需要服务员之间相互配合，这时现场指挥应做好协调工作。

（5）决策

宴会开始以后，所有宴会服务员进入最紧张、最繁忙的工作状态，各种突发事件最容易发生，一旦出现一些超出服务员权限且需要短时间内解决问题的情况，现场指挥应该马上果断地作出决策，圆满地解决问题。

（6）调控

宴会实施调控主要是对上菜速度的调控、宴会节奏的调控、厨房与餐厅关系的调控等，这些也都是现场指挥工作的重点。

第九章　菜点制作

考核要点

理论知识考核范围	考核要点	重要程度
创新菜的制作与开发	1. 创新菜的概念	掌握
	2. 创新菜的基础	掌握
	3. 烹饪基本功的作用	了解
	4. 利用新原料的创新	熟悉
	5. 利用新组合的创新	掌握
	6. 利用新工艺的创新	掌握
	7. 利用新调味的创新	掌握
	8. 运用西餐调味品制作创新菜肴	掌握
	9. 改变传统调味配比开发创新菜	掌握
	10. 运用国内新开发的调味品制作创新菜	掌握
	11. 菜点结合新工艺	掌握
	12. 中西结合新工艺	掌握
	13. 菜系结合新工艺	掌握
	14. 古今结合新工艺	掌握
	15. 运用新原料创制新菜品	熟悉
	16. 运用新工艺创制新菜品	掌握
菜点展示	1. 主题性展台的特点	掌握
	2. 主题性展台的作用	掌握
	3. 主题性展台的展示形式	掌握
	4. 平面式主题性展台的特点	掌握
	5. 单层立体式主题性展台的特点	掌握
	6. 多层梯形立体式主题性展台的特点	掌握
	7. 主题性展台的布局类型	了解
	8. 正方形布局的要求	掌握
	9. 长方形布局的要求	掌握
	10. 一字形布局的要求	掌握

续表

理论知识考核范围	考核要点	重要程度
菜点展示	11. 回字形布局的要求	掌握
	12. 展示菜品的造型法则	熟悉
	13. 单纯一致法则的含义	掌握
	14. 对称均衡法则的含义	掌握
	15. 调和对比法则的含义	掌握
	16. 尺度比例法则的含义	掌握
	17. 节奏韵律法则的含义	掌握
	18. 多样统一法则的含义	掌握
	19. 展示菜品的装饰方法	掌握
	20. 主题性展台设计的操作步骤	掌握
	21. 展台展示菜品美化装饰的操作步骤	掌握
	22. 展台菜品展示应注意的问题	熟悉

辅导练习题

一、判断题（下列判断正确的请在括号内打"√"，错误的请在括号内打"✕"）

1. 菜肴创新时若刻意创新和盲目求奇创新，就容易使菜品走入创新误区。（　　）

2. 菜肴创新过程中，不可以刻意求新、盲目创新。（　　）

3. 菜肴创新应当恪守传统，不刻意求奇求新。（　　）

4. 烹饪创新同社会经济的发展是紧密相连的，创新既有明显的时代特征，也有明显的区域特征，它与地方的物产、风味、习俗密切相关。（　　）

5. 烹饪创新与社会经济发展密切相关，主要取决于国家经济的发展。（　　）

6. 菜肴创新与本地的物产、风俗和饮食习惯有密切关系。（　　）

7. 界定创新菜时，符合食用性、可操作性和市场延续性一个方面即可。（　　）

8. 界定菜肴是否属于创新菜，要兼顾食用性、可操作性和市场延续性。（　　）

9. 创新是一个民族发展的根本，更是餐饮业发展的核心。（　　）

10. 餐饮业菜品的创新主要围绕健康、美味、环保进行，适当考虑市场需求。（　　）

11. 基本功是菜肴制作的基础，跟菜肴的创新没有直接关系。（　　）

12. 在使用新原料时要对原料的口味、质感、功能有所了解，以便采用合适的调味方法和组配方法，确保新菜品的风味质量。（　　）

13. 古今结合创新法强调古为今用，要取其精华，去其糟粕，这样创制的菜品才能符合

现代人的消费需求和饮食习惯。　　　　　　　　　　　　　　　（　　）

14. 古为今用就是将古代的烹饪方法应用于现代的烹饪中。　　　（　　）

15. 一道菜肴要成为创新菜品，只要对原料进行简单的组合即可。　（　　）

16. 界定菜品是否属于调味创新，主要看菜品是否产生新的味型。　（　　）

17. 所谓新原料，就是在某一地区尚未被开发利用的烹饪原料。　（　　）

18. 菜品成熟后，在旁边直接放入未经任何调配的新调料的做法不属于创新的范畴。　　　　　　　　　　　　　　　　　　　　（　　）

19. 新原料是指本地区尚未利用过的国外引进的原料。　　　　　（　　）

20. 组合创新应保持菜品原有的优良特色，不能因为追求创新而失去地方传统。（　　）

21. 主题性展台是围绕一个明确而具体的主菜设计的。　　　　　（　　）

22. 多主题是主题性展台最鲜明的特点。　　　　　　　　　　　（　　）

23. 主题性展台的作品就是食品雕刻作品。　　　　　　　　　　（　　）

24. 主题性展台的菜品烹饪制作要求高于其艺术性要求。　　　　（　　）

25. 食用性高于观赏性是主题性展台菜品的鲜明特点。　　　　　（　　）

26. 主题性展台在展示过程中吸引顾客的注意力，有助于扩大餐饮企业的社会影响。（　　）

27. 主题餐食展台具有宣传企业文化、树立企业品牌的良好作用。（　　）

28. 主题餐食展台具有展示企业烹饪技艺水平的作用。　　　　　（　　）

29. 主题性展台虽然具有观赏性，但却不能引导和促进顾客消费。（　　）

30. 平面式展台是将所有作品都放在同一平面的台子上。　　　　（　　）

31. 平面式展台一般要求台面面积大，以便放置更多的菜品让人观摩和欣赏。（　　）

32. 一字形和回字形布局的展台可选用平面式。　　　　　　　　（　　）

33. 在单层立体式展台中，主要作品放在展台的边缘，可便于观赏。（　　）

34. 多层梯形立体式展台上的菜品是按类别分层放置的。　　　　（　　）

35. 一般来说，在多层梯形立体式展台的最上层台面放置主要作品。（　　）

36. 多层梯形立体式展台都是采用长方形布局。　　　　　　　　（　　）

37. 多层台面的展台，可以展示更多不同形式的反映主题的作品。（　　）

38. 设置在饭店大堂中间呈正方形布局的展台，迎大门的一面是主面。（　　）

39. 设置在餐厅中央的正方形布局的主题性展台是不分正面与侧面的。（　　）

40. 正方形餐厅中央摆放大型多层梯形立体式正方形展台是最适合的。（　　）

41. 将主题性展台的台面摆成长方形属于长方形布局中的一种形式。（　　）

42. 采用长方形布局的展台适宜设置在长方形的大堂和餐厅中央。（　　）

43. 圆形布局就是将主题性展台的台面摆成圆形形式。 （   ）

44. 一字形布局就是将主题性展台的台面摆成宽大的长方形形式。 （   ）

45. 一字形展台适宜采用平面式展示菜品。 （   ）

46. 回字形布局就是展台的台面构架如"回"字的形状。 （   ）

47. 单纯一致是菜品造型的最高法则。 （   ）

48. 在单纯一致的菜品造型中见不到明显的差异和对立的因素。 （   ）

49. 单纯一致的菜品造型给人以纯朴如一、简洁平和的美感。 （   ）

50. 各对应部分构成均等关系的是对称造型。 （   ）

51. 轴对称菜品造型的假想中心为一个点。 （   ）

52. 多面对称菜品造型的假想中心为一个点。 （   ）

53. "翠珠鱼花"一般采用运动均衡的结构形式。 （   ）

54. 对称构图的菜品造型给人以宁静、端庄、整齐、规则的美感。 （   ）

55. 采用重力均衡造型的菜品是以力学中的力矩平衡原理为基础的。 （   ）

56. 采用运动均衡造型的菜品大多表现的是静态物象。 （   ）

57. "糟熘三白"的造型符合对称均衡的形式美法则。 （   ）

58. 采用对比法造型的菜品，能使各自的差异因素互为反衬、互为加强。 （   ）

59. 四周用青菜心围边的樱桃肉，符合调和对比的形式美法则。 （   ）

60. 调和与对比同存的菜品造型，能兼得调和与对比两者之美。 （   ）

61. "黄金律"指的是三角形边长之间的比例关系。 （   ）

62. 菜品造型的尺度比例核心是合规律性。 （   ）

63. 重复表现节奏对于展示菜品造型具有重要的实践意义。 （   ）

64. 多样统一又称和谐，是形式美的最高法则。 （   ）

65. 采用多样统一造型的菜品具有和而不同、意态万千的美感。 （   ）

66. 主题性展台设计的首要环节是确定展台的形状和大小。 （   ）

67. 在确定展台的主题后，紧接着要确定展台的形状和大小。 （   ）

68. 主题性展台中选用单元作品的关键是与展台的大小相协调。 （   ）

69. 展台上展示的冷盘可采用在其表面涂抹一层较稀的鱼胶液的方法保鲜。 （   ）

70. 展台上的菜品要将最美的一面朝向观赏者。 （   ）

二、单项选择题（下列每题有 4 个选项，其中只有 1 个是正确的，请将其代号填写在横线空白处）

1. 创新方法中利用新组合的创新是_____。

    A. 中西文化组合　　　　　　　　B. 新老人员组合

    C. 经营管理组合　　　　　　　　　　D. 内外人员组合

2. "啤酒糊大虾"在创意方面主要体现出_____。

    A. 新器皿　　　　　　　　　　　　　B. 新工艺

    C. 新口味　　　　　　　　　　　　　D. 新原料

3. 将传统的"清炖狮子头"改成"香煎狮子头"，体现了_____。

    A. 利用新原料创新　　　　　　　　　B. 利用新名字创新

    C. 利用新工艺创新　　　　　　　　　D. 利用新组合创新

4. "酥皮明虾卷"在创意方面主要体现出_____。

    A. 新组合　　　　　　　　　　　　　B. 新口味

    C. 新原料　　　　　　　　　　　　　D. 新工艺

5. "鹅肝豆腐扒"在创意方面主要体现出_____。

    A. 新技法　　　　　　　　　　　　　B. 新器皿

    C. 新原料　　　　　　　　　　　　　D. 新口味

6. 主题性展台的最后一个操作步骤是_____。

    A. 摆放展台　　　　　　　　　　　　B. 单元制作

    C. 摆放作品　　　　　　　　　　　　D. 装饰点缀

7. "虾蟹酿橙"的菜式创新设计首先体现的是_____。

    A. 古今文化新组合　　　　　　　　　B. 原料新组合

    C. 技法新组合　　　　　　　　　　　D. 菜系新组合

8. 创新菜有明显的区域特征，它与地方的物产、风味、_____密切相关。

    A. 气候　　　　　　　　　　　　　　B. 收入

    C. 习俗　　　　　　　　　　　　　　D. 消费

9. 创新菜的概念应由两个部分组成：一是突出新，二是突出_____。

    A. 美　　　　　　　　　　　　　　　B. 味

    C. 色　　　　　　　　　　　　　　　D. 用

10. 创新菜品必须具有_____、可操作性和市场延续性。

    A. 美观性　　　　　　　　　　　　　B. 实用性

    C. 食用性　　　　　　　　　　　　　D. 无毒性

11. 在使用新原料时要对原料的口感、_____、功能有所了解，以便采用合适的调味方法和组配方法，确保新菜品的风味质量。

    A. 质感　　　　　　　　　　　　　　B. 形状

    C. 价格　　　　　　　　　　　　　　D. 产地

12. 利用新工艺就是运用新的_____、组配方法、造型方法制作特色新菜品。

    A. 装饰方法　　　　　　　　　B. 洗涤方法

    C. 烹调方法　　　　　　　　　D. 盛器方法

13. 主题性展台必须有一个明确而具体的_____。

    A. 主菜　　　　　　　　　　　B. 主题

    C. 原料　　　　　　　　　　　D. 特产

14. 主题性展台的一个鲜明特点是_____。

    A. 艺术性高于烹饪制作　　　　B. 烹饪制作高于艺术性

    C. 食用性大于观赏性　　　　　D. 食用性等于观赏性

15. 主题性展台上的菜品的_____。

    A. 食用安全要求更高　　　　　B. 食用性大于观赏性

    C. 观赏性大于食用性　　　　　D. 食用与观赏要兼得

16. 主题性展台有利于扩大餐饮企业的_____。

    A. 规模经营　　　　　　　　　B. 经营自主权

    C. 社会责任　　　　　　　　　D. 社会影响力

17. 主题性展台有利于餐饮企业展示_____。

    A. 烹饪技艺水平　　　　　　　B. 原料利用特色

    C. 食品雕刻技艺　　　　　　　D. 饮食审美观点

18. 餐饮企业摆设主题性展台的目的之一是吸引顾客和_____。

    A. 聚集人气　　　　　　　　　B. 引导消费

    C. 客企互信　　　　　　　　　D. 展示美食

19. 平面式主题性展台的台面是一个_____。

    A. 长方形平面　　　　　　　　B. 正方形平面

    C. 圆形平面　　　　　　　　　D. 平面

20. 多层立体式主题性展台大多为_____。

    A. 两层结构　　　　　　　　　B. 三层结构

    C. 梯形结构　　　　　　　　　D. 回字形布局

21. 契合单纯一致形式美的菜品是_____。

    A. 芙蓉鱼片　　　　　　　　　B. 翠珠鱼花

    C. 玉米虾仁　　　　　　　　　D. 清炒虾仁

22. 细长挺直、整齐划一、碧绿鲜亮的"盐渍芦笋"最适宜采用的造型法则是_____。

A. 调和对比 　　　　　　　　　　B. 单纯一致

C. 运动均衡 　　　　　　　　　　D. 节奏韵律

23. "翠珠鱼花"在中轴线两侧的各部分呈对应状分布，采用的是_____。

A. 对称形式 　　　　　　　　　　B. 对比结构

C. 平衡形式 　　　　　　　　　　D. 调和形式

24. 采用对称构图的菜品，给人以_____的美感。

A. 刺激、错致、起伏 　　　　　　B. 呆板、单调、贫乏

C. 宁静、端庄、稳定 　　　　　　D. 灵动、飞扬、跳跃

25. 菜品的重力均衡造型既类似于力矩平衡原理，又符合人的_____均衡。

A. 审美感觉 　　　　　　　　　　B. 饮食经验

C. 思维定式 　　　　　　　　　　D. 特定心境

26. 表现运动中物象的造型菜品，最适宜采用的构图形式是_____。

A. 重力均衡 　　　　　　　　　　B. 运动均衡

C. 中心对称 　　　　　　　　　　D. 整齐一律

27. 应用调和法则配制的菜品是_____。

A. 杨梅芙蓉 　　　　　　　　　　B. 松鼠鳜鱼

C. 糟熘三白 　　　　　　　　　　D. 青椒鱼丝

28. 应用对比法则配制的菜品是_____。

A. 梅菜扣肉 　　　　　　　　　　B. 糟熘三白

C. 脆皮八宝鸡 　　　　　　　　　D. 杨梅芙蓉

29. 最早提出"黄金律"的是_____。

A. 毕达哥拉斯学派 　　　　　　　B. 亚里士多德

C. 刘徽 　　　　　　　　　　　　D. 祖冲之

30. 多样统一是形式美法则的高级形式，是其他形式美法则的_____。

A. 集中概括 　　　　　　　　　　B. 具体内容

C. 构成基础 　　　　　　　　　　D. 不同形式

31. 多样统一法则中的多样是指整体中包含的各个部分在形式上的_____。

A. 联系与一致性 　　　　　　　　B. 区别与差异性

C. 变化中求统一 　　　　　　　　D. 统一中求变化

32. 多样统一法则中的统一是指各个部分在形式上的某些_____以及它们相互之间的联系。

A. 和而不同 　　　　　　　　　　B. 共同特征

       C. 参差不伦   D. 对立因素

33. 用青菜心在腰盘中围成菱形，中空处装菜品的装饰方法称为_____。

    A. 象形式   B. 点缀式

    C. 全围式   D. 半围式

34. 因盛放于"桃形"装饰中而得名的菜品是_____。

    A. 花篮虾枣   B. 扇面瓜盒

    C. 寿桃鱼面   D. 宫灯虾仁

35. 主题性展台设计的首要工作是_____。

    A. 巧妙构思   B. 确定主题

    C. 单元制作   D. 装饰点缀

三、多项选择题（下列每题有多个选项，至少有 2 个是正确的，请将其代号填写在横线空白处）

1. 菜点创新的基础包括_____。

    A. 了解烹饪发展的新动向   B. 收集烹饪新信息

    C. 强化烹饪基本功   D. 保持传统口味和形式

    E. 有良好的人际关系

2. 菜肴创新中要突出新，就是用_____制作出特色新菜品。

    A. 新原料   B. 新方法

    C. 新调味   D. 新组合

    E. 新工艺

3. 为了突出菜肴创新中的"用"字，创新菜必须具有_____。

    A. 观赏性   B. 食用性

    C. 实用性   D. 可操作性

    E. 市场延续性

4. 在使用新原料开发菜肴时要对原料的_____有所了解，以便采用合适的调味方法和组配方法，确保新菜品的风味质量。

    A. 口味   B. 质感

    C. 形状   D. 价格

    E. 功能

5. 利用新工艺创新菜肴就是运用新的_____制作的特色新菜品。

    A. 烹调方法   B. 组配方法

    C. 造型方法   D. 洗涤方法

E. 盛器方法

6. 将传统运用到现代菜品中的烹调方法是_____。

A. 石烙法   B. 盐焗法

C. 酒蒸法   D. 灰埋法

E. 烘烤法

7. 下列选项中，将采用新科技开发的加热工具运用到现代菜品中的是_____。

A. 远红外烤炉   B. 太阳能焖炉

C. 蒸炸烤混合炉   D. 微波炉

E. 光波炉

8. 主题性展台的特点有_____。

A. 主题突出，构思精妙   B. 艺术性优于烹饪工艺性

C. 烹饪工艺性优于艺术性   D. 食用性大于观赏性

E. 观赏性大于食用性

9. 主题性展台的作用有_____。

A. 能展示企业的烹饪技艺水平   B. 有利于吸引和引导顾客消费

C. 有利于树立和宣传企业品牌   D. 有利于扩大企业的社会影响

E. 有利于培养员工的合作精神

10. 主题性展台的空间结构形式有_____。

A. 回字形   B. 一字形

C. 平面式   D. 立体式

E. 梯形

11. 主题性展台的台形布局有_____。

A. 正方形   B. 长方形

C. 回字形   D. 圆形

E. 象形

12. 菜品展示应用的造型法则有_____。

A. 单纯一致   B. 对称均衡

C. 调和对比   D. 节奏韵律

E. 多样统一

13. 适合采用单纯一致造型法则的菜品有_____。

A. 双色豆蓉   B. 生煎包子

C. 脆皮鱼条   D. 清炒虾仁

  E. 孔雀冷盘

14. 适合采用对称构图造型的菜品有_____。

  A. 香蕉鱼卷   B. 京葱扒鸭

  C. 荷花冷盘   D. 松鼠鳜鱼

  E. 翠珠鱼花

15. 适合采用运动均衡构图造型的菜品有_____。

  A. 黄焖凤翼   B. 梅菜扣肉

  C. 龙飞凤舞   D. 飞燕迎春

  E. 花香蝶舞

16. 采用对比色彩构成的菜品有_____。

  A. 糟熘三白   B. 云腿菜胆

  C. 双色豆蓉   D. 芙蓉鸡片

  E. 彩色鱼米

17. 属于菜品中对比的因素有_____。

  A. 形状的大小   B. 位置的远近

  C. 结构的聚散   D. 色彩的明暗

  E. 分量的轻重

18. 适宜展示菜品的装饰类别有_____。

  A. 椭圆形装饰   B. 全围式装饰

  C. 半围式装饰   D. 宫灯形装饰

  E. 雕刻式装饰

19. 属于主题性展台操作步骤的有_____。

  A. 确定主题   B. 熟悉场所

  C. 雕刻配件   D. 单元制作

  E. 装饰展台

20. 展台菜品展示过程中应注意_____。

  A. 菜品的保鲜   B. 展示菜品的朝向

  C. 展示菜品的放置位置   D. 展示菜品的放置顺序

  E. 及时更新菜品

四、简答题

1. 简述创新菜的基础。

2. 创新菜的概念是什么?

3. 简述基本功在菜肴创新中的作用。

4. 烹调方法的创新由哪几个方面组成？举例说明。

5. 简述主题性展台的特点。

6. 简述主题性展台的作用。

7. 简述主题性展台的展示形式。

8. 简述主题性展台的布局类型。

9. 简述展示菜品的形式美法则。

10. 简述对称均衡法则的基本含义。

11. 简述调和对比法则的基本含义。

12. 简述多样统一法则的基本含义。

13. 简述主题性展台设计的操作步骤。

14. 简述展台菜品展示应注意的问题。

五、综合题

1. 创新方法的特点及要求是什么？

2. 外来调味品是否符合菜肴创新？可以分为几类？举例说明。

3. 简论主题性展台的特点和作用。

4. 简论主题性展台的布局类型。

5. 简论展示菜品的形式美法则。

6. 简论对称均衡法则在菜品中的应用。

7. 简论调和对比法则在菜品中的应用。

8. 举例说明展示菜品装饰方法的应用。

参 考 答 案

一、判断题

1. √	2. √	3. ×	4. √	5. ×	6. √	7. ×	8. √	9. √
10. ×	11. ×	12. √	13. √	14. ×	15. ×	16. √	17. √	18. √
19. ×	20. √	21. ×	22. ×	23. √	24. √	25. ×	26. √	27. √
28. √	29. ×	30. √	31. ×	32. √	33. ×	34. √	35. √	36. ×
37. √	38. √	39. ×	40. ×	41. ×	42. √	43. √	44. ×	45. √
46. √	47. ×	48. √	49. √	50. √	51. ×	52. √	53. ×	54. √
55. √	56. ×	57. ×	58. √	59. √	60. √	61. ×	62. ×	63. √

64. √　　65. √　　66. ×　　67. ×　　68. ×　　69. √　　70. √

二、单项选择题

1. A	2. B	3. C	4. A	5. C	6. D	7. A	8. C	9. D
10. C	11. A	12. C	13. B	14. A	15. C	16. D	17. A	18. B
19. D	20. C	21. D	22. B	23. A	24. C	25. A	26. B	27. C
28. D	29. A	30. A	31. B	32. B	33. C	34. C	35. B	

三、多项选择题

1. ABC	2. ABCDE	3. BDE	4. ABE	5. ABC
6. ACDE	7. ABCDE	8. ABE	9. ABCDE	10. CD
11. ABCD	12. ABCDE	13. BCD	14. ABDE	15. CDE
16. BCDE	17. ABCDE	18. BCE	19. ABDE	20. ABCD

四、简答题

1.（1）了解烹饪发展的新动向

烹饪的发展速度特别快，无论是经营模式还是消费观念都有了很大的变化，人们的消费水平和饮食要求不断提高，已从温饱型向健康型转变。

（2）收集烹饪新信息

创新是在传统的基础上进行的，绝不是空中楼阁。要想创制出符合市场需求的新菜品，必须对现有的菜品进行归纳和总结，取其精华，去其糟粕，这样的创新菜品才能更有生命力。

（3）强化烹饪基本功

基本功不仅是菜品制作的基础，更是创新的重要基础，没有扎实的基本功是不可能进行菜品创新的。

2. 创新菜的概念应由两个部分组成：一是突出新，就是用新原料、新方法、新调味、新组合、新工艺制作的特色新菜品；二是突出用，创新菜品必须具有食用性、可操作性和市场延续性。在界定创新菜时一定要将这两个方面结合起来，有的只注重实用而忽视了新，如菜品不变餐具变、内容不变名称变等，这都不属于创新的范畴。

3. 基本功不仅是菜品制作的基础，更是创新的重要基础，没有扎实的基本功是不可能进行菜品创新的。首先，没有基本功就不能保证菜品的质量，菜品的质量会出现波动。其次，没有基本功，创新的思路、方案不能得到落实，即使有好的想法和构思，也很难通过菜品得以实现。所以，必须先练好过硬的基本功，才能从中积累经验，不可好高骛远、急功近利。

4. 烹调方法的创新由三个方面组成：一是挖掘整理传统的烹调方法并运用到现代菜品

中，如古代的石烙法、酒蒸法、灰埋法等；二是将采用新科技开发的加热工具运用到现代菜品中，如远红外烤炉、太阳能焖炉、蒸炸烤混合炉等；三是通过变换目前已有菜品的烹调方法，使之成为新菜，如传统的"清炖狮子头"改成"香煎狮子头"，"红烧臭鳜鱼"改成"葱烤臭鳜鱼"等。

5. 主题性展台的特点有：

（1）构思精妙，主题突出

主题性展台都是围绕某一个明确而具体的主题设计的，因此，主题性展台的主题非常鲜明突出，否则也就不能称其为主题性展台。

（2）艺术性高于制作性

主题性展台的所有单元作品都是紧紧围绕展台的主题而设计、制作的，是服务于展台主题的。所以，从这个意义上说，主题性展台的所有单元作品在制作过程中，是否符合烹饪工艺制作的基本规律、是否符合烹饪工艺制作的基本要求并不十分重要，重要的是这些单元作品本身能否反映展台主题，并给人以美的享受。

（3）观赏性大于食用性

一方面，主题性展台的所有单元作品为了能充分体现"精美"的艺术性，烹饪制作让位于艺术表现的需要；另一方面，为了延长主题性展台展示的时间，有些单元作品在制作过程中经常选用一些不可食用的替代物品，有些在调味、制熟上不"到位"，只要"好看"就行。所以，观赏性大于食用性也是主题性展台一个非常明显的特点。

6. 主题性展台的作用有：

（1）有利于企业大造声势，扩大社会影响。

（2）有利于宣传企业文化，树立企业品牌。

（3）有利于展示餐饮企业烹饪技艺水平。

（4）有利于体现餐饮企业员工的艺术素养。

（5）有利于吸引顾客和引导顾客消费。

（6）有利于培养企业员工的团结合作精神。

（7）有利于增强和提高餐饮企业员工的自信心。

7. 主题性展台的展示形式按空间构成分为平面式和立体式两类。

（1）平面式

平面式就是主题性展台的台面是一个平面。一般情况下，在一个平面展台上的单元作品之间没有明显的高度差。

（2）立体式

立体式就是主题性展台的台面不是一个平面，展台由两层或两层以上的台面呈梯形结构组成，每个台面上再分别放置单元作品，整个主题性展台上的单元作品自然形成一定的梯形结构。

立体式展台的台面层次较多，高度差明显，层次分明，立体感强；台面上放置的单元作品多，内容丰富，具有较强的观赏性。当然，从制作角度而言，立体式展台比平面式展台的制作难度大。

8. 主题性展台的布局类型有：

（1）正方形布局

正方形布局就是将主题性展台的台面呈正方形摆布的一种类型。

（2）长方形布局

长方形布局就是将主题性展台的台面呈长方形摆布的一种类型。

（3）圆形布局

圆形布局就是将主题性展台的台面呈圆形摆布的一种类型。

（4）一字形布局

一字形布局就是将主题性展台的台面设置成细长如一字形的一种类型。

（5）回字形布局

回字形布局就是将主题性展台的台面设置成方框如回字形的一种类型。

9. 展示菜品的形式美法则有：

（1）单纯一致

单纯一致又称整齐一律，是最简单的形式美法则。在单纯一致中见不到明显的差异和对立的因素。

（2）对称均衡

对称是均衡的一种特殊形式。对称有轴对称和中心对称两种。均衡又称平衡，有重力均衡和运动均衡两种形式。

（3）调和对比

调和是在差异中趋向于一致，意在求"同"。对比是在差异中倾向于对立，强调立"异"。

（4）尺度比例

尺度比例是指事物整体及其各构成部分应有的度量数值及数量关系。

（5）节奏韵律

节奏是一种合乎规律的周期性变化的运动形式。韵律则是把更多的变化因素有规律地组合起来并加以反复形成的复杂而有韵味的节奏。

（6）多样统一

多样统一又称和谐，就是寓多于一，在丰富多彩的表现中保持着某种一致性，是形式美法则的高级形式。

10. 对称与均衡是展示菜品造型重心稳定的两种基本结构形式。

对称是以一假想中心为基准，构成各对应部分的均等关系，是一种特殊的均衡形式，有轴对称和中心对称两种。

轴对称的假想中心为一根轴线，物象在轴线两侧的大小、数量相同，呈对应状分布，各个对应部分与中央间隔距离相等。中心对称的假想中心为一点，经过中心点可以将圆划分出多个对称面。

均衡又称平衡，是指左右（上下）相应的物象的一方，以若干物象换置，使各个物象的量和力臂之积左右相等。均衡有重力均衡和运动均衡两种形式。

重力均衡原理类似于力学中的力矩平衡。运动均衡是指形成平衡关系的两极有规律的交替出现，使平衡被不断打破又不断重新形成。

11. 调和与对比反映了一个整体中矛盾的两种状态。

调和是把两个或两个以上相接近的东西并列，也就是在差异中趋向于一致，意在求"同"。例如，"糟熘三白"中的鸡片、鱼片和笋片的色彩、料形有差异，但又具有很大的相似性。

对比是把两种或两种以上极不相同的东西并列在一起，也就是在差异中倾向于对立，强调立"异"。在展示菜品的造型中，对比有多种形式因素，如形状的大与小、结构的开与合、分量的轻与重、位置的远与近、质感的软与硬、色彩的冷与暖等。对比的结果表现为彼此之间互为反衬，使各自特性得到加强。例如，"杨梅芙蓉"中色彩的红、绿、白对比，料形的球状与片状对比，给人以鲜明和强烈的震撼。

在展示菜品的造型中容纳调和与对比，能兼得两者之美。

12. 多样统一又称和谐，是形式美法则的高级形式，是对单纯一致、对称均衡、调和对比等其他法则的集中概括。

多样是整体中包含的各个部分在形式上的区别与差异性。统一则是指各个部分在形式上的某些共同特征及它们相互之间的联系。换言之，多样统一就是寓多于一，在丰富多彩的表现中保持着某种一致性。

多样统一是在变化中求统一，在统一中求变化。没有多样性，见不到丰富的变化，显得呆滞单调，缺少"参差不伦""和而不同""意态万千"的美；没有统一性，看不出规律性和目的性，显得纷繁杂乱，缺少"违而不犯""乱中见整""不齐之齐"的美。

在菜品造型中，只有把多样与统一两个相互对立的方面结合在一起，才能达到完美和谐的境界。

13. 主题性展台设计的操作步骤有：

（1）确定主题

确定主题是主题性展台设计的第一个操作步骤。展台的主题一旦确定了，其设计方向明确了，技术路线、设计思路也就容易确定了。

（2）了解场所（位置）

了解摆放主题性展台的场所及位置，才能构思、确定展台的形式、形状、大小、高低等。

（3）巧妙构思

主题性展台的构思要在充分突出主题的前提下，立足于美的追求和表现，使菜品的题材、构图造型、色彩等能符合烘托主题的要求，从而达到主题、题材、造型、意境四者的高度统一。

（4）单元制作

单元作品的制作过程中，要根据构思的内容有目的地选择原料的品种、部位、大小、质地、色泽等符合单元作品制作要求的原料，然后进行准确的制作和美化装饰。

（5）组装成形

组装成形就是对单元作品进行组装或定位放置。

（6）装饰点缀

当单元作品在展台上全部组装并定位放置后，在单元作品之间、层面与层面之间进行必要的装饰点缀，以达到最大化的展示效果。

14. 展台菜品展示应注意的问题有：

（1）要注意菜品的保鲜

因为主题性展台上展示的菜品放置时间比较长，菜品的保鲜就显得非常重要。

展示菜品的保鲜方法要根据具体的品种而定。例如，果蔬雕刻作品可采用间隔喷水的方法保鲜，冷盘采用在其表面涂抹一层较稀的琼脂液或鱼胶液的方法保鲜。

（2）要注意展示菜品的朝向

任何一件单元作品都有一个最佳的欣赏角度，要将菜品的"主面"展示在欣赏者面前，给他们留下一个美好的印象。

（3）要注意展示菜品的摆放位置

主题性展台是由若干单元菜品组合而成的，在放置展示菜品时，位置要合理。例如，高的应该放在后面，低的放在前面，否则高的会挡住视线；大的或亮的应该放在后面，小的或暗的放在前面，因为后面距离远，小的和暗的菜品看不清。

（4）要注意展示菜品的放置顺序

在放置展示菜品时，一定要注意其顺序的合理性。总的来说，应该先放大的后放小的，先放后面再放前面，先放上层再放下层。这样就有条不紊了，后放置的菜品就不会影响前面放好的菜品了。

五、综合题

1.（1）利用新原料的创新

一大批新的烹饪原料源源不断地涌进了饮食市场，如蟹柳、人造鱼翅、西兰花、夏威夷果、加拿大象拔蚌等，广大厨师了解和熟悉新的烹饪原料后，在借鉴传统烹饪技法的基础上，创制出了新的菜品。

（2）利用新组合的创新

合理的工艺组合，为菜品创新提供了很大的发展空间。但在进行组合的过程中，必须保持菜品原有的优良特色，不能因为追求创新而失去地方传统，中西结合要洋为中用，运用西餐中好的技法、调料来丰富中餐菜品，但仍要保持中餐的基本特色。如果所创制的菜品以西餐特色为主，掩盖了中餐工艺特色，那并不是创新的目的和方向。

（3）利用新工艺的创新

利用新工艺就是运用新的烹调方法、组配方法、造型方法制作特色新菜品。在组配方法中有多种变化形式，如调糊工艺可以改变调糊的原料及比例，结合主料的变化可以创制新菜品。

（4）利用新调味的创新

运用合理的调味手法，以新调味原料调制出新味型的菜品属于调味创新。另外，菜品成熟后，在旁边直接放入一种未经任何调配的新调料，虽然有新味型产生，但这种新味型并没有经过厨师自己的调配，所以也不属于创新的范畴。

2. 调味品创新当然属于菜肴创新的范畴，是利用新调味品或调味手段以及调味方法赋予菜肴新的味型。近年来，调味品生产技术发展迅速，调味原料十分丰富，特别是国外许多调味品在中餐中被广泛应用，国内调味品种也在不断增加，但归纳起来可以分为两大类：一类是对现有味型进行复合，将分次投料变为一次投料，虽然给调味带来了很大的方便，也使调味更准确，但不属于创新的范畴，如麻婆调料、鱼香调料、鲍汁、浓鸡汤、清鸡汤等；另一类是新的单一或复合调味原料，必须经过调配后产生明显变化的新味型才属于创新。例如，在糖醋味型中加入辣酱油，形成的味型就是新型糖醋味，属于味道创新的范畴。而将蔗糖换成片糖，或将香醋换成白醋，尽管原料有所变化，但味型并没有明显的变化，故不属于创新。

3. 答案略。

4. 答案略。

5.（1）单纯一致

单纯一致又称整齐一律，是最简单的形式美法则，在单纯一致中见不到明显的差异和对立的因素。例如，长短一致、乌黑光亮的炝虎尾，大小相似、洁白如玉、晶莹玲珑的清炒虾仁，虽然造型简单，但给人以简洁纯朴、整齐划一的美感。

（2）对称均衡

对称与均衡是展示菜品造型重心稳定的两种基本结构形式。

1）对称。是以一假想中心为基准，构成各对应部分的均等关系，是一种特殊的均衡形式，有轴对称和中心对称两种。

2）均衡。又称平衡，是指左右（上下）相应的物象的一方，以若干物象换置，使各个物象的量和力臂之积左右相等。均衡有重力均衡和运动均衡两种形式。

（3）调和对比

调和与对比反映了一个整体中矛盾的两种状态。

1）调和。是把两个或两个以上相接近的东西相并列，也就是在差异中趋向于一致，意在求"同"。

2）对比。是把两种或两种以上极不相同的东西并列在一起，也就是在差异中倾向于对立，强调立"异"。

在展示菜品的造型中容纳调和与对比因素，能兼得两者之美。

（4）尺度比例

尺度比例是指事物整体及各构成部分应有的度量数值及数量关系。

（5）节奏韵律

节奏是一种合乎规律的周期性变化的运动形式。韵律则是把更多的变化因素有规律地组合起来并加以反复形成的复杂而有韵味的节奏。

（6）多样统一

多样统一又称和谐，是形式美法则的高级形式，是对单纯一致、对称均衡、调和对比、尺度比例、节奏韵律等其他法则的集中概括。

多样是整体中包含的各个部分在形式上的区别与差异性；统一则是指各个部分在形式上的某些共同特征以及它们相互之间的联系。换言之，多样统一就是寓多于一，在丰富多彩的表现中保持着某种一致性。

在菜品造型中，只有把多样与统一两个相互对立的方面结合在一起，才能达到完美和谐的境界。

6. 对称与均衡是展示菜品造型重心稳定的两种基本结构形式，其在菜品中的应用是非常广泛的。

（1）对称

对称是以一假想中心为基准，构成各对应部分的均等关系，是一种特殊的均衡形式，有轴对称和中心对称两种。

1）轴对称。轴对称的假想中心为一根轴线，物象在轴线两侧的大小、数量相同，呈对应状分布，各个对应部分与中央间隔距离相等。例如，翠珠鱼花在中轴线两侧各部分的色彩、料形，是呈对应状分布的，采用的是轴对称形式。

2）中心对称。中心对称的假想中心为一点，经过中心点可以将圆划分出多个对称面。例如，什锦拼盘、香蕉鱼卷即是多面对称形式。

除了上述绝对对称之外，展示菜品的造型还经常使用相对对称的构图形式，就是对应物象粗看相同，但细看有别。例如，果味葡萄鱼中的两串葡萄，其色泽、大小、饱满度和弯度不完全相同，寓玲珑可爱于稳定之中。

（2）均衡

均衡又称平衡，是指左右（上下）相应的物象的一方，以若干物象换置，使各个物象的量和力臂之积左右相等。均衡有重力均衡和运动均衡两种形式。

1）重力均衡。原理类似于力学中的力矩平衡。对于展示菜品的造型来说，均衡是通过盘中物象的色彩和形状的变化分布，根据一定的心理经验获得感觉上的均衡与审美的合理性。例如，用碗扣制的梅菜扣肉、樱桃肉，冷拼寿比南山等都属于重力均衡。

2）运动均衡。是指形成平衡关系的两极有规律地交替出现，使平衡被不断打破又不断重新形成。运动均衡多表现运动中的物象，如翩翩起舞的蝴蝶、逐波戏水的金鱼等。运动均衡造型的菜品，一般总是选择物象最有表现力的那种类似不平衡状态来达到平衡效果，以凝固最富有暗示性的瞬间来表现运动物象的优美形象，给人最广阔的想象余地。

运动均衡的造型，给人以灵动飞扬、生机勃发、清新秀丽的美感。

7. 答案略。

8. 主题性展台上的单元作品通过一定的美化装饰，能起到画龙点睛、锦上添花的作用，这也是完善和提高展示菜品艺术效果的有效途径。展示菜品的装饰方法有：

（1）全围式装饰

全围式装饰就是在盘内的周围装饰花边的一种装饰方法。花边的图案式样有很多，常用的有圆形、椭圆形、三角形、菱形、方形等。例如，用碧绿的青菜心在花边形的腰盘中排列成菱形，再将灌汤鱼蓉蛋依次整齐地排列在其中，其造型简洁、端庄大方。

（2）半围式装饰

半围式装饰就是在盘内的一边或一端装饰花边的一种装饰方法。常见的花边图案式样有弧形、直线形、L形、S形等。

（3）对称式装饰

对称式装饰就是在盘内的对边装饰花边的一种装饰方法，其主要形式是左右对称。这种装饰形式适用于料形中等大小和小形且汤汁较少的菜品。

（4）象形式装饰

象形式装饰是根据展示菜品的不同要求和选用餐具的款式，用点缀原料在盘中装饰成特定象形的方法，如花篮形、宫灯形、蝴蝶形、桃形、梅花形、鱼形等。这种装饰形式比较适用于料形较小或料形与物象的形状造型容易吻合的菜品。

（5）器皿式装饰

器皿式装饰是利用可食用原料的自然形状稍加刻切后，既作为盛装菜品的器皿又作为装饰点缀的方法。

常用的原料有西瓜、南瓜、西红柿、橙子、木瓜、金瓜、黄瓜、莴苣、雪梨、苹果等。例如，西瓜童鸡是用西瓜做盛器，木瓜鱼翅是用木瓜做盛器，鱼米满舱是用黄瓜或莴苣做盛器，凤梨龙丝是用菠萝做盛器等。

（6）点缀式装饰

点缀式装饰就是在盘子的某一边或某一角进行点缀的一种装饰方法。

（7）雕刻式装饰

雕刻式装饰是根据展示菜品和选用餐具款式的具体需要，用适当的雕刻作品进行装饰的方法，能起到突出主题、渲染气氛的作用。要注意所选用的雕刻作品与展示菜品的题材和主题相吻合、相谐调。

第十章　厨房管理

考核要点

理论知识考核范围	考核要点	重要程度
厨房整体布局	1. 厨房布局的概念	熟悉
	2. 影响厨房布局的因素	了解
	3. 确定厨房位置的原则与选择	熟悉
	4. 确定厨房面积的考虑因素	掌握
	5. 厨房面积的确定方法	掌握
	6. 厨房内部环境的布置	掌握
	7. 厨房各部门区域的布局	掌握
	8. 厨房工作作业区的布局	掌握
人员组织分工	1. 厨房组织结构设置的原则	熟悉
	2. 中餐厨房各组织的职能	掌握
	3. 西餐厨房各组织的职能	掌握
	4. 确定厨房人员数量的因素	熟悉
	5. 行政总厨的素质要求	掌握
	6. 行政总厨的岗位要求	掌握
	7. 中餐厨师长的岗位要求	掌握
	8. 厨房组织结构的设置	掌握
菜点质量管理	1. 菜点质量的概念	熟悉
	2. 菜点质量的评定方法	掌握
	3. 原料阶段的控制	掌握
	4. 菜点生产阶段的控制	掌握
	5. 菜点消费阶段的控制	掌握
	6. 岗位职责控制法的要领	熟悉
	7. 重点控制法的要领	掌握
	8. 生产过程中客观自然因素的内容	掌握
	9. 菜点质量控制的程序	掌握

辅导练习题

一、判断题（下列判断正确的请在括号内打"√"，错误的请在括号内打"×"）

1. 厨房生产流程、生产质量和劳动效率，在很大程度上要受到厨房整体面积的支配。

（　　）

2. 厨房布局受多种因素的影响，有直接因素，也有间接因素。（　　）

3. 厨房的位置若不便于原料的进货和垃圾清运，能对集中设计加工厨房创造良好条件。

（　　）

4. 厨房的生产功能即厨房的生产形式。（　　）

5. 为了确保消防便利，厨房最好建在地下室。（　　）

6. 厨房位置一般是根据整个建筑物的位置、规模、形状来设计确定的。（　　）

7. 生产量大小是根据餐位人数来确定的。（　　）

8. 中餐原料市场供应的多为原始、未经加工的"低级原料"。（　　）

9. 按照餐位数计算厨房面积要与餐饮店经营方式相结合。（　　）

10. 一般而言，供应自助餐的厨房，每个餐位所需要的厨房面积为 $0.6 \sim 0.9 \ m^2$。

（　　）

11. 厨房高度一般不应低于 $3.6 \ m$。（　　）

12. 在墙体的处理上，应在离地面约 $1 \ m$ 处以下进行墙体的防水处理。（　　）

13. 原料加工区包括冷菜的烧烤以及初加工后原料的切割、浆腌等。（　　）

14. 洗碗间的工作质量和效率直接影响到厨房生产和出品。（　　）

15. L形布局通常将设备沿墙壁设置成一个犄角形。（　　）

16. 厨房面积有限的情况下，往往采用 U 形布局。（　　）

17. "责"是为了完成一定目标而履行的义务和承担的责任。（　　）

18. "权"是指人们在承担某一责任时所拥有的相应的指挥权。（　　）

19. 冷菜区一般要负责冷菜间的凉菜烹制。（　　）

20. 炉灶区负责冷菜间的凉菜烹制。（　　）

21. 冻房主要负责各式冷菜，如各种色拉、烟熏、烧烤食品和三明治等的制作。（　　）

22. 咖啡厅主要负责各式点心和快餐，如汉堡包、热狗等的制作。（　　）

23. 通常，厨房每个岗位上所需的人数是根据就餐人数来确定的。（　　）

24. 菜单的内容标志着厨房的生产水平和风格特色。（　　）

25. 厨房长无权随时撤换不能胜任或工作失误的员工。（　　）

26. 所谓最适人选，并非指某个人十全十美，而是这个人具备所在生产岗位的某种特长。　　　　　　　　　　　　　　　　　　　　　　　　　　　　（　　）

27. 行政总厨的直接领导是企业董事会和总经理或餐饮总监。　　　　（　　）

28. 行政总厨主要管理分店或部门厨师长。　　　　　　　　　　　　（　　）

29. 中餐厨师长的直属领导是餐饮总监。　　　　　　　　　　　　　（　　）

30. 中餐厨师长主要的管理范围是红案、白案、凉菜组长等。　　　　（　　）

31. 中型厨房往往又称为综合性厨房。　　　　　　　　　　　　　　（　　）

32. 中型的中餐厨房，一般设五个必需的作业区。　　　　　　　　　（　　）

33. 质量是指产品或服务提供者所提供给消费者的产品或服务在何种程度上和多长时间里满足消费者需求的程度。　　　　　　　　　　　　　　　　　　　　　　（　　）

34. 菜点质量主要是指菜点本身的质量。　　　　　　　　　　　　　（　　）

35. 感官质量评定法是餐饮经营实践中最基本、最实用、最简单有效的方法。（　　）

36. 味觉评定即利用嗅觉接触食物受到刺激时产生的反应。　　　　　（　　）

37. 原料阶段主要包括原料的采购、验收和储存。　　　　　　　　　（　　）

38. 原料阶段着重控制原料的采购规格、数量、价格及初加工管理等。（　　）

39. 配份是决定菜肴原料组成及分量的关键。　　　　　　　　　　　（　　）

40. "鼎中之变，精妙微纤"是说在原料加工阶段对菜肴质量控制尤为重要和难以掌握。　　　　　　　　　　　　　　　　　　　　　　　　　　　　　（　　）

41. 菜点消费阶段必须加以控制的两个环节是质量管理和备餐服务。（　　）

42. 菜肴由厨房烹制完成后交由餐厅进行出品服务。　　　　　　　　（　　）

43. 成菜出品检查是指菜肴送出厨房前必须经过质检人员的检查验收。（　　）

44. 服务销售检查中，餐厅领班也要参与厨房产品质量检查。　　　　（　　）

45. 重点客情或重要任务是指顾客身份特殊或消费标准不一般。　　　（　　）

46. 重点岗位和重点客情是厨房重点控制的主要内容。　　　　　　　（　　）

47. 《随园食单》为明代袁枚所著。　　　　　　　　　　　　　　　（　　）

48. "众口难调"是厨师对菜点口味不符合顾客要求时常用的开脱言辞。（　　）

49. 菜点质量评价主要体现在外观质量标准方面。　　　　　　　　　（　　）

50. 内在质量标准即味道、营养、色彩、质感等。　　　　　　　　　（　　）

51. 影响厨房布局的因素有厨房的建筑格局、规模大小、投资费用、生产功能等。　　　　　　　　　　　　　　　　　　　　　　　　　　　　　　　（　　）

52. 下属的自律能力强、技术熟练稳定、综合素质高，管理的幅度就可小些。（　　）

53. 控制菜点质量的方法有阶段流程控制法、岗位责任控制法和重点控制法。（　　）

54. 影响厨房布局的因素有直接因素和间接因素。　　　　　　　　　　（　　）

55. 合理配备厨房工作人员数量，是提高劳动生产效率、降低人工成本的途径，是满足厨房生产的前提。　　　　　　　　　　　　　　　　　　　　　　（　　）

56. 烹饪创新同社会经济的发展是紧密相连的，创新既有明显的时代特征，也有明显的区域特征，它与地方的物产、风味、习俗密切相关。　　　　　　　　　（　　）

二、单项选择题（下列每题有 4 个选项，其中只有 1 个是正确的，请将其代号填写在横线空白处）

1. 厨房布局是否合理，直接关系到厨房的生产流程、生产质量和_____。
    A. 劳动效率　　　　　　　　　　B. 岗位安排
    C. 员工工作　　　　　　　　　　D. 环境状况

2. 厨房布局是指在确定厨房的规模、形状、建筑风格、_____及厨房内的各部门之间关系和生产流程的基础上，具体确定厨房内各部门位置以及厨房生产设施和设备的分布。
    A. 空间面积　　　　　　　　　　B. 装修标准
    C. 地理位置　　　　　　　　　　D. 环境状况

3. 厨房布局是否合理直接关系着员工的_____、工作方式和工作态度。
    A. 工作状态　　　　　　　　　　B. 身心健康
    C. 安全问题　　　　　　　　　　D. 工作效率

4. 厨房的生产功能不同，其对面积要求、设备配备、_____均有所区别，设计必须与之相适应。
    A. 产品规格　　　　　　　　　　B. 生产流程方式
    C. 人员要求　　　　　　　　　　D. 环境状况

5. 加工厨房的设计侧重配备加工器械，冷菜厨房的设计则侧重_____。
    A. 卫生消毒　　　　　　　　　　B. 中温环境
    C. 宽敞面积　　　　　　　　　　D. 良好环境

6. 考虑到能源的不间断供给情况，厨房设计应该采用燃气烹调设备和_____相结合的方法。
    A. 煤炭加热设备　　　　　　　　B. 电力烹调设备
    C. 柴加热设备　　　　　　　　　D. 其他设备

7. 厨房的加热能源既要安全，又要_____，因此多选择用电加热。
    A. 高效　　　　　　　　　　　　B. 快捷
    C. 卫生　　　　　　　　　　　　D. 环保

8. 下列选项中，不适合厨房位置选择的是_____。

A. 设在建筑物底层　　　　　　B. 设在建筑物上部

C. 设在地下室　　　　　　　　D. 设在其他楼层

9. 考虑到能源的不间断供给情况，厨房设计应该采用_____和电力烹调设备相结合的方法。

A. 煤炭加热设备　　　　　　　B. 燃气烹调设备

C. 柴加热设备　　　　　　　　D. 其他设备

10. 中式烹饪与西式烹饪相比较，西餐所使用的食品原料加工已实现_____服务。

A. 工业化　　　　　　　　　　B. 社会化

C. 规模化　　　　　　　　　　D. 区域化

11. 原料加工程度的不同、经营的菜式风味、厨房生产量的大小、_____等都是确定厨房面积的因素。

A. 设备的先进程度　　　　　　B. 员工的积极性

C. 环境的健康状况　　　　　　D. 厨房的布局结构

12. 由于用餐人数常有变化，一般以_____作为计算生产量的依据。

A. 保守数　　　　　　　　　　B. 最低数

C. 平均数　　　　　　　　　　D. 最高数

13. 对于一般酒店来说，餐厅与厨房的比例应为_____。

A. 1∶1.1　　　　　　　　　　B. 1∶1.4

C. 1∶1.6　　　　　　　　　　D. 1∶1.8

14. 依据国家有关部门的规定，厨房员工占地面积不得小于_____ m²/人。

A. 1.2　　　　　　　　　　　B. 1.3

C. 1.5　　　　　　　　　　　D. 1.4

15. 厨房面积的大小涉及厨房的生产能力与员工的劳动条件和_____。

A. 工作状态　　　　　　　　　B. 生产效率

C. 接待人数　　　　　　　　　D. 生产环境

16. 厨房对外连通的门宽度不应小于_____ m。

A. 1.1　　　　　　　　　　　B. 1.3

C. 1.6　　　　　　　　　　　D. 1.8

17. 厨房的高度一般不应低于_____ m。

A. 3.6　　　　　　　　　　　B. 3.2

C. 4　　　　　　　　　　　　D. 3.8

18. 为了保持较好的空气流通，厨房的高度不应高于_____ m。

A. 4.3　　　　　　　　　　　　B. 4

C. 4.5　　　　　　　　　　　　D. 3.8

19. 原料区包括原料进入饭店后进行处理加工前的工作地点，即原料验货处、原料仓库、_____。

A. 原料备用处　　　　　　　　B. 原料初加工处

C. 鲜活原料活养处　　　　　　D. 原料展览处

20. 原料加工主要包括原料宰杀、蔬菜择洗、干货原料涨发、原料的切割、_____等。

A. 热菜的配份　　　　　　　　B. 浆腌

C. 打荷　　　　　　　　　　　D. 卤制

21. 菜点生产区域通常包括热菜的配份、_____、烹调、冷菜的烧烤、卤制、装盘、点心的成形和熟制等区域。

A. 打荷　　　　　　　　　　　B. 原料切割

C. 原料浆腌　　　　　　　　　D. 干货涨发

22. 直线形布局适用于高度分工合作、场地面积较大、_____和饭店的厨房。

A. 设备比较集中　　　　　　　B. 相对疏散的大型餐馆

C. 相对集中的大型餐馆　　　　D. 空间位置宽敞

23. 厨房设备较多而所需要的生产人员不多、出品较集中的厨房部门，可按_____布局。

A. 直线形布局　　　　　　　　B. U 形布局

C. L 形布局　　　　　　　　　D. 平行布局

24. 管理幅度是指一个管理者能够直接有效地指挥控制下属的人数。通常情况下，一个管理者的管理幅度以_____人为宜。

A. 4～8　　　　　　　　　　　B. 3～6

C. 5～7　　　　　　　　　　　D. 6～8

25. 基层管理人员与厨师员工沟通和处理问题比较方便，管理幅度一般可达_____人左右。

A. 10　　　　　　　　　　　　B. 13

C. 16　　　　　　　　　　　　D. 18

26. 影响厨房管理幅度的因素主要有层次因素、作业形式因素、_____。

A. 间接因素　　　　　　　　　B. 影响力因素

C. 威望因素　　　　　　　　　D. 能力因素

27. 按照菜肴的制作程序、口味标准、_____等进行合理烹制，以保证菜肴质量的稳定性。

    A. 装盘式样   B. 质量要求

    C. 营养搭配   D. 菜肴规格

28. 加工作业区主要负责各厨房动植物性原料的初步加工，如动物性原料的宰杀、植物性原料的切割以及原料的_____等处理，为配菜和烹调创造条件。

    A. 预处理   B. 制作程序

    C. 刀工处理   D. 腌制上浆

29. 下列选项中，不属于冷菜作业区的职能范围是_____。

    A. 负责早餐的供给   B. 负责水果拼盘的制作

    C. 热菜盘饰的制作   D. 各式甜点的制作

30. 冻房主要负责各式冷菜，如色拉、烟熏、烧烤食品和_____等的制作。

    A. 热狗   B. 汉堡包

    C. 三明治   D. 糖雕

31. 咖啡厅厨房主要负责各式点心和快餐，如汉堡包、_____等的制作。

    A. 热狗   B. 蛋糕

    C. 面包   D. 饼团

32. 包饼房主要负责各式面包、蛋糕、饼团、_____等的制作。

    A. 汉堡包   B. 黄油雕塑

    C. 三明治   D. 色拉

33. 通常，厨房每个岗位上所需的人数是根据_____来确定的。

    A. 餐位数   B. 生产量

    C. 就餐人数   D. 每天上座率

34. 厨房人员数量应该根据企业规模、经营档次、餐位数、_____、菜单、餐别、设备等因素加以考虑，以求得最佳人数。

    A. 岗位流动率   B. 生产量

    C. 餐位周转率   D. 销售量

35. 下列选项中，确定厨房人员数量首先要考虑的因素中不包括_____。

    A. 厨房经营规模的大小   B. 餐饮企业的档次

    C. 餐厅营业时间的长短   D. 餐厅的销售状况

36. 行政总厨是中餐厨房的最高管理者，下列选项中不属于其职务范围的是_____。

    A. 厨房生产与管理   B. 食品原料、工艺及卫生

C. 菜点成本核算及餐饮销售　　　　D. 菜点客前服务管理

37. 厨房人员数量应该根据企业规模、_____、餐位数、餐位周转率、菜单、餐别、设备等因素加以考虑，以求得最佳人数。

    A. 岗位流动率　　　　　　　　　B. 生产量

    C. 经营档次　　　　　　　　　　D. 销售量

38. 确定厨房人员数量首先考虑的因素中不包括_____。

    A. 餐厅的销售状况　　　　　　　B. 餐饮企业的档次

    C. 餐厅营业时间的长短　　　　　D. 厨房经营规模的大小

39. 中餐厨师长的素质要求：须具有高级专业技术职称，_____年以上的工作经验。

    A. 5　　　　　　　　　　　　　B. 6

    C. 8　　　　　　　　　　　　　D. 10

40. 下列选项中，不属于中餐厨师长素质要求的是_____。

    A. 具有大学专科以上学历　　　　B. 定期实施厨师技术培训

    C. 具有良好的语言表达能力　　　D. 熟练掌握本酒楼菜肴的烹饪技术

41. 下列选项中，不属于中餐厨师长岗位职责范围的是_____。

    A. 根据餐饮经营特点，制定零点和宴会菜单

    B. 负责保证并提高食品质量和餐饮特色

    C. 定期实施厨师技术培训

    D. 熟悉原料质量标准和菜品质量标准

42. 中型厨房中的中餐厨房一般设_____个必需的作业区。

    A. 6　　　　　　　　　　　　　B. 4

    C. 5　　　　　　　　　　　　　D. 8

43. 下列选项中，不属于中型中餐厨房责任区的是_____。

    A. 加工区　　　　　　　　　　　B. 切配区

    C. 炉灶区　　　　　　　　　　　D. 扒房区

44. 下列选项中，不属于中型西餐厨房区域的是_____。

    A. 烹调厨房区　　　　　　　　　B. 加工区

    C. 包饼房　　　　　　　　　　　D. 点心区

45. 质量是_____提供者所提供给消费者的产品或服务在何种程度及多长时间里满足消费者需求的程度。

    A. 产品　　　　　　　　　　　　B. 服务

    C. 产品或服务　　　　　　　　　D. 产品和服务

46. 菜点的质量主要是指菜点本身的质量，从传统意义上说，一般包括菜点的色、香、味、形、器、质感等，结合现代科学对菜点一些质量内容的整合，则还应包括菜点的营养卫生、安全程度、_____等。

    A. 菜点的温度感   B. 菜点的美感

    C. 菜点的标准化   D. 菜点的艺术感

47. 小型厨房规模较小，在具体岗位设置上，只有炉灶组、切配组、_____。

    A. 加工组   B. 点心组

    C. 冷菜组   D. 面点组

48. 感官质量评定主要包括嗅觉评定、视觉评定、味觉评定、听觉评定、_____。

    A. 舌头尝评定   B. 鼻子嗅评定

    C. 化学评定   D. 触觉评定

49. 听觉评定法即运用听觉评定菜肴质量，尤其适用于_____。

    A. 造型菜肴   B. 干锅菜肴

    C. 锅巴及铁板菜肴   D. 油炸类菜肴

50. 菜点外围质量要求主要体现在两个方面：一是要求餐厅能够提供给顾客品尝美味菜点的最佳环境，二是提供合理而完美的_____。

    A. 价格和服务   B. 安全和美味

    C. 规格标准   D. 营养标准

51. 厨房的生产运转，从原料进货到菜点销售，可分为原材料采购存储、菜点生产加工和_____三个阶段。

    A. 销售管理   B. 成本预算

    C. 原料加工   D. 菜点消费

52. 原料阶段主要包括原料的采购、验收和_____。

    A. 加工   B. 存储

    C. 预处理   D. 检验

53. 菜点外围质量要求主要体现在两个方面：一是要求餐厅能够提供给顾客品尝美味菜点的_____，二是提供合理而完美的价格和服务。

    A. 最佳环境   B. 安全和美味

    C. 规格标准   D. 营养标准

54. 菜点生产阶段主要是控制申领原料的数量和质量，菜点加工、配份和_____。

    A. 销售服务   B. 规格标准

    C. 烹调质量   D. 营养卫生

55. 烹调是菜肴从原料到成品的成熟环节，决定着菜肴的色泽、风味和_____。

  A. 安全　　　　　　　　　　B. 卫生

  C. 营养　　　　　　　　　　D. 质地

56. 菜点生产阶段主要是控制申领原料的数量和质量，菜点_____、配份和烹调质量。

  A. 涨发　　　　　　　　　　B. 加工

  C. 销售　　　　　　　　　　D. 服务

57. 阶段控制法强调在加工生产各阶段应建立规范的生产标准，以控制其生产行为和_____。

  A. 操作过程　　　　　　　　B. 规格标准

  C. 菜品质量　　　　　　　　D. 营养卫生

58. 生产阶段的产品质量检查，重点是根据生产过程，抓好生产制作检查、成菜出品检查和_____三个方面。

  A. 质量标准检查　　　　　　B. 服务销售检查

  C. 出品质量检查　　　　　　D. 安全卫生检查

59. 服务销售检查是指除生产制作检查和成菜出品检查两方面检查外，_____也应参与厨房产品质量检查。

  A. 餐厅服务员　　　　　　　B. 餐厅领班

  C. 餐厅主管　　　　　　　　D. 餐厅经理

60. 服务员平时直接与顾客打交道，了解顾客对菜肴的色泽、装盘及外观等方面的要求，因此，从销售角度检查菜点质量往往更具_____。

  A. 观赏性　　　　　　　　　B. 艺术性

  C. 食用性　　　　　　　　　D. 实用性

61. 厨房中，应该将一些价格昂贵、原料高档，或针对高规格、重要顾客的菜肴的制作，以及技术难度较大的工作列入_____等岗位职责内。

  A. 头炉头砧　　　　　　　　B. 行政总厨

  C. 总厨师长　　　　　　　　D. 厨房主管

62. 在厨房岗位控制法当中，除了要做到所有工作有落实外，还要确保_____。

  A. 职责监管有力度　　　　　B. 职责范围分工化

  C. 岗位分配平等化　　　　　D. 岗位职责有主次

63. 重点控制法是针对厨房生产和出品的某个时期、某个阶段或环节，或针对重点客情、重要任务及_____而进行的更加详细、全面、专门的督导管理。

A. 欢庆活动　　　　　　　　　B. 重大活动

C. 婚庆活动　　　　　　　　　D. 寿宴活动

64. 厨房岗位职责控制法中，作为控制对象的重点岗位和环节是_____。

A. 不变的　　　　　　　　　　B. 稳定的

C. 可控的　　　　　　　　　　D. 不固定的

65. 厨房对重大活动的控制，首先应从_____着手，充分考虑各种因素。

A. 菜单制定　　　　　　　　　B. 餐厅服务

C. 销售服务　　　　　　　　　D. 出品质量

66. 厨房产品的质量，常受到原料、调味品、厨房环境、设施、设备、_____等客观因素影响。

A. 顾客　　　　　　　　　　　B. 心情

C. 工具　　　　　　　　　　　D. 服务

67. 厨房产品质量控制过程中，菜点质量控制首先要抓好_____的质量控制。

A. 切割加工　　　　　　　　　B. 原材料

C. 初加工　　　　　　　　　　D. 切配加工

68. _____是厨房对重大活动的控制中首先要考虑的因素。

A. 销售服务　　　　　　　　　B. 餐厅服务

C. 菜单制定　　　　　　　　　D. 出品质量

69. 下列选项中，不属于菜点内在质量标准的是_____。

A. 味道　　　　　　　　　　　B. 营养

C. 色彩　　　　　　　　　　　D. 质感

70. 下列选项中，不属于菜点外在质量标准的是_____。

A. 色彩　　　　　　　　　　　B. 形状

C. 切配　　　　　　　　　　　D. 质感

71. 菜点质量评价包括内在质量标准和_____两个方面。

A. 外观质量标准　　　　　　　B. 外在规格标准

C. 外观造型标准　　　　　　　D. 外在感官标准

72. L形布局，通常将设备沿墙壁设置成一个犄角形。这种布局方式在一般酒楼、包饼房、_____等厨房得到广泛应用。

A. 面点生产间　　　　　　　　B. 冷菜生产间

C. 烘烤加工间　　　　　　　　D. 出菜间

73. 设计厨房布局时，菜点成品销售区域要介于厨房和_____之间。

A. 前厅　　　　　　　　　　　B. 餐厅

C. 烹调厨房　　　　　　　　　D. 面点厨房

74. 流程控制法在菜点质量阶段控制的是_____。

A. 原料环节　　　　　　　　　B. 原料环节和生产环节

C. 菜点消费环节和原料环节　　D. 原料环节、生产环节和菜点消费环节

75. 冷菜厨房在设计时就要注重清洁卫生和_____。

A. 营造干燥环境　　　　　　　B. 营造低噪声环境

C. 营造恒温环境　　　　　　　D. 营造低温环境

76. 如果宴会规定销售毛利率是 75%，一个宴会食品价格是 18 400 元，则需要支付的成本是_____元。

A. 1 800　　　　　　　　　　B. 2 400

C. 3 800　　　　　　　　　　D. 4 600

77. 某种原料进货单价是 9.86 元/kg，成本系数是 1.176 5，每份菜肴使用的原料质量是 0.4 kg，因此菜肴原料成本是_____元。

A. 4.64　　　　　　　　　　B. 5.68

C. 6.32　　　　　　　　　　D. 8.19

78. 质量是指产品或服务提供者所提供给消费者的产品或服务在何种程度和多长时间里满足消费者需求的_____。

A. 程度　　　　　　　　　　B. 趋势

C. 数量　　　　　　　　　　D. 品种

79. 厨房设计与布局的基础是_____。

A. 形成良好的工作态度　　　　B. 创造良好的工作环境

C. 生产高质量的产品　　　　　D. 提供优质的服务

80. 厨房采用 U 形布局，其特点是_____。

A. 设备可在中间摆放　　　　　B. 不便取料操作

C. 可充分利用墙壁和空间　　　D. 人在四边外围工作

81. 基层管理人员的管理幅度可以达到_____人左右。

A. 5　　　　　　　　　　　　B. 10

C. 15　　　　　　　　　　　D. 20

82. 菜点的外围质量主要体现在_____等方面。

A. 产品特殊的口味　　　　　　B. 菜点完美的造型

C. 菜点美妙的颜色　　　　　　D. 完善优质的服务

83. 选择厨房位置，要考虑的问题是_____。

    A. 便于烹调备餐和出品   B. 避免食品污染，远离进货通道

    C. 保持清洁环境，远离垃圾清运   D. 保持餐厅清洁，避免与餐厅同楼层

84. 职业道德在调节人们利益过程中，并不排斥_____。

    A. 合法获取个人利益   B. 合法占有集体利益

    C. 非法获取集体利益   D. 非法占有国家利益

85. 一般来说，供应自助餐的厨房在设计时考虑每个餐位所需要的面积是_____ m²。

    A. 0.5～0.7   B. 5～7

    C. 15～17   D. 1.5～1.7

86. 职业道德在范围上具有最为明显的特征是_____。

    A. 有限性   B. 无限性

    C. 广泛性   D. 稳定性

三、多项选择题（下列每题有多个选项，至少有2个是正确的，请将其代号填写在横线空白处）

1. 厨房布局是指在确定厨房的_____及厨房内的各部门之间关系和生产流程的基础上，再具体确定厨房内各部门位置及厨房生产设施和设备的分布。

    A. 规模   B. 形状

    C. 建筑风格   D. 空间面积

    E. 装修标准

2. 厨房布局是否合理直接关系着员工的_____。

    A. 工作效率   B. 工作方式

    C. 工作态度   D. 身心健康

    E. 安全问题

3. 影响厨房布局的因素主要包括_____。

    A. 厨房建筑格局和规模大小   B. 厨房的生产功能

    C. 公用设施分布状况   D. 法规和有关执法部门的要求

    E. 投资费用

4. 考虑到能源的不间断供给情况，厨房设计应该采用_____和_____相结合的方法。

    A. 煤炭加热设备   B. 电力烹调设备

    C. 燃气烹调设备   D. 柴加热设备

    E. 其他设备

5. 下列选项中，可以作为确定厨房位置原则的是_____。

  A. 确保厨房周围的环境卫生，不能有污染源

  B. 厨房须设置在便于抽排油烟的地方

  C. 厨房须设置在便于消防控制的地方

  D. 厨房须设置在便于原料运进和垃圾清运的地方

  E. 厨房须靠近或方便连接水、电、气等资源设施的地方

6. 下列选项中，厨房位置可以选择设在_____。

  A. 建筑物底层　　　　　　B. 建筑物上部

  C. 地下室　　　　　　　　D. 主楼

  E. 辅楼

7. 下列选项中，_____是确定厨房面积的考虑因素。

  A. 原料加工程度的不同　　B. 经营的菜式风味

  C. 厨房辅助设施状况　　　D. 厨房生产量的大小

  E. 设备的先进程度

8. 要确定厨房面积，必须考虑的因素是_____。

  A. 厨房辅助设施状况　　　B. 经营的菜式风味

  C. 原料加工程度的不同　　D. 厨房生产量的大小

  E. 设备的先进程度

9. 下列选项中，_____是确定厨房面积的考虑因素。

  A. 原料加工程度的不同　　B. 经营的菜式风味

  C. 厨房辅助设施状况　　　D. 厨房生产量的大小

  E. 设备的先进程度

10. 厨房面积的大小与_____有关。

  A. 接待人数　　　　　　　B. 厨房生产能力

  C. 员工的劳动条件　　　　D. 厨房生产量

  E. 生产环境

11. 厨房的地面通常要求_____。

  A. 耐磨　　　　　　　　　B. 耐重压

  C. 耐高温　　　　　　　　D. 耐腐蚀

  E. 防滑

12. 厨房内部环境布置主要包括厨房_____等细节的设计。

  A. 高度　　　　　　　　　B. 墙壁

C. 顶部   D. 地面

E. 门窗

13. 菜点成品销售区域介于厨房和餐厅之间，该区域与厨房生产流程关系密切的地点主要是_____。

    A. 备餐间   B. 洗碗间

    C. 装盘   D. 水产活养处

    E. 明档

14. 一般而言，综合性厨房根据其菜品烹制加工的工艺流程，其生产场所大致可以分为_____。

    A. 原料筹措区域   B. 原料加工区域

    C. 菜点生产区域   D. 菜点销售区域

    E. 产品服务区域

15. 厨房布局应依据厨房结构、面积、高度及设备的具体情况进行。下列选项中，可供参考的布局类型是_____。

    A. L形布局   B. 直线形布局

    C. U形布局   D. V形布局

    E. 平行布局

16. 一般而言，综合性厨房根据菜品烹制加工的工艺流程，其生产场所区域不包括_____。

    A. 产品投诉区域   B. 原料加工区域

    C. 菜点生产区域   D. 菜点销售区域

    E. 产品服务区域

17. 厨房结构应体现餐饮管理风格，在总的管理思想指导下，遵循组织结构的设计原则，主要表现为_____。

    A. 垂直指挥原则   B. 责权对等原则

    C. 管理幅度适当原则   D. 职能相称原则

    E. 精干与效率原则

18. 在配备厨房组织结构的人员时，应遵循_____等原则。

    A. 知人善任   B. 选贤任能

    C. 用人所长   D. 人尽其才

    E. 认亲所用

19. 下列选项中，属于面点职能范围的是_____。

A. 负责制作和提供各式中式点心

B. 负责各厨房的主食制作

C. 负责各式甜点的制作

D. 负责早餐的供给

E. 负责本作业区设备的清洁和保养

20. 下列选项中，属于炉灶区职能范围的是_____。

    A. 负责将配制后的半成品烹制成菜肴

    B. 按照菜肴的制作程序、口味标准、装盘式样等合理烹饪

    C. 负责冷菜间的冷菜烹制

    D. 负责各式甜点的制作

    E. 负责本区域设备的清洁和保养

21. 包饼房的职能范围主要包括_____。

    A. 各式面包、蛋糕   B. 各式饼团

    C. 各式甜品   D. 各式黄油雕塑

    E. 各式三明治

22. 下列选项中，属于咖啡厅职能范围的是_____。

    A. 负责咖啡厅所需菜肴的制作   B. 负责咖啡厅各式点心

    C. 负责咖啡厅各式快餐   D. 负责咖啡厅汉堡

    E. 负责咖啡厅热狗

23. 下列选项中，属于确定厨房人员数量所要考虑的因素是_____。

    A. 厨房经营规模的大小和岗位的设立

    B. 餐饮企业的经营档次、顾客特征及消费水平

    C. 餐厅营业时间的长短

    D. 菜单经营品种的多少、菜点制作难易程度及出品要求

    E. 厨房设计布局情况及设备的完善程度

24. 对于一家新开业的餐饮企业来说，厨房人员数量应根据企业的_____加以考虑，以求得最佳人数。

    A. 经营规模   B. 经营档次

    C. 餐位数及周转率   D. 餐厅菜单

    E. 餐别及设备

25. 下列选项中，属于行政总厨工作技能的是_____。

    A. 业务实施能力   B. 组织协调能力

C. 开拓创新能力 　　　　　　　D. 文字表达能力

E. 外语能力

26. 下列选项中，属于行政总厨业务知识范围的是_____。

A. 厨房生产与管理的业务知识

B. 食品原料和工艺原理及营养卫生知识

C. 菜点成本核算及餐饮销售

D. 食品安全和库房管理知识

E. 客源国饮食习俗知识

27. 下列选项中，属于中餐厨师长素质要求的是_____。

A. 具有大学专科以上学历

B. 熟练掌握本酒楼菜肴的烹饪技术

C. 具有中国烹饪历史文化和菜系知识

D. 熟悉原材料质量标准和菜品质量标准

E. 能及时处理突发事件，确保酒楼业务正常运行

28. 下列选项中，属于中餐厨师长岗位职责范围的是_____。

A. 根据餐饮经营特点和要求，制定零点和宴会菜点

B. 定期控制食品和有关劳动力成本

C. 负责指导主厨的日常工作

D. 经常与前厅经理、行政部门联系协调

E. 熟悉原材料质量标准和菜品质量标准

29. 下列选项中，属于中型中餐厨师长负责的是_____。

A. 加工区领班 　　　　　　　B. 冷菜区领班

C. 切配区领班 　　　　　　　D. 炉灶区领班

E. 烧烤区领班

30. 下列选项中，属于中型西餐厨师长负责的是_____。

A. 冷菜、冻房领班 　　　　　B. 包饼房领班

C. 咖啡厅厨房领班 　　　　　D. 加工厨房领班

E. 扒房领班

31. 菜点的质量主要是指菜点本身的质量，一般包括菜点的色、香、味、形、器、质感等，若结合现代科学对菜点一些质量内容的整合，还应该包括菜点的_____等。

A. 营养卫生 　　　　　　　　B. 安全程度

C. 艺术感 　　　　　　　　　D. 温度感

E. 标准化

32. 小型厨房规模较小，因此在具体岗位设置上只有_____。

A. 炉灶组
B. 加工组
C. 冷菜组
D. 点心组
E. 切配组

33. 感官质量评定法主要包括_____评定。

A. 嗅觉
B. 视觉
C. 味觉
D. 听觉
E. 触觉

34. 菜点外围质量要求主要体现在_____等方面。

A. 最佳环境
B. 合理价格
C. 完美服务
D. 安全卫生
E. 营养标准

35. 厨房的生产运转（从原料进货到菜点销售）可分为_____三个阶段。

A. 原材料采购存储
B. 成本核算
C. 销售管理
D. 菜点生产加工
E. 菜点消费

36. 原料阶段主要包括原料的_____。

A. 存储
B. 采购
C. 检验
D. 验收
E. 预处理

37. 菜点生产阶段主要是控制申领原料的数量和质量及菜点的_____。

A. 加工
B. 配份
C. 烹调质量
D. 卫生
E. 营养

38. 烹调是菜肴从原料到成品的成熟环节，决定着菜肴的_____。

A. 色泽
B. 风味
C. 营养
D. 质地
E. 卫生

39. 生产阶段的产品质量检查，重点是根据生产过程，抓好_____三个方面。

A. 安全卫生检查
B. 质量标准检查
C. 服务销售检查
D. 成菜出品检查

E. 生产制作检查

40. 菜点消费阶段必须加以控制的两个环节是_____和_____。

    A. 质量管理   B. 备餐服务

    C. 餐厅上菜服务   D. 规格管理

    E. 安全卫生管理

41. 下列选项中，不属于菜品生产阶段的检查重点是_____。

    A. 安全卫生检查   B. 质量标准检查

    C. 服务销售检查   D. 成菜出品检查

    E. 生产制作检查

42. 下列选项中，不属于菜点消费阶段必须加以控制的是_____。

    A. 质量管理   B. 备餐服务

    C. 餐厅上菜服务   D. 规格管理

    E. 安全卫生管理

43. 厨房岗位职责控制中，重点控制法主要是针对_____。

    A. 重点岗位   B. 重点环节

    C. 重点客情   D. 重要任务

    E. 重大活动

44. _____是指顾客身份特殊或消费标准不一般。

    A. 重点客情   B. 重要任务

    C. 重大活动   D. 重点岗位

    E. 重点环节

45. 厨房产品的质量常受到_____等客观因素的影响。

    A. 原材料及调料   B. 厨房生产环境

    C. 厨房设施   D. 厨房设备工具

    E. 餐厅服务销售

46. 厨房采用 U 形布局的特点是_____。

    A. 人在四边外围工作   B. 取料操作方便

    C. 可充分利用墙壁和空间   D. 设备可中间摆放

    E. 火锅店采用这样的设计，有很强的适用性

47. 菜点内在质量标准是指_____。

    A. 味道   B. 质感

    C. 营养成分   D. 滋味

E. 色彩

48. 菜点外在质量标准是指_____。

    A. 色彩　　　　　　　　　　　　B. 形状

    C. 切配　　　　　　　　　　　　D. 装盘

    E. 装饰

49. 影响厨房管理幅度的因素主要是_____。

    A. 时间　　　　　　　　　　　　B. 空间

    C. 能力　　　　　　　　　　　　D. 层次

    E. 作业

50. 若职工具有良好的职业道德，则可以起到_____的作用。

    A. 树立良好企业形象　　　　　　B. 提高产品和服务质量

    C. 协调职工与领导之间的关系　　D. 增强企业的凝聚力

    E. 有利于企业科技创新

51. 设计标准菜谱必须注意_____。

    A. 叙述简明扼要　　　　　　　　B. 原料数量准确

    C. 制作程序、步骤明确　　　　　D. 原料采购计划明确

    E. 避免使用专业术语和词汇

52. 菜点质量的重点控制法就是控制_____。

    A. 重点岗位　　　　　　　　　　B. 重点环节

    C. 重点客情　　　　　　　　　　D. 重要任务

    E. 重大活动

53. 厨房组织结构设置中责权对等原则的要求是_____。

    A. 划清责任　　　　　　　　　　B. 层次分明

    C. 赋予对等的权力　　　　　　　D. 集体承担，共同负责

    E. 对下属行为负责

四、简答题

1. 简述厨房布局的概念及其影响因素。

2. 简述确定厨房位置的原则。

3. 简述确定厨房面积须考虑的因素。

4. 简述厨房面积确定的方法。

5. 简述中餐厨房合理设计与布局的要领。

6. 简述厨房作业区和工作岗位的布局。

7. 简述厨房组织结构设置的原则。

8. 简述厨房管理幅度的影响因素。

9. 简述中餐厨房加工作业区的职能。

10. 简述中餐厨房炉灶区的职能范围。

11. 简述冷菜作业区的职能范围。

12. 简述厨房布局的影响因素。

13. 简述确定厨房人员数量的因素。

14. 简述厨房人员数量的配备方法。

15. 简述中餐厨师长的素质要求。

16. 简述中餐厨师长的岗位职责。

17. 简述行政总厨的岗位职责。

18. 简述行政总厨须具备的工作能力。

19. 简述菜点质量的概念。

20. 简述菜点质量感官评定方法。

21. 简述原料阶段控制菜点质量的方法。

22. 简述菜点生产阶段的控制。

23. 简述菜品生产阶段的质量检查内容。

24. 简述影响菜点质量的生产过程的客观自然因素。

五、综合题

1. 论述厨房布局的影响因素。

2. 论述厨房面积确定的方法。

3. 论述厨房各部门区域布局。

4. 论述厨房作业区和工作岗位的布局。

5. 论述厨房人员数量的配备方法。

6. 论述厨房组织结构的设置及其原则。

7. 论述行政总厨的素质要求。

8. 论述阶段流程控制菜点质量的方法。

9. 论述菜点质量重点控制法。

10. 论述菜点质量评价及控制方法。

参 考 答 案

一、判断题

1. ×	2. √	3. ×	4. √	5. ×	6. √	7. ×	8. √	9. √
10. ×	11. √	12. ×	13. ×	14. √	15. √	16. ×	17. √	18. ×
19. ×	20. √	21. √	22. √	23. ×	24. √	25. √	26. √	27. √
28. √	29. ×	30. √	31. √	32. ×	33. √	34. √	35. √	36. ×
37. √	38. ×	39. √	40. ×	41. ×	42. √	43. √	44. ×	45. √
46. ×	47. ×	48. √	49. ×	50. ×	51. √	52. √	53. √	54. √
55. √	56. √							

二、单项选择题

1. A	2. B	3. D	4. B	5. A	6. B	7. C	8. D	9. B
10. B	11. A	12. D	13. A	14. C	15. D	16. A	17. A	18. A
19. C	20. B	21. A	22. C	23. B	24. B	25. A	26. D	27. A
28. D	29. D	30. C	31. A	32. B	33. B	34. C	35. D	36. D
37. C	38. A	39. D	40. B	41. D	42. A	43. D	44. D	45. C
46. A	47. B	48. D	49. C	50. A	51. D	52. B	53. A	54. C
55. D	56. B	57. A	58. B	59. A	60. D	61. A	62. D	63. B
64. D	65. A	66. C	67. B	68. C	69. C	70. D	71. A	72. A
73. B	74. D	75. D	76. D	77. A	78. A	79. B	80. C	81. A
82. D	83. A	84. A	85. A	86. A				

三、多项选择题

1. ABCE	2. ABC	3. ABCDE	4. BC	5. ABCDE
6. ABCDE	7. ABCDE	8. ABCDE	9. ABCDE	10. BCE
11. ABCD	12. ABCDE	13. ABD	14. ABCD	15. ABCE
16. A E	17. ABCDE	18. ABCD	19. ABCE	20. ABCE
21. ABCD	22. ABCDE	23. ABCDE	24. ABCDE	25. ABCDE
26. ABCDE	27. ABCDE	28. ABCD	29. ABCDE	30. ABCDE
31. ABD	32. ADE	33. ABCDE	34. ABC	35. ADE
36. ABD	37. ABC	38. ABD	39. CDE	40. BC
41. AB	42. ADE	43. ABCDE	44. AB	45. ABCDE

46. BCE   47. ABCD   48. ABCDE   49. CDE   50. ABCDE

51. ABC   52. ABCDE   53. ABCE

四、简答题

1. 厨房布局是指在确定厨房的规模、形状、建筑风格、装修标准及厨房内的各部门之间关系和生产流程的基础上，具体确定厨房内各部门位置及厨房生产设施和设备的分布。

影响厨房布局的因素有：

（1）厨房建筑格局和规模大小。

（2）厨房的生产功能。

（3）公用设施分布状况。

（4）法规和有关执行部门的要求。

（5）投资费用。

2. 厨房位置一般是根据整个建筑物的位置、规模、形状等来设计确定的，主要体现在以下几个方面：

（1）确保厨房周围的环境卫生，附近不能有任何污染源。

（2）厨房须设置在便于抽排油烟的地方。厨房一般应设置在下风向或便于集中排烟的地方，尽量减少对环境的破坏。

（3）厨房须设置在便于消防控制的地方。厨房不要建在地下室，厨房位置要确保消防控制的方便。

（4）厨房须设置在便于原料运进和垃圾清运的地方。

（5）厨房须设置在靠近或方便连接和使用水、电、气等公用设施的地方，以节省建设投资。

（6）若餐厅、饭店运货梯位置和格局已定，厨房位置还应兼顾餐厅的结构，考虑上菜方便，所以厨房应设置在紧靠餐厅并方便原料运送的地方。

3.（1）原材料加工程度的不同

国内的中餐原料市场供应不规范，规格标准大多不一，原料多为原始、未经加工的"低级原料"。原料购进之后，大多需要进一步整理加工，因此，不仅加工工作量大，生产场地也要增大。

（2）经营的菜式风味

中餐和西餐厨房所需面积要求不一，西餐相对小一些，因为西餐原料供应规范，加工精细程度高。即便是同样经营中餐，所需厨房面积也不尽相同，如淮扬菜厨房就相对比粤菜厨房要大一些。

（3）厨房生产量的大小

生产量的大小是根据用餐人数确定的，用餐人数多，厨房的生产量就大，用具设备、员工等都要多，厨房面积也就要大些。

（4）设备的先进程度与空间的利用率

厨房设备革新、变化很快，设备先进，不仅提高工作效率，而且功能全面的设备可以节省不少场地。

（5）厨房辅助设施状况

辅助设施包括员工更衣室、员工食堂、员工休息间、办公室、仓库、卫生间等，一般都应在厨房之外专门安排，从而使厨房面积得以节省。

4.（1）根据不同经营类型的餐位数计算厨房面积。

（2）根据餐厅与厨房的比例确定厨房面积。

（3）根据厨房员工数量确定厨房面积。

（4）根据餐饮总面积计划厨房面积。

（5）以餐厅就餐人数为参数来确定。

5.（1）厨房生产线应畅通、连续，无回流现象。

（2）厨房应尽量靠近餐厅。

（3）厨房各部门及部门内的工作点应紧凑，尽量减少它们之间的距离。

（4）设有分开的人行道和货物通道。

（5）创造良好、安全和卫生的工作环境。

6. 主要有以下几种布局类型：

（1）L形布局。L形布局通常将设备沿墙壁设置成一个犄角形。

（2）直线形布局。直线形布局适用于高度分工合作、场地面积较大、相对集中的大型餐馆和饭店的厨房。

（3）平行布局。平行布局是把主要烹调设备背靠背地组合在厨房内，置于同一通风排气罩下，厨师相对而站地进行操作。

（4）U形布局。厨房设备较多而所需生产人员不多、出品较集中的厨房部门，可按U形布局，如点心间、冷菜间、涮锅操作间。

7.（1）垂直指挥原则。

（2）责权对等原则。

（3）管理幅度适当原则。

（4）职能相称原则。

（5）精干与效率原则。

8.（1）层次因素

上层管理的管理幅度要小些，而基层管理人员的管理幅度一般可达 10 人左右。

（2）作业形式因素

厨房人员集中作业比分散作业的管理幅度要大些。

（3）能力因素

下属自律能力强，技术熟练稳定，综合素质高，幅度可大些；反之，幅度就要小些。

9.（1）负责各厨房所需动物性原料的宰杀、煺毛、洗涤等加工和植物性原料的拣选、洗涤、加工、切割等处理。一些企业的主厨房还负责原料的腌制、上浆等处理，为配菜和烹调创造条件。

（2）根据各厨房生产所需要的正常供应量和预订量，来决定原料加工的品种和数量，并保证及时地按质按量交付给各厨房使用。

（3）正确掌握和使用各种加工设备，并负责其清洁和保养。

（4）严格按照加工标准和加工规程进行加工，做到物尽其用，注重下脚料的回收。加工后的原料要及时保藏，以保证原料加工后的质量。

10.（1）负责将配制后的半成品烹制成菜肴，并及时提供给餐厅。

（2）按照菜肴的制作程序、口味标准、装盘式样等进行合理烹制，保证菜肴质量的稳定性。

（3）负责冷菜间的凉菜烹制。

（4）负责炉灶作业区内的厨房设备的清洁卫生和保养。

11.（1）主要负责各式冷菜的制作和供应。

（2）一般负责早餐的供给。

（3）负责水果拼盘的制作。有些饭店还需冷菜作业区提供热菜盘饰的制作。

（4）负责冷菜作业区内设备的清洁和保养。

12.（1）厨房建筑格局和规模大小。

（2）厨房的生产功能。

（3）公用设施分布状况。

（4）法规和有关执行部门的要求。

（5）投资费用。

厨房布局的投资是对布局标准和范围形成制约的经济因素，因为它决定了是用新设备还是改造现有的设施设备，决定了是重新规划整个厨房还是仅限于厨房的局部改造。

13.（1）厨房经营规模的大小和岗位的设立。

（2）餐饮企业的经营档次、顾客特征及消费水平。

（3）餐厅营业时间的长短。

（4）菜单经营品种的多少、菜点制作难易程度及出品标准要求的高低。

（5）厨房设计布局情况及设备的完善程度。

14.（1）根据厨房组织结构的设置要求，寻找最合适的人选。

（2）采用开展岗位竞争的方法选择人才。

（3）采用人才互补的方法加强岗位建设。

15.（1）具有大学专科以上学历或同等文化程度的学历。

（2）具有高级专业技术职称，10年以上的工作经验。

（3）熟练掌握本酒楼菜肴的烹饪技术，熟悉各种菜品的特色和特点。

（4）具有中国烹饪历史文化和其他菜系的烹饪知识。

（5）具有良好的语言表达能力，善于处理人际关系和协调部门关系，具备厨房内部规范化管理的技能。

（6）熟悉原材料质量标准、菜品质量标准。

（7）能够及时处理突发事件，确保酒楼业务正常运转。

（8）善于指导和激励下属员工工作，准确评估员工工作表现，编制员工培训方案和计划。

（9）努力学习业务知识，熟练掌握一门外语，不断提高技术水平和管理水平。

16.（1）根据餐饮经营的特点和要求，制定零点和宴会菜单。

（2）制定厨房的操作规程及岗位职责，确保厨房工作正常进行。

（3）检查厨房设备和厨具、用具的使用情况，制订年度订购计划。

（4）每日检查厨房卫生，把好食品卫生关，贯彻执行食品卫生法规和厨房卫生制度。

（5）根据不同季节和重大节日，组织特色食品节，推出时令菜式，增加花色品种，以促进销售。

（6）负责保证并不断提高食品质量和餐饮特色。

（7）定期实施厨师技术培训。

（8）负责控制食品及有关劳动力成本。

（9）负责指导主厨的日常工作。

（10）经常与前厅经理、行政部门等相关部门联系协调，并听取顾客意见，不断改进工作。

17.（1）根据企业管理层的指示，负责企业整个厨房系统日常工作调节和部门沟通，做到"上传下达"。

（2）负责企业整个厨师队伍技术培训规划和指导。

（3）负责厨房系统菜品、原料研究开发和厨房管理工作。

（4）组织企业对关键原料品质的鉴定和培训工作。

（5）对企业厨师系统的考察与考核评级做总体把关和控制。

（6）协助上级领导处理各种重大突发事件。

（7）负责组织对新菜品的设计和开发工作，不断了解菜品市场动态和动向。

18.（1）业务实施能力

能正确理解上级的工作指令，对厨房生产和管理实行全面控制，圆满完成工作任务。

（2）组织协调能力

能合理有效地调配厨房的人力、物力和财力，调动下级的工作积极性，善于同有关部门沟通。

（3）开拓创新能力

能及时准确地进行餐饮市场的预测和分析，不断更新菜肴品种。

（4）文字表达能力

能熟练地撰写工作报告、总结和各种计划，能简明扼要地向部下下达工作指令。

（5）外语能力

对于星级酒店和高档餐饮企业，要求行政总厨能用一门外语阅读有关业务资料，并能进行简单的对话。

19.质量是指产品或服务提供者所提供给消费者的产品或服务在何种程度上和多长时间里满足消费者需求的程度。菜点是由厨房生产制作的各种供顾客选用的食品，一般有冷菜、热菜、点心、面食、粥品、汤羹以及小吃、甜品等。

菜点质量主要是菜点本身的质量，从传统意义上来说，一般包括菜点的色、香、味、形、器、质感等，如果结合现代科学对菜点一些质量内容的整合，还应该包括菜点的温度感、营养卫生、安全程度等。

20.感官质量评定法是餐饮经营实践中最基本、最实用、最简单有效的方法，即利用人的感觉器官通过对菜肴的质量加以鉴赏和品尝，来评定菜肴食品各项指标质量的方法。也就是用眼、耳、鼻、舌、手等感官，通过看、嗅、尝、咬、听等方法，检查菜肴外观色、形、质、温等，从而确定其质量的一种评定方法。主要有五种评定方法：

（1）嗅觉评定。

（2）视觉评定。

（3）味觉评定。

（4）听觉评定。

（5）触觉评定。

要把握菜肴的质量，以上五种感官往往要几种同时并用对菜肴质量进行鉴赏评定。

21．（1）严格按照采购规格书采购各类原料，确保购进的原料能最大限度地发挥其应有作用，使加工生产变得方便快捷。

（2）细致验收，保证进货质量。验收的目的是把不合格原料杜绝在厨房之外，保证厨房生产质量。

（3）加强存储原料管理，防止原料因保管不当而降低其质量标准。严格区分原料性质，进行分类储存。加强对储存原料的食用周期检查，杜绝对过期原料的加工制作。

22．（1）菜点生产阶段主要是控制申领原料的数量和质量、菜点加工、配份和烹调的质量。

（2）菜点加工是菜点生产的第一个环节，同时又是原料申领和接受使用的重要环节，进入厨房的原料质量要在这里得到确认。

（3）原料经过加工切割后，一些动物性原料还需要进行浆制。因此，应当对各类浆、糊的调制建立标准，避免因人而异、盲目操作。

（4）配份是决定菜肴原料组成及分量的关键。配份前要准备一定数量的配菜小料，即料头。

（5）烹调是菜肴从原料到成品的成熟环节，决定着菜肴的色泽、风味和质地。

23．（1）生产制作加工质量检查

生产制作加工质量检查是指菜肴加工生产过程中下一道工序的员工必须对上一道工序加工产品的质量进行检查。如果发现产品不合标准，应予返工，以免影响最终成品质量。

（2）成菜出品检查

成菜出品检查是指菜肴送出厨房前必须经过质检人员的检查验收。成菜出品检查是对厨房生产烹制质量的把关验收。

（3）服务销售检查

服务销售检查是指除上述两方面检查外，餐厅服务员也应参与厨房产品质量检查。餐厅服务员平时直接与顾客打交道，了解顾客对菜肴的色泽、装盘及外观等方面的要求。因此，从销售角度检查菜点质量往往更具实用性。

24．（1）原材料及调料的影响。

（2）厨房生产环境的影响。

（3）设施、设备、工具的影响。

（4）服务销售的附加因素。

五、综合题

1．厨房布局是指在确定厨房的规模、形状、建筑风格、装修标准及厨房内的各部门之间关系和生产流程的基础上，具体确定厨房内各部门位置及厨房生产设施和设备的分布。

影响厨房布局的因素有：

（1）厨房建筑格局和规模大小

厨房的场地形状和空间，对厨房整体布局构成直接影响。场地规整、面积宽裕，有利于厨房进行规范设计，配备数量充足的设备。

（2）厨房的生产功能

厨房的生产功能即厨房的生产形式，是加工厨房还是烹调厨房，是中餐厨房还是西餐厨房，是宴会厨房还是快餐厨房，是粤菜厨房还是川菜厨房等。一般大中型餐饮企业的厨房往往是由若干个功能独立的分厨房有机联系组合而成的。因此，各分厨房功能不一，设计各异。厨房的生产功能不同，其对面积要求、设备配备、生产流程方式均有所区别，设计必须与之相适应。

（3）公用设施分布状况

公用设施分布状况即电路、煤气等管道的分布情况，厨房布局必须注意这些设施的分布状况。在公用设施不方便接入的地区，布局安装设备开支比较大，所以，在布局时对设备的有效性和生产的安全性必须做估计。总之，厨房设计既要考虑到现有公用设施现状，又要结合其发展规划，制订从长计议，力推经济先进的、适度超前的设计方案。

（4）法规和有关执行部门的要求

《中华人民共和国食品卫生法》和当地消防安全、环境保护等法规应作为厨房设计时先予以考虑的重要因素。

（5）投资费用

厨房布局的投资是对布局标准和范围形成制约的经济因素，因为它决定了是用新设备还是改造现有的设施设备，决定了是重新规划整个厨房还是仅限于厨房的局部改造。

2.（1）根据不同经营类型的餐位数计算厨房面积

按餐位数计算厨房面积要与餐饮店经营方式结合进行。一般来说，供应自助餐的厨房，每一餐位所需厨房面积为 $0.5 \sim 0.7 \text{ m}^2$；咖啡厅和快餐厅的厨房面积为 $0.4 \sim 0.6 \text{ m}^2$；风味厅、正餐厅所对应的厨房面积就要大一些，因为供应品种多、规格高，烹调、制作过程复杂，厨房设备多，所以每一餐位所需厨房面积为 $0.5 \sim 0.8 \text{ m}^2$。

（2）根据餐厅与厨房的比例确定厨房面积

餐厅与厨房的比例是指餐厅面积与厨房面积的比例关系。对于一般酒店而言，餐厅与厨房的比例应为 $1 : 1.1$。一般情况下，星级饭店的餐厅与厨房的比例为 $1 : (0.4 \sim 0.5)$。如果按照与正常的餐厅客容量相匹配，餐厅面积应为餐位数与餐位面积的乘积。餐厅面积的确定就决定了厨房面积的大小。

（3）根据厨房员工数量确定厨房面积

厨房面积的大小涉及厨房的生产能力与员工的劳动条件和生产环境。依据国家有关部门规定，厨房员工占地面积不得小于 $1.5\ \mathrm{m}^2/$人。如果按照厨房员工的人数来确定厨房面积，只要用每人应占有的面积乘以厨房员工的总人数即可。

（4）根据餐饮总面积计划厨房面积

厨房的面积在整个餐饮面积中应有一个合适的比例，餐饮部各部门的面积分配应做到相对合理。一般来说，厨房的生产面积占餐饮总面积的 21%，仓库占 8%。

（5）以餐厅就餐人数为参数来确定

使用这种方法，一般要预测就餐人数的多少，通常共餐规模越大，就餐人均所需面积就越小。

3. 厨房生产区域的合理划分与安排是指根据厨房生产的特点去合理地安排生产先后顺序和生产的空间分布。一般而言，综合性厨房根据其菜品烹制加工的工艺流程，其生产场所大致可以划分为四个区域：

（1）原料筹措区域

原料是厨房生产的基本条件，该区域包括原料进入饭店后，处理加工前的工作地点，即原料验货处、原料仓库、鲜活原料活养处等。

（2）原料加工区域

原料加工区域包括原料领进厨房期间的工作地点和对原料进行初步加工处理的地点，即原料宰杀、蔬菜择洗、干货原料涨发、初加工后原料的切割及浆腌等。

（3）菜点生产区域

菜点生产区域通常包括热菜的配份、打荷、烹调，冷菜的烧烤、卤制和装盘，点心的成形和熟制等区域。一般可以相对独立地分隔成热菜配菜区、热菜烹调区、冷菜制作与装配区、饭点制作与熟制区四个部分。

（4）菜点销售区域

菜点销售区域介于厨房和餐厅之间，该区域与厨房生产流程关系密切的地点主要是备餐间、洗碗间、明档及水产活养处等。

4. 厨房作业区与岗位布局主要有以下几种类型：

（1）L 形布局

L 形布局通常将设备沿墙壁设置成一个犄角形。在厨房面积有限的情况下，往往采用 L 形布局。

（2）直线形布局

直线形布局适用于高度分工合作、场地面积较大、相对集中的大型餐馆和饭店的厨房。将所有炉灶、炸锅、蒸炉、烤箱等加热设备均做直线形布局。

（3）平行布局

平行布局是把主要烹调设备背靠背地组合在厨房内，置于同一通风排气罩下，厨师相对而站地进行操作。工作台安装在厨师背后，其他公用设备可分布在附近地方。

（4）U形布局

厨房设备较多而所需生产人员不多、出品较集中的厨房部门，可按U形布局，如点心间、冷菜间、涮锅操作间。将工作台、冰柜及加热设备沿四周摆放，留一出口供人员、原料进出，甚至连出品亦可开窗从窗口接递。这样的布局，人在中间操作，取料操作方便，节省路程距离；设备靠墙摆放，可充分利用墙壁和空间，显得更加经济和整洁，一些火锅店常采用这样的设计，有很强的适用性。

5.（1）根据厨房组织结构的设置要求，寻找最合适的人选

最合适的人选并非指某个人十全十美，而是这个人具备所在生产岗位的某种特长。任何人都有自己的长处和短处，那些具有上进心、肯钻研业务、有文化、有一定组织能力的人，安排到管理岗位上，就较为合适。那些工龄长、资格老、技术好，但文化水平较低、为人比较低调的老员工，可以是一位好厨师，而不一定是好的管理者。因此，在岗位人员的选择上要做到知人善任，唯有如此，才能真正挖掘出每个人的潜力。

（2）采用开展岗位竞争的方法选择人才

厨房工作岗位差别很大，有的岗位多人争着干，有的岗位却很少有人愿意干。对于这种情况，可以开展竞争，用考核的手段择优录取。例如，某餐饮企业为了让有才能的人得到充分发挥，就炉灶这个岗位，进行了实践考核，按考核成绩排列，成绩优异者定为头炉，以下依次定为二炉、三炉。被选上的人不仅有一种自豪感，同时也有一种责任感。

（3）采用人才互补的方法加强岗位建设

从管理心理学这个角度出发，把具有各种不同专长或性格各异的人合理搭配，就会形成一个最佳的人才结构，从而减少内耗。这些互补包括年龄的互补、性格的互补、知识的互补、技能的互补等。只有使每个人各显其长、互补其短，才能构成一个理想的生产结构和管理结构。

6.（1）设置厨房组织结构时，要根据企业规模、等级、经营要求和生产目标及设置结构的原则来确定组织的层次和生产的岗位，使厨房的组织结构充分体现其生产功能，做到明确职务分工、明确上下级关系、明确岗位职责，并形成清楚的协调网络。厨房结构应体现餐饮管理风格，在总的管理思想指导下，遵循组织结构的设计原则。

（2）厨房组织结构设置的原则

1）垂直指挥原则。垂直指挥要求每位员工或管理人员原则上只接受一位上级的指挥，各级、各层次的管理者也只能按级、按层次向本人所管辖的下属发号施令。

2）责权对等原则。"责"是为了实现目标而履行的义务和承担的责任。"权"是指人们在承担某一责任时所拥有的相应指挥权和决策权。责权对等原则要求在设置组织结构并划清责任的同时，赋予对等的权力。

3）管理幅度适当原则。管理幅度是指一个管理者能够直接有效地指挥控制下属的人数。通常情况下，一个管理者的管理幅度以 3～6 人为宜。

4）职能相称原则。在配备厨房组织结构的人员时，应遵循知人善任、选贤任能、用人所长、人尽其才的原则。同时，要注意人员的年龄、知识、专业技能、职称等结构的合理性。

5）精干与效率原则。精干就是在满足生产、管理需要的前提下，把组织结构中的人员数量降到最低。厨房内的各结构人员多少应与厨房的生产功能、经营效益、管理模式相结合，与管理幅度相适应。

7. 行政总厨是中餐厨房的最高管理者，其责任重大不言而喻，因此对行政总厨的任职要求与综合素质要求相对较高，具体表现在如下几个方面：

（1）职业道德

1）拥护党和国家的方针政策。

2）具有强烈的事业心和责任感。

3）遵纪守法，廉洁奉公。

4）工作认真，实事求是，顾全大局，团结协作，热心服务，讲求效率。

（2）专业水平

1）业务知识。掌握厨房生产与管理的业务知识；熟悉食品原料和烹饪工艺的基本原理及食品营养卫生知识；精通菜点成本核算及餐饮销售、酒水知识；了解安全生产、食品库存管理知识；熟悉主要客源国饮食习俗；了解本专业的发展动态，掌握计算机知识。

2）政策法规知识。熟悉食品卫生法、消防安全管理条例等相关法律法规；了解旅游及有关涉外法规，熟悉饭店的有关政策和规章制度。

（3）工作能力

1）业务实施能力。能正确理解上级的工作指令，对厨房生产和管理实行全面控制，圆满完成工作任务。

2）组织协调能力。能合理有效地调配厨房的人力、物力和财力，调动下级的工作积极性，善于同有关部门沟通。

3）开拓创新能力。能及时准确地进行餐饮市场预测和分析，不断更新菜肴品种。

4）文字表达能力。能熟练地撰写工作报告、总结和各种计划，能简明扼要地下达工作指令。

5）外语能力。对于星级酒店和高档餐饮企业，要求行政总厨能用一门外语阅读有关业务资料，并能进行简单的对话。

（4）学历、经历、身体素质及其他

1）学历。大专及以上。

2）经历。在厨房管理岗位工作 4 年以上。

3）技术等级。技师或高级技师。

4）身体素质。身体健康，精力充沛。

8. 厨房的生产运转，从原料进货到菜点销售，可分为原材料采购储存、菜点生产加工和菜点销售三个阶段。加强对每一个阶段的控制，可保证菜点生产全过程的质量。

（1）原料阶段控制

1）严格按照采购规格书采购各类原料，确保购进原料能最大限度地发挥其应有作用，使加工生产变得方便快捷。

2）细致验收，保证进货质量。验收的目的是把不合格的原料杜绝在厨房之外，保证厨房生产质量。

3）加强储存原料管理，防止原料因保管不当而降低其质量标准。严格区分原料性质，进行分类储存。加强对储存原料的食用周期检查，杜绝对过期原料的加工制作。

（2）菜点生产阶段控制

1）菜点生产阶段主要是控制申领原料的数量和质量、菜点加工、配份和烹调的质量。

2）菜点加工是菜点生产的第一个环节，同时又是原料申领和接受使用的重要环节，进入厨房的原料质量要在这里得到认可。

3）原料经过加工切割后，一些动物性原料还需要进行浆制。因此，应当对各类浆、糊的调制建立标准，避免因人而异、盲目操作。

4）配份是决定菜肴原料组成及分量的关键。配份前要准备一定数量的配菜小料，即料头。

5）烹调是菜肴从原料到成品的成熟环节，决定着菜肴的色泽、风味和质地。

（3）菜点销售阶段控制

1）备餐要求菜肴备齐相应的作料、食用器具及用品。加热后调味的菜肴（如炸、蒸、白灼等），大多需要配备作料（味碟）。

2）服务员上菜服务。动作要及时规范，主动报菜名。对于食用方法独特的菜肴，应对顾客做适当介绍或提示。

9. 重点控制法是针对厨房生产和出品的某个时期、某些阶段或环节，或针对重点客情、重要任务及重大餐饮活动而进行的更加详细、全面、专门的督导管理，以便及时提高和保证某一方面、某一活动的生产与出品质量的一种方法。

（1）重点岗位及环节控制

管理人员通过对厨房生产及菜点质量的检查和考核，可找出影响或妨碍生产秩序和菜点质量的环节或岗位，并以此为重点，加强控制，提高工作效率和出品质量。在控制过程中，作为控制对象的重点岗位和环节并不是固定不变的，厨房管理者应能够针对出现在任何岗位和环节的问题及时调整工作重点，对从业人员进行系统的控制和督导。

（2）重点客情和重要任务控制

重点客情和重要任务是指顾客身份特殊或者消费者标准不一般。因此，从菜单制定开始就要有针对性，从原料选用到菜点出品的全过程中，要重点注意全过程的安全、卫生和质量。厨房管理者要加强对每个岗位环节的生产督导和质量检查控制，尽可能安排技术好、心理素质好的厨师为其制作。在顾客用餐后，还应主动征询意见，积累资料，以方便日后工作。

（3）重大活动控制

厨房对重大活动的控制，首先从菜单制定着手，充分考虑各种因素，开列一份或若干份具有一定特色风味的菜单，接着精心准备厨房的相关事宜。厨房生产管理人员、主要技术骨干均应亲临一线，从事主要岗位的烹饪制作，严格把好各阶段产品质量关。有重大活动时，前后台配合十分重要，要有效掌握出品节奏。厨房内应由总厨负责指挥，统一调度，确保出品次序。重大活动期间，更应加强厨房内的安全、卫生控制检查，防止意外事故发生。

10. 菜点质量评价包括内在质量标准和外观质量标准两个方面，前者包括味道、质感、营养成分等要素，后者包括色彩、形状、切配、装盘、装饰等要素。

菜点质量控制要制定完善的控制程序：

（1）严格把好主副原料、调料的采购关，不符合标准的不验收、不入库、不进厨房。

（2）做好原料的科学保管，强化库房管理。仓库要防潮、防霉、防虫、防异味，过期、变质食品原料决不出库。

（3）原料粗加工要合理、细致，去异味、去杂质，保证粗加工质量。

（4）用料规格合理，丁、片、条、丝、块、蓉的切配要标准、规范、分量足，主副原料配比合理。实行"一菜一表"制度，严格执行标准菜谱的要求。

（5）炉灶操作、冷盘制作、点心制作要熟练、合乎规范，确保出品质量符合标准。

（6）出菜前划菜时，围边厨师要严格把关，不符合质量要求不出厨房。

（7）厨师长在开餐过程中，要不断巡视厨房各岗位，把握工作状态、工作进度和工作标准，要善于发现问题，及时解决问题，牢牢把住厨房质量管理这一关。

（8）餐厅传菜前质检人员、跑菜人员要仔细核对，发现不符合质量标准时绝不能上顾客台面，严格遵守质量管理体系。

第十一章　高级技师培训指导

考 核 要 点

理论知识考核范围	考核要点	重要程度
培训讲义的编写要求	1. 培训讲义编写的基本原则	掌握
	2. 常见培训讲义编写类型	掌握
	3. 培训讲义编写的一般流程	掌握
PPT 课件制作和使用特点	1. PPT 课件的特点	掌握
	2. 制作 PPT 课件的要求	掌握
操作技能指导方法	1. 操作技能指导的基本技术	掌握
	2. 培训者在培训中的作用	掌握

辅导练习题

一、判断题（下列判断正确的请在括号内打"√"，错误的请在括号内打"×"）

1. 多媒体教学讲义主要是指幻灯片、电影、音响材料和多媒体讲义。　　　　（　　）

2. 案例法讲义是围绕一定的培训目的，把实际工作中的真实情景加以典型化处理。

（　　）

3. 制作优秀的 PPT 课件，需要优秀的文字脚本，必须有充足的音乐素材。　（　　）

4. 设计讲义编写是讲义编写的调查、研究阶段。　　　　　　　　　　　　（　　）

5. 培训讲义编写是落实培训目标和做好培训的核心，教学指导思想和教学目标通过讲义编写贯彻落实。　　　　　　　　　　　　　　　　　　　　　　　　　　（　　）

6. 培训讲义编写内容主要根据编写者的知识结构设置。　　　　　　　　　（　　）

7. 培训讲义的内容只要介绍传统技术即可，不必变化太多。　　　　　　　（　　）

8. 案例法讲义的编写一般要求以第三人称来描述。　　　　　　　　　　　（　　）

9. 制作 PPT 课件时，背景宜用低亮度或冷色调的颜色，而文字宜选用高亮度或暖色调的颜色。　　　　　　　　　　　　　　　　　　　　　　　　　　　　　（　　）

10. PPT 课件的优势是图文并茂，能激发学员的学习兴趣。　　　　　　　（　　）

11. 优秀的培训者只要学识渊博就行，不需要对学员察言观色。（　　）

12. 系统型培训是企业培训方式的主导。（　　）

13. 学员实践环节是评价培训效果的最佳评估手段。（　　）

14. 培训时应尽量减少提问，避免学员紧张。（　　）

15. 培训厨师时，高级技师既是教练员又是督导员。（　　）

16. 讲授法是目前应用最多的基本授课方法。（　　）

17. PPT 又称计算机演示文稿，是软件 Powerpoint 的缩写。（　　）

18. 演示法教学只需要讲解过程而不需要实物和道具配合。（　　）

19. 进行示范菜教学时，可以只讲流程而不必实际演示。（　　）

20. 编写培训讲义时，其内容要专业性强、理论高深。（　　）

二、单项选择题（下列每题有 4 个选项，其中只有 1 个是正确的，请将其代号填写在横线空白处）

1. 通过培训帮助员工自我评估，主要目的在于_____。

　　A. 让员工实现自己的工作目标

　　B. 让员工实现自己的理想目标

　　C. 让员工能够评估自己是否达到标准

　　D. 让员工能够正确评价他人的工作目标

2. 优秀的 PPT 课件，需要优秀的脚本和合理的设计，还要有充足的_____。

　　A. 贴画　　　　　　　　　　B. 音乐

　　C. 图片　　　　　　　　　　D. 素材

3. 培训对象中"理论型"的学习特点是_____。

　　A. 喜欢认真思考　　　　　　B. 喜欢新的机会

　　C. 喜欢解决实际问题　　　　D. 喜欢搜集和综合分析各种新信息

4. 通过培训提高新员工在企业中的角色意识，主要目的就是_____。

　　A. 良好的开始是成功的一半　　B. 提醒领导工作方法

　　C. 主动参与企业战略管理事务　　D. 敢于当家做主

5. 培训讲义编写的一般流程中，首先要做的事情是_____。

　　A. 确定讲义编写目标　　　　B. 设计讲义编写

　　C. 培训实施　　　　　　　　D. 分析培训目标

6. 培训对象中"反省型"的学习特点是_____。

　　A. 喜欢认真思考　　　　　　B. 喜欢新的机会

　　C. 喜欢解决实际问题　　　　D. 喜欢搜集和综合分析各种新信息

7. PPT 课件教学的最大特点是_____。

    A. 激发学习兴趣   B. 减少教师板书

    C. 引起学员思考   D. 缩短教学时间

8. 培训对象中"实践型"的学习特点是_____。

    A. 喜欢认真思考   B. 喜欢新的机会

    C. 喜欢解决问题   D. 喜欢搜集和综合分析各种新信息

9. 培训教学中的课件颜色有红色、蓝色等八种，背景色宜用_____的颜色。

    A. 明亮色调   B. 低亮度或冷色调

    C. 昏暗色调   D. 暖色调

10. 培训者要了解知道培训对象学习的心理动机，其目的是_____。

    A. 理解他人思维和办事态度   B. 理解他人工作经历和生活习惯

    C. 理解他人生活习惯   D. 理解他人家庭背景和办事态度

11. 下列不属于培训者基本技能的是_____。

    A. 判断能力   B. 沟通能力

    C. 战略意识   D. 自身素质

12. 目前，应用最多的基本授课方法是_____。

    A. 讲授法   B. 演示法

    C. 多媒体教学法   D. 案例分析法

13. 案例法讲义编写一般要求以_____来描述。

    A. 第一人称   B. 第二人称

    C. 第三人称   D. 三种人称均可

14. 评估培训效果的最佳手段是_____。

    A. 课堂提问   B. 学员实践

    C. 小组讨论   D. 理论考试

三、多项选择题（下列每题有多个选项，至少有2个是正确的，请将其代号填写在横线空白处）

1. 培训者所需要具备的基本技能包括_____。

    A. 战略意识   B. 判断能力

    C. 建立关系能力   D. 激励他人能力

    E. 沟通能力

2. 制作 PPT 课件需要的素材包括_____。

    A. 脚本文字   B. 声音

C. 颜色
D. 视频

E. 图像

3. 制作 PPT 课件一般包括的元素是_____。

A. 脚本文字
B. 界面

C. 颜色
D. 文字

E. 动态效果

4. 培训者在培训中的具体作用是_____。

A. 指导帮助员工自我评价
B. 提高新员工在企业中的角色意识

C. 指导员工制定明确目标
D. 帮助员工发现工作中的问题

E. 帮助员工获得知识和技能

5. PPT 课件的基本特点是_____。

A. 突出教学的重点
B. 突出教学的难点

C. 激发学员的学习兴趣
D. 与学员有更好的交流

E. 信息量传递小

6. 常见的学员学习特点和风格有_____。

A. 积极行动型
B. 理论型

C. 听话跟随型
D. 反省型

E. 实践型

7. 编写培训讲义的基本原则包括_____。

A. 实用性原则
B. 系统性原则

C. 广泛性原则
D. 创新性原则

E. 反映最新成果原则

8. 编写培训讲义的流程包括_____。

A. 设置讲义主题
B. 撰写提纲

C. 完成具体内容
D. 选择授课方式

E. 修改调整讲义

四、简答题

1. 培训讲义编写的基本原则是什么？

2. 制作 PPT 课件的要求有哪些？

3. 做好技能指导工作需经历的步骤有哪些？

4. 培训者在培训过程中的作用有哪些？

5. 常用的培训指导员工的方法有哪些？

参 考 答 案

一、判断题

1. √　　2. √　　3. ×　　4. ×　　5. √　　6. ×　　7. ×　　8. √　　9. √

10. √　　11. ×　　12. √　　13. √　　14. ×　　15. √　　16. √　　17. √　　18. ×

19. ×　　20. ×

二、单项选择题

1. C　　2. D　　3. A　　4. A　　5. D　　6. A　　7. A　　8. C　　9. B

10. A　　11. D　　12. A　　13. C　　14. B

三、多项选择题

1. ABCDE　　　　2. ABDE　　　　3. BCDE　　　　4. ABCDE　　　　5. ABCD

6. ABDE　　　　7. ABDE　　　　8. ABCDE

四、简答题

1.（1）针对性与实用性原则。

（2）系统性与科学性原则。

（3）创新性与新颖性原则。

（4）反映最新科技成果原则。

2. PPT 课件的制作主要包含下列元素：

（1）界面

界面的设计要求具有美感，比例恰当，图文均匀分布，整体简洁连贯。

（2）颜色

课件的颜色主要有红、蓝、黄、白、青、绿、紫、黑八种颜色。背景色宜用低亮度或冷色调的颜色，而文字宜用高亮度或暖色调的颜色，以形成强烈的对比。

（3）文字

课件中文字不要太多，不要把所有的内容都搬到演示文稿中。

（4）图表

在 PPT 中出现的图表分为两种：一种是作为图形、图案来点缀界面的，另一种是用来对文字内容做辅助说明的。课件中点缀的图形、图案，可以通过绘图软件、扫描、拍摄、网络下载等途径获取。

（5）声音

在 PPT 课件中，根据需要也可加上背景声音，如在切换幻灯片、提示学员注意时，可以起到渲染气氛、提请注意的作用。

（6）动态效果

使用计算机制作演示文稿的好处之一就是能让所有的元素活动起来，可以在 PPT 中给每一张幻灯片设置切换效果和停留时间，甚至每一行文字都可以用不同的形式表现效果。

（7）备注页

PPT 只是培训内容的一个提纲，究竟该怎么讲，讲些什么，还需要培训者按照逻辑顺序牢记在脑中。这个时候不妨在备注页记上一些关键步骤和提醒自己的内容，以防在培训现场突然遗忘。

3. 做好技能指导工作大致需经历七个基本步骤：明确将要改进的行为，确定被训练者偏好的学习方式及学习类型，研究学习当中可能遇到的障碍，了解并开发实施新行为和技能的战略，实施新的行为和技能，搜集并提供有关绩效的反馈信息，归纳学习经验并将其应用到实际工作的情况。

4.（1）帮助员工发现工作中的问题。

（2）指导员工制定明确的目标。

（3）提高新员工在企业中的角色意识。

（4）帮助员工获得知识和技能。

（5）指导、帮助员工自我评估。

5.（1）讲授法。

（2）演示法。

（3）案例法。

（4）小组讨论。

（5）学员实践。

（6）提问与回答。

（7）其他方法，如模拟训练法、多媒体教学法、游戏法等。

第二部分　操作技能鉴定指导

技师操作技能鉴定指导

考 核 要 点

操作技能考核范围	考核要点	重要程度
原料鉴别与加工	高档原料的鉴别与加工	掌握
菜单设计	宴会菜单设计	掌握
菜肴装饰与美化	餐盘装饰制作	掌握
菜点制作	冷菜艺术拼盘制作	掌握
	家禽类原料热菜制作	掌握
	家畜类原料热菜制作	掌握
	水产类原料热菜制作	掌握
	宴会面点制作	掌握
厨房管理	厨房成本管理	掌握
	厨房生产管理	掌握
培训指导	编写教案	掌握

辅导练习题

一、口试题

（一）高档原料的鉴别与加工

【试题1】简述燕窝的质量标准、涨发加工方法及其适用的烹调方法。

【试题2】简述三种（或三种以上）不同燕窝的质量特点。

【试题3】简述鱼翅的取材及其干制品的加工方法。

【试题 4】简述鱼翅的分类及其基本内容。

【试题 5】简述鱼翅的产地、质量标准及其适用的烹调方法。

【试题 6】简述三种（或三种以上）有质量瑕疵的鱼翅的基本特征。

【试题 7】以金勾翅为例，简述鱼翅的涨发加工方法及其注意事项。

【试题 8】简述鱼肚的取材、产地和质量鉴别方法。

【试题 9】简述四种（或四种以上）不同鱼肚的质量特点。

【试题 10】简述鱼肚的涨发加工方法及其适用的烹调方法。

【试题 11】简述鱼皮的取材、分类和质量鉴别方法。

【试题 12】简述鱼皮的涨发加工方法及其适用的烹调方法。

【试题 13】简述鱼唇的取材、产地、质量鉴别及涨发加工方法。

【试题 14】简述鱼骨的取材、质量鉴别及涨发加工方法。

【试题 15】简述海参的种类及其品质鉴别方法。

【试题 16】简述海参的涨发加工方法及其适用的烹调方法。

【试题 17】简述鲍鱼的基本结构特征、分类及品质特点。

【试题 18】简述鲍鱼的涨发加工方法及其适用的烹调方法。

【试题 19】简述蛤士蟆油质量鉴别、涨发加工方法及其适用的烹调方法。

【试题 20】简述蹄筋的取材、质量鉴别、涨发加工方法及其适用的烹调方法。

（二）厨房管理

【试题 1】简述厨房生产成本的特点。

【试题 2】简述原料初加工后的成本核算方法。

【试题 3】简述生料、半成品和成品的成本计算方法。

【试题 4】简述净料率的定义及计算方法。

【试题 5】简述宴会成本的核算方法。

【试题 6】简述根据厨房生产流程制定控制成本的措施和方案的基本内容。

【试题 7】简述厨房生产前的成本控制措施。

【试题 8】简述厨房生产中的成本控制措施。

【试题 9】简述厨房生产后的成本控制措施。

【试题 10】简述原料加工阶段管理的基本内容。

【试题 11】简述配份与烹调管理的基本内容。

【试题 12】简述冷菜与点心生产管理的基本内容。

【试题 13】简述厨房生产各阶段管理工作的基本内容。

【试题 14】简述动物性原料的加工程序与要求。

【试题 15】简述植物性原料的加工程序与要求。

【试题 16】简述原料切配的加工程序与要求。

【试题 17】简述菜肴烹制工作程序。

【试题 18】简述问题菜肴退回厨房后的处理程序。

【试题 19】简述冷菜的加工程序。

【试题 20】简述点心的加工程序。

【试题 21】简述厨房产品促销的意义和方法。

【试题 22】简述菜点创新的含义与意义。

【试题 23】简述菜点创新的方法及基本内容。

【试题 24】简述菜点创新的生产与管理措施。

二、笔试题

（一）宴会菜单设计

【试题 1】设计一份 10 人席的中餐宴会菜单，每位宾客的用餐标准为 300 元，销售毛利率为 60%（其他相关设计要件，考生根据试卷中栏目的要求自行确定）。

【试题 2】设计一份 500 人的大型中餐宴会菜单，每席 10 人，用餐标准为 200 元/客，销售毛利率为 55%（其他相关设计要件，考生根据试卷中栏目的要求自行确定）。

（二）编写教案

【试题 1】以国家职业资格培训教程《中式烹调师（中级）（第 2 版）》《中式烹调师（高级）（第 2 版）》教材为基本材料，自选课题，编写一节理论课的教案。

【试题 2】自选菜目，编写技能操作课的教案。

三、实际操作题

（一）餐盘装饰制作

【说明】餐盘装饰考核的重点是平面装饰和立雕装饰。平面装饰主要有全围式、半围式、分段围边式、居中式和居中加全围式、散点式、象形式等；立雕装饰主要有单纯立雕装饰、立雕围边装饰等。考生可任选其中一种装饰形式。

【试题】餐盘装饰

1. 考核要求

（1）造型简约大方，鲜明美观，装饰料颜色搭配协调，摆放位置合理。

（2）体现刀工或雕刻技术水平。

（3）符合卫生及食用性要求。

（4）否定项说明：操作过程中不得使用变质原料，不得使用未经许可并已预先进行成形处理过的原料，不得使用模具直接刻制成形，不得使盛器污秽并影响食用安全。发生以上情况之一，应及时终止其考试，该试题成绩记为零分。

2. 器具准备

序号	名称	规格	单位	数量	备注
1	不锈钢操作台		张	1	考场统一提供
2	斩板（菜墩）		块	1	考场统一提供
3	汤碗	10寸	只	1	考场统一提供
4	平盘	10寸	只	1	考场统一提供
5	配菜盘	8寸	只	1	考场统一提供
6	常用调味品				考场统一提供
7	装饰料				考生自备

备注：考生自带刀具、工作服、工作帽、清洁布等

3. 考核时限

完成本题操作时间为20 min；每超过1 min从本题总分中扣除10%，操作超过10 min，本题零分。

4. 评分项目及标准

评分项目	评分要点	配分比重（%）	评分标准及扣分
原料成形	根据造型要求选择相应的刀法，完成规定的原料成形	2	刀工或雕刻成形差扣0.5分，很差扣1分
装饰定形	根据造型要求将成形拼摆成特定的装饰图形	3	（1）结构布局不合理，造型粗糙，色彩搭配不协调，扣1~3分 （2）使用人工合成色素、非食用原料，盛器不洁，扣1~3分 以上各项累计扣分不得超过总分

（二）冷菜艺术拼盘制作

【说明】这里所说的冷菜艺术拼盘主要是指各种象形冷拼，如动物类象形冷拼、植物类象形冷拼、器物类象形冷拼、景观类象形冷拼等。象形冷拼题材非常丰富，为发挥考生的想象力和创新能力，展示考生的技术水平，考生可自选题材，自定象形冷拼的主题，故没有具体试题方面的规定。象形冷拼的考核，由考生自备原料。现列出考核要求、准备工作、考核时限、评分项目及标准等要求相同的内容。

【试题】象形冷拼

1. 考核要求

（1）形神兼备，生动饱满，结构布局合理。

（2）色彩搭配和谐，刀工精细，刀面整齐。

（3）调味准确不串味，盛器洁净，菜量不低于 600 g。

（4）否定项说明：操作过程中不得使用未经许可的可直接用于拼摆的成形原料，不得使用不能食用的原料，不得在原料中添加人工色素或禁用的添加剂，不得使盛器污秽并影响食用安全。发生以上情况之一，应及时终止其考试，该试题成绩记为零分。

2. 器具准备

序号	名称	规格	单位	数量	备注
1	不锈钢操作台		张	1	考场统一提供
2	斩板（菜墩）		块	1	考场统一提供
3	炒锅		只	1	考场统一提供
4	炒勺、漏勺		套	1	考场统一提供
5	油钵、调料罐		套	1	考场统一提供
6	汤碗	10 寸	只	1	考场统一提供
7	平盘	14 寸	只	1	考场统一提供
8	配菜盘	8 寸	只	2	考场统一提供
9	炉灶		台	1	考场统一提供
10	主辅料		考生自备		（1）拼摆所用原料为净料，不得进行直接用于拼摆的成形加工 （2）点缀物品可以场外加工

备注：考生自带厨刀、工作服、工作帽、清洁布等

3. 考核时限

完成本题操作时间为 80 min；每超过 1 min 从本题总分中扣除 5%，操作超过 20 min，本题零分。

4. 评分项目及标准

评分项目	评分要点	配分比重（%）	评分标准及扣分
原料成形处理和拼摆操作	根据象形冷拼要求选择恰当的拼摆方法完成造型	20	（1）结构布局不合理，主题不突出，形象不饱满生动，拼摆散乱，扣 1~5 分 （2）色彩搭配不合理，扣 1~2 分 （3）刀工粗糙，刀面不整齐，扣 1~3 分 （4）菜肴调味不准确，扣 2 分 （5）菜肴分量达不到规定量 2/3 的，扣 5 分；达不到规定量 1/2 的，扣 10 分 （6）盛器不洁，扣 2~5 分 以上各项累计扣分不得超过总分

（三）家禽类原料热菜制作

【说明】家禽类原料热菜是指以家禽原料为主料制作的菜肴。虽然没有具体试题方面的规定，考生可自选原料、自定菜目，但考生所制作的菜品，必须具有一定的新意，鲜明的风味特色，反映技师应有的技术水平。现列出考核要求、准备工作、考核时限、评分项目及标准等要求基本相同的内容。

【试题】以家禽原料为主料，制作一道热菜

1. 考核要求

（1）原料加工及刀法处理得当，成形符合标准，色彩搭配和谐。

（2）加热方式选用得当，加热温度与时间控制准确，菜肴质感呈现精当。

（3）调味精准，层次分明，呈味丰富完备，符合既定味型的要求。

（4）装盘布局合理，生动饱满，有美感。

（5）菜量充足（以 10 人计量），盛器洁净，符合卫生要求。

（6）否定项说明：操作过程中不得使用法律法规禁用的原料，不得使用未经许可的已加工成形的原料，不得使用变质不能食用的原料，不得在原料中添加人工色素或禁用的添加剂，不得生熟不分、盛器污秽而影响食用安全，成品因失饪不熟或焦煳以致不能食用，成品口味太咸以致严重影响食用。发生以上情况之一，应及时终止其考试，该试题成绩记为零分。

2. 器具准备

序号	名称	规格	单位	数量	备注
1	不锈钢操作台		张	1	考场统一提供
2	斩板（菜墩）		块	1	考场统一提供
3	炉灶		台	1	考场统一提供
4	炒锅		只	1	考场统一提供
5	手勺、漏勺、手铲		套	1	考场统一提供
6	油钵、调料罐		套	1	考场统一提供
7	蒸笼		套	1	考场统一提供
8	打蛋器		个	1	考场统一提供
9	绞肉机		台	1	考场统一提供
10	烤箱		台	1	考场统一提供
11	烤盘		只	1	考场统一提供
12	锡纸		卷	1	考场统一提供
13	配菜盘	10 寸	只	2	考场统一提供
14	成品的常规盛器				考场统一提供

续表

序号	名称	规格	单位	数量	备注
15	成品的特殊盛器				考生自备
16	常用调料				考场统一提供，如精炼油、精盐、酱油、味精、香醋、白醋、白糖、料酒、淀粉、花椒、八角、葱、姜、蒜、干辣椒、胡椒面等
17	特殊调料				考生自备
18	主辅料			考生自备	（1）所用原料为净料，即初步加工后的原料不进行刀工细加工成形处理，泥蓉料不进行调味处理 （2）点缀物料可以场外加工

备注：考生自带厨刀、工作服、工作帽、围裙、清洁布等

3. 考核时限

完成本题操作时间为 30 min；每超过 1 min 从本题总分中扣除 5%，操作超过 15 min，本题零分。

4. 评分项目及标准

评分项目	评分要点	配分比重（%）	评分标准及扣分
主辅料切配和预调味	根据菜肴要求选择相应的切配、预制调味方法	5	（1）刀法应用不准确，原料成形不符合标准，扣0.5～1分 （2）浪费原料多，扣1～2分 （3）预调味过重，扣0.5～1分
烹制操作	根据菜肴要求利用恰当的烹调方法将原料烹制成菜	15	（1）成菜色泽过淡或过深，或原料搭配不和谐，扣1～2分 （2）火候掌握不准确，质地不合要求，扣1～2分 （3）菜肴口味不足或较重，扣1～3分 （4）菜肴成形较差扣1分，差扣2分，很差扣3分 （5）菜肴分量达不到规定量2/3的，扣2分；达不到规定量1/2的，扣5分 （6）盛器不洁，扣1～2分 以上各项累计扣分不得超过总分

（四）家畜类原料热菜制作

【说明】家畜类原料热菜是指以家禽原料为主料制作的菜肴。虽然没有具体试题方面的规定，考生可自选原料，自定菜目，但考生所制作的菜品，必须具有一定的新意，鲜明的风味特色，反映技师应有的技术水平。现列出考核要求、准备工作、考核时限、评分项目及标准等要求基本相同的内容。

【试题】以家畜原料为主料，制作一道热菜

1. 考核要求

（1）原料加工及刀法处理得当，成形符合标准，色彩搭配和谐。

（2）加热方式选用得当，加热温度与时间控制准确，菜肴质感呈现精当。

（3）调味精准，层次分明，呈味丰富完备，符合既定味型的要求。

（4）装盘布局合理，生动饱满，有美感。

（5）菜量充足（以 10 人计量），盛器洁净，符合卫生要求。

（6）否定项说明：操作过程中不得使用法律法规禁用的原料，不得使用未经许可的已加工成形的原料，不得使用变质不能食用的原料，不得在原料中添加人工色素或禁用的添加剂，不得生熟不分、盛器污秽而影响食用安全，成品因失饪不熟或焦煳以致不能食用，成品口味太咸以致严重影响食用。发生以上情况之一，应及时终止其考试，该试题成绩记为零分。

2. 器具准备

序号	名称	规格	单位	数量	备注
1	不锈钢操作台		张	1	考场统一提供
2	斩板（菜墩）		块	1	考场统一提供
3	炉灶		台	1	考场统一提供
4	炒锅		只	1	考场统一提供
5	手勺、漏勺、手铲		套	1	考场统一提供
6	油钵、调料罐		套	1	考场统一提供
7	蒸笼		套	1	考场统一提供
8	打蛋器		个	1	考场统一提供
9	绞肉机		台	1	考场统一提供
10	烤箱		台	1	考场统一提供
11	烤盘		只	1	考场统一提供
12	锡纸		卷	1	考场统一提供
13	配菜盘	10 寸	只	2	考场统一提供
14	成品的常规盛器				考场统一提供

续表

序号	名称	规格	单位	数量	备注
15	成品的特殊盛器				考生自备
16	常用调料				考场统一提供，如精炼油、精盐、酱油、味精、香醋、白醋、白糖、料酒、淀粉、花椒、八角、葱、姜、蒜、干辣椒、胡椒面等
17	特殊调料				考生自备
18	主辅料		考生自备		（1）所用原料为净料，即初步加工后的原料不进行刀工细加工成形处理，泥蓉料不进行调味处理 （2）点缀物料可以场外加工

备注：考生自带厨刀、工作服、工作帽、围裙、清洁布等

3. 考核时限

完成本题操作时间为 30 min；每超过 1 min 从本题总分中扣除 5%，操作超过 15 min，本题零分。

4. 评分项目及标准

评分项目	评分要点	配分比重（%）	评分标准及扣分
主辅料切配和预调味	根据菜肴要求选择相应的切配、预制调味方法	5	（1）刀法应用不准确，原料成形不符合标准，扣0.5~1分 （2）浪费原料多，扣1~2分 （3）预调味过重，扣0.5~1分
烹制操作	根据菜肴要求利用恰当的烹调方法将原料烹制成菜	15	（1）成菜色泽过淡或过深，或原料搭配不和谐，扣1~2分 （2）火候掌握不准确，质地不合要求，扣1~2分 （3）菜肴口味不足或较重，扣1~3分 （4）菜肴成形较差扣1分，差扣2分，很差扣3分 （5）菜肴分量达不到规定量2/3的，扣2分；达不到规定量1/2的，扣5分 （6）盛器不洁，扣1~2分 以上各项累计扣分不得超过总分

（五）水产类原料热菜制作

【说明】水产类原料热菜是指以水产原料为主料制作的菜肴。虽然没有具体试题方面的规定，考生可自选原料，自定菜目，但考生所制作的菜品，必须具有一定的新意，鲜明的风味特色，反映技师应有的技术水平。现列出考核要求、准备工作、考核时限、评分项目及标准等要求基本相同的内容。

【试题】以水产原料为主料，制作一道热菜

1. 考核要求

（1）原料加工及刀法处理得当，成形符合标准，色彩搭配和谐。

（2）加热方式选用得当，加热温度与时间控制准确，菜肴质感呈现精当。

（3）调味精准，层次分明，呈味丰富完备，符合既定味型的要求。

（4）装盘布局合理，生动饱满，有美感。

（5）菜量充足（以10人计量），盛器洁净，符合卫生要求。

（6）否定项说明：操作过程中不得使用法律法规禁用的原料，不得使用未经许可的已加工成形的原料，不得使用变质不能食用的原料，不得在原料中添加人工色素或禁用的添加剂，不得生熟不分、盛器污秽而影响食用安全，成品因失饪不熟或焦煳以致不能食用，成品口味太咸以致严重影响食用。发生以上情况之一，应及时终止其考试，该试题成绩记为零分。

2. 器具准备

序号	名称	规格	单位	数量	备注
1	不锈钢操作台		张	1	考场统一提供
2	斩板（菜墩）		块	1	考场统一提供
3	炉灶		台	1	考场统一提供
4	炒锅		只	1	考场统一提供
5	手勺、漏勺、手铲		套	1	考场统一提供
6	油钵、调料罐		套	1	考场统一提供
7	蒸笼		套	1	考场统一提供
8	打蛋器		个	1	考场统一提供
9	绞肉机		台	1	考场统一提供
10	烤箱		台	1	考场统一提供
11	烤盘		只	1	考场统一提供
12	锡纸		卷	1	考场统一提供
13	配菜盘	10寸	只	2	考场统一提供
14	成品的常规盛器				考场统一提供

续表

序号	名称	规格	单位	数量	备注
15	成品的特殊盛器				考生自备
16	常用调料				考场统一提供，如精炼油、精盐、酱油、味精、香醋、白醋、白糖、料酒、淀粉、花椒、八角、葱、姜、蒜、干辣椒、胡椒面等
17	特殊调料				考生自备
18	主辅料		考生自备		（1）所用原料为净料，即初步加工后的原料不进行刀工细加工成形处理，泥蓉料不进行调味处理 （2）点缀物料可以场外加工

备注：考生自带厨刀、工作服、工作帽、围裙、清洁布等

3. 考核时限

完成本题操作时间为 30 min；每超过 1 min 从本题总分中扣除 5%，操作超过 15 min，本题零分。

4. 评分项目及标准

评分项目	评分要点	配分比重（%）	评分标准及扣分
主辅料切配和预调味	根据菜肴要求选择相应的切配、预制调味方法	5	（1）刀法应用不准确，原料成形不符合标准，扣 0.5~1 分 （2）浪费原料多，扣 1~2 分 （3）预调味过重，扣 0.5~1 分
烹制操作	根据菜肴要求利用恰当的烹调方法将原料烹制成菜	15	（1）成菜色泽过淡或过深，或原料搭配不和谐，扣 1~2 分 （2）火候掌握不准确，质地不合要求，扣 1~2 分 （3）菜肴口味不足或较重，扣 1~3 分 （4）菜肴成形较差扣 1 分，差扣 2 分，很差扣 3 分 （5）菜肴分量达不到规定量 2/3 的，扣 2 分；达不到规定量 1/2 的，扣 5 分 （6）盛器不洁，扣 1~2 分 以上各项累计扣分不得超过总分

国家职业技能鉴定考试指导

（六）宴会面点制作

【说明】宴会面点制作不限面团种类，即在油酥面团、膨松面团、水调面团及其他面团中任选一种，也没有具体试题方面的规定，考生自定品种，但考生所制作的适用于宴会的面点品种必须具有鲜明的风味特色，有一定的技术难度，反映技师应掌握的技能结构与水平。现列出考核要求、准备工作、考核时限、评分项目及标准等要求基本相同的内容。

【试题】任选一种面团，制作一道宴会面点

1. 考核要求

（1）有新意，突出食用性，有一定的技术难度。

（2）选料精致，用料配比准确，坯团馅料制作工艺得当，成形符合标准。

（3）加热方式选用得当，加热温度与时间控制准确，质感显现鲜明。

（4）调味精准，风味特色鲜明。

（5）装盘布局合理，色泽搭配和谐，造型美观大方。

（6）分量以 10 人计量，盛器洁净，符合卫生要求。

（7）否定项说明：操作过程中不得使用法律法规禁用的原料，不得使用未经许可的已加工成形的原料，不得使用变质不能食用的原料，不得在原料中添加人工色素或禁用的添加剂，不得生熟不分、盛器污秽而影响食用安全，成品因失饪不熟或焦煳以致不能食用。发生以上情况之一，应及时终止其考试，该试题成绩记为零分。

2. 器具准备

序号	名称	规格	单位	数量	备注
1	不锈钢操作台		张	1	考场统一提供
2	案板		块	1	考场统一提供
3	斩板（菜墩）		张	1	考场统一提供
4	炉灶		台	1	考场统一提供
5	双耳锅		只	1	考场统一提供
6	手勺、漏勺、手铲		套	1	考场统一提供
7	油钵、调料罐		套	1	考场统一提供
8	蒸箱		台	1	考场统一提供
9	蒸笼		套	1	考场统一提供
10	烤箱		台	1	考场统一提供
11	烤盘		只	1	考场统一提供
12	锡纸		卷	1	考场统一提供
13	配菜盘	10 寸	只	2	考场统一提供
14	成品的常规盛器				考场统一提供

续表

序号	名称	规格	单位	数量	备注
15	成品的特殊盛器				考生自备
16	常用调料				考场统一提供，如精炼油、精盐、酱油、味精、香醋、白醋、白糖、料酒、淀粉、花椒、八角、葱、姜、蒜、干辣椒、胡椒面等
17	特殊调料				考生自备
18	主辅料		考生自备		（1）面团所用原料，不得进行场外加工。泥蓉料不进行调味处理 （2）点缀物料可以场外加工

备注：考生自带操作工具、工作服、工作帽、围裙、清洁布等

3. 考核时限

完成本题操作时间为 30 min；每超过 1 min 从本题总分中扣除 5%，操作超过 15 min，本题零分。

4. 评分项目及标准

评分项目	评分要点	配分比重（%）	评分标准及扣分
坯团馅料制作	根据面点要求制作坯团馅料	4	（1）用料配比不准确，扣 1~2 分 （2）坯团调制不当，扣 0.5~1 分 （3）馅心调味过重，扣 0.5~1 分
成形和制熟操作	根据面点要求进行成形和制熟	6	（1）成形规格不一致，扣 0.5~1 分 （2）制熟操作掌握不准确，扣 0.5~1 分 （3）质地不合要求，扣 1~2 分 （4）成品色泽不正，扣 0.5~1 分 （5）装盘不美观，扣 0.5~1 分 （6）盛器不洁，扣 1~2 分 以上各项累计扣分不得超过总分

参考答案

一、口试题

（一）高档原料的鉴别与加工

【试题 1】（1）燕窝的质量标准

窝形完整，窝碗大而肥厚，色洁白，半透明，底座小，燕毛少者为上品。

（2）燕窝的涨发加工方法

选用洁白陶质器具或白搪瓷盘，准备一个干净水碗。将燕窝用清水浸泡 2 h 至初步回软、膨润，倒清水于盘中，水面高度为 0.5～1 cm，放入燕窝轻轻压散，从盘子的一角开始挑拣燕毛，把燕毛放入水碗中。择净后的燕丝放入足量的清水中漂泡数次，再上笼屉隔水隔汽蒸约 1 h，然后放入清水中浸泡存放。每千克干燕窝可涨发 8～9 kg 湿料。

（3）燕窝适用的烹调方法

主要是蒸、炖、氽等，最适合做蜜汁类、清汤类菜品。

【试题 2】（1）官燕

官燕是燕窝中质量最好的一种。其特点是色洁白，晶亮，半透明，无燕毛等杂质，无底座，形似碗，略呈椭圆形。

（2）龙牙燕

龙牙燕因形如长碗、似龙牙而得名。其特点是色洁白，稍带燕毛，有小底座，坠角较大，边厚整齐。

（3）暹罗燕

暹罗燕产于泰国暹罗湾，形似龙牙燕，但较高厚，底座不大，有小坠角，色白，稍有燕毛。

（4）血燕

血燕形同暹罗燕。血燕是金丝燕筑巢于山洞的岩壁上，岩壁内部的矿物质透过燕窝与岩壁接触或经岩壁的滴水，慢慢地渗透到燕窝内，其中铁元素占多数的时候便会呈现出部分不规则的、晕染状的铁锈红色。血燕品质逊于官燕。

（5）毛燕

毛燕因燕毛过多而得名。形同龙牙燕，色泽黑暗，有底座，底色发红，品质最差。

【试题 3】（1）鱼翅的取材

鱼翅是用大、中型鲨鱼和鳐鱼等软骨鱼的鳍加工而成的干制品。

（2）鱼翅干制品的加工方法

割鱼翅→腌制→晒干（为原翅）→浸水软化→洗去污物→去鳍边→开水烫（煮）→去皮→退沙（盾鳞）→剔去骨肉→洗净→晒干→硫黄漂白→鱼翅成品。

【试题4】（1）按鱼鳍部位划分

由背鳍、胸鳍、臀鳍和尾鳍制成的鱼翅，分别称为背翅、胸翅、臀翅和尾翅。背翅有少量肉，翅长而多，质量最好；胸翅肉多翅少，质量中等；尾翅肉多骨多，翅短且少，质量最差。

（2）按加工方法划分

1）原翅。原翅又称皮翅、青翅、生翅、生割，是未经加工去皮、去肉、退沙而直接干制的鱼翅。

2）净翅。净翅是经过复杂的工序处理后所得的鱼翅。在净翅中，取披刀翅、青翅和勾尖翅经加工去骨去沙后，称为明翅；取明翅的净筋针称为翅针。翅筋散乱的称为散翅；翅筋排列整齐的称为排翅。翅筋制成饼状的称为翅饼；翅筋制成月亮形的称为月翅。

（3）按鱼翅颜色划分

可分为白翅和青翅两大类。白翅主要用真鲨、双髻鲨等的鳍制成。青翅主要用灰鲭鲨、宽纹虎鲨的鳍制成。

用生长于热带海洋的鱼的鳍制作的鱼翅颜色黄白，质量最佳；用生长在温带海洋的鱼制成后色灰黄，质量一般；用生长于寒带海洋的鱼制成后色青，质量最差。

【试题5】（1）鱼翅的产地

主要产于我国广东、福建、台湾及日本、泰国、菲律宾。

象耳刀翅、象耳翅、象耳尾翅主要产于江苏的盐城、南通及山东的青岛等地，产期为春季。

象耳白刀翅、象耳白翅、象耳白尾翅以及猛鲨刀翅、猛鲨青翅、猛鲨尾翅主要产于浙江的舟山和温州、辽宁的旅顺、山东的青岛和烟台等地，加工季节为春末夏初。

其他各种鱼翅主要产于福建的晋江、广东的湛江及海南等地，加工季节为1—8月。

（2）鱼翅的质量标准

原翅为翅板大而肥厚，不卷边，板皮无皱褶且有光泽，无血污水印，基根皮骨少，肉洁净。净翅为翅筋粗长，洁净干燥，色金黄，透明有光泽，无霉变，无虫蛀，无油根，无夹沙，无石灰筋。

（3）鱼翅适用的烹调方法

主要是焖、烧、扒、炖、烩、余、炒等。

【试题6】有质量瑕疵的鱼翅有以下几种类型：

（1）弓线包

翅的形状较大，青黑色，淡性，翅筋细软而糯，但其中有细长芒骨，不能食用，即所谓弓线包。若将芒骨除去，可做散翅用。

（2）石灰筋

翅的形状较大，色灰白带苍老，淡性，翅筋较粗，中间段发白，坚硬如石灰，故名石灰筋。因其不能食用，所以这种翅也不被使用。

（3）熏板

冬季生产的鱼翅，因无法用日光晒干，所以采用炭火焙干，由于其质地坚硬，色泽不鲜艳，故称熏板。这种翅在泡发时，外层的沙粒很难除净，必须细心地进行去沙处理。

（4）油根

由于鱼翅带有盐分，如阴雨季节返潮，再加上在产地加工时未及时注意保藏，致使刀割处常发生肉腐烂，影响到翅的根部，使之呈紫红色，腥臭异常，这种翅的根部有似干未干的油渍现象，即为油根。涨发时须将油根切除才能使用。

（5）夹沙

夹沙是肉夹筋的白色翅，在捕获鲨鱼时不慎压破外皮，使沙粒嵌入翅的内部，晒干后有深形皱纹。在泡发时，因沙粒难以去除，所以不能取用排翅，只能取翅筋做散翅用。

【试题7】金勾翅的涨发加工方法是：先用温水浸泡鱼翅4～5 h，然后上火加热1 h，离火后焖2 h，用剪刀剪去边，按老嫩不同将鱼翅分别装入竹篓，换清水加热至90℃焖发4～6 h，或扣入汤盆，加清水、葱、姜、绍酒及少许花椒蒸发1～1.5 h；抽出翅骨去除腐肉，换水继续焖（蒸）1～2 h，至鱼翅黏糯，分质提取；最后，将涨发好的鱼翅浸泡于清水中，保持在0～5℃条件下待用。

鱼翅涨发加工的注意事项有：

（1）在涨发过程中，应注意尽可能地保持原料的完整性。

（2）要去尽异味与杂质，防止原料中营养成分的流失。

（3）在涨发过程中，勤于观察，及时分质提取，涨发适度，即发即用。

（4）在涨发过程中，鱼翅不能沾有油、盐、酸、碱等物质。

（5）忌用铁器盛装保藏发好后的鱼翅，以免产生铁锈斑痕，影响鱼翅的品质。

【试题8】鱼肚是取用石首鱼科的毛鲿鱼、黄唇鱼、双棘黄姑鱼、鮸鱼、大黄鱼，海鳗科的海鳗、鹤海鳗及鲶科的鮰鱼等鱼的鳔，经去脂膜、洗净、摊平（大鳔可剖开）、晒干而制成。

鱼肚的产地主要集中在我国山东、江苏、浙江、福建、广东和海南省的沿海地区。

鱼肚质量鉴别以板片大、肚形平展整齐、厚而均匀紧实、色淡黄洁净、半透明者为佳。质量较差的鱼肚通常片小、边缘不整齐、厚薄不均、色暗黄、无光泽、有斑块。

【试题9】（1）毛鲿肚（又称毛常肚）

毛鲿肚用毛鲿鱼的鳔制成，呈椭圆形，马鞍状，两端略钝，体壁厚实，色浅黄或略带红色，涨发率高。

（2）黄唇肚（又称黄肚）

黄唇肚用黄唇鱼的鳔加工而成，呈卵圆形或椭圆形，片状，扁平，并带有两根长约20 cm、宽约1 cm的胶条；表面有显著的鼓状波纹，色淡黄并带有光泽，半透明；体形较大，一般长约26 cm、宽19 cm、厚0.8～1 cm。

（3）红毛肚

红毛肚用双棘黄姑鱼的鳔加工而成，呈心形，片状，有发达的波纹，色浅黄或略带淡红色。

（4）鮸鱼肚（又称敏鱼肚、鳖肚、米肚）

鮸鱼肚用鮸鱼的鳔制成，呈纺锤形或亚椭圆形，末端圆而尖突，凸面略有鼓状波纹，凹面光滑；色淡黄或略带浅红色，有光泽，呈透明状；体形较大，一般长22～28 cm、宽17～20 cm、厚0.6～1 cm。

（5）大黄鱼肚（又称小鱼肚、片胶、筒胶、长胶）

大黄鱼肚用大黄鱼的鳔加工而成，外观呈椭圆形，叶片状，宽度约为长度的1/2，色淡黄，以形大而厚实的为佳。

（6）鳗鱼肚（又称鳗肚、胱肚）

鳗鱼肚用海鳗或鹤海鳗的鳔加工而成，外观呈细长圆筒形，两头尖，呈牛角状，壁薄，色淡黄。

（7）鮰鱼肚

鮰鱼肚用鮰鱼的鳔加工而成，呈不规则状，壁厚实，色白。

【试题10】（1）鱼肚的涨发加工方法

锅内加入适量的油，再放入干鱼肚慢慢加热，此时鱼肚先逐渐缩小，然后慢慢膨胀，这时要不停地将其翻动，待鱼肚开始漂起并发出响声时，端锅离火并继续翻动鱼肚；当油温降低时，再放火上慢慢提温，这样反复2～3次，当鱼肚全部涨发起泡、饱满、松脆时捞出，接着放入事先准备好的热碱水中，浸泡至回软，洗去油腻杂质，用清水漂洗干净，换冷水浸泡待用。

油发鱼肚，时间短，涨发率高，一般每千克干料可涨发4 kg左右的湿料。

（2）鱼肚适用的烹调方法

主要是烩、烧、扒、蒸、酿、汆等。

【试题11】鱼皮是用鲨鱼、魟鱼、鳐鱼等软骨鱼背部的厚皮制成，大多为干制品。

鱼皮是根据鱼的种类进行分类的，主要有以下几类：

（1）青鲨皮

用青鲨的皮加工制成。制品为灰色，产量较高。

（2）真鲨皮

用多种真鲨的皮加工制成。制品为灰白色，产量较高。

（3）姥鲨皮

用姥鲨的皮加工制成。其皮较厚，有尖刺、盾鳞，灰黑色，质量较次。

（4）虎鲨皮

用豹纹鲨和狭纹虎鲨的皮加工制成。其皮面较大，黄褐色，有暗褐色的斑纹，皮里面为青褐色。

（5）犁头鳐皮

用犁头鳐的皮加工制成。制品为黄褐色，是所有鱼皮中质量最好的。

（6）沙粒魟皮（又称公鱼皮）

用沙粒魟鱼的皮加工制成。其皮面大，长约 70 cm，灰褐色，皮里面为白色，皮面上具有密集扁平颗粒状的骨鳞。

鱼皮的质量鉴别，以皮面大、无破损、皮厚实、洁净有光泽者为佳。

【试题 12】（1）鱼皮的涨发加工方法

用不锈钢或陶质器具，将鱼皮用清水浸泡 1～2 h 至初步回软，若是带沙的鱼皮要用热水浸泡，并将沙刮洗干净，放入足量的清水中，小火焖煮 1 h，再反复焖煮至发透为止，最后放入清水中浸泡，在低温环境中存放。为增加出口率，可以采用隔水隔汽蒸的方法，每千克干料可涨发 3～4 kg 湿料。

（2）鱼皮适用的烹调方法

主要是烩、烧、扒、蒸、氽等。

【试题 13】（1）鱼唇的取材

鱼唇是用鳐鱼、魟鱼等软骨鱼的唇部加工而成的，大多为干制品。较为多见的是用犁头鳐的上唇加工而成的鱼唇。

（2）鱼唇的产地

主要是福建的宁德、莆田、龙溪，以及广东的湛江、汕头等地。

（3）鱼唇的质量鉴别

以体大，洁净无残污水印，有光泽，迎光时透明面积大，质地干燥者为佳。在各种鱼唇中，又以犁头鳐唇为最好。

（4）鱼唇的涨发加工方法

271

用不锈钢或陶质器具，将鱼唇用热水浸泡2～3 h至能退掉沙时，刮去沙粒，去除杂质，初步回软，若沙退不尽时则可继续发制。退净沙后，换开水继续发至能抽去骨时，将骨抽出，保持形状完整，裁去腐朽边沿，然后用清水浸泡，除净腥味，再漂洗干净，在低温环境中存放。

【试题14】（1）鱼骨的取材

鱼骨又称明骨、鱼脆、鱼脑，是用鲨鱼和鳐鱼的软骨（头骨、脊骨、支鳍骨），以及鲟鱼和鳇鱼的鳃脑骨等加工制成的，多为干制品。

（2）鱼骨的质量鉴别

成品以长形或方形，均匀完整，坚硬壮实，色白，半透明，洁净干燥者为佳。

（3）鱼骨的涨发加工方法

用不锈钢或陶质器具，将鱼骨用清水浸泡1～2 h至初步回软，放入足量的清水中，小火焖煮1 h，再反复焖煮至发透为止，然后放入清水中浸泡，在低温环境中存放。为增加出口率，可以采用隔水隔汽蒸的方法，每千克干料可涨发2～3 kg湿料。

【试题15】（1）海参的种类

海参属于棘皮动物，根据其背面有无圆锥肉刺状的疣足分为刺参和光参两大类。

1）刺参（又称有刺参）。此类海参体表有尖锐的肉刺，如灰刺参、梅花参、方刺参等。

2）光参（又称无刺参）。表面有平缓突出的肉疣或无肉疣，表面光滑，如大乌参、辐肛参、白尼参等。

（2）海参的品质鉴别

海参种类较多，一般来说，有刺参质量优于无刺参，无刺参以大乌参质量最佳，可与有刺参中的梅花参、灰刺参媲美。海参品质的基本要求是：以体形饱满，质重皮薄，肉壁肥厚，水发时涨性大，发参率高，水发后糯而滑爽，有弹性，质细无沙粒者为好。

【试题16】（1）海参的涨发加工方法

干海参一般采用水发的方法，即先将海参放入干净的容器内，加热水浸泡12 h，再换水浸泡12 h，泡至回软后，从腹部开口，取出腔内韧带和内皮，然后洗净换水，用小火烧开，煮5 min离火，相隔12 h再换水煮5 min，这样反复2～3次，直到发透为止。

在涨发时要注意区分海参的大小和质地，灵活掌握泡发的次数与时间的长短。

每千克干海参可涨发5～6 kg湿料。

（2）海参适用的烹调方法

主要是扒、烧、烩、炖、酿、炒、汆等。

【试题17】（1）鲍鱼的基本结构特征

鲍鱼贝壳大而坚实，螺层有三层，体螺层极大，几乎占壳的全部，壳上有由5～9个呼吸孔和突起形成的旋转螺肋，所以又称九孔螺。足肥大有力，和壳底差不多大，呈紫红色，每年 7 月、8 月时，肉足丰厚，最为肥美。

（2）鲍鱼的分类

因加工方法和商品属性不同，市场上有新鲜鲍鱼、速冻鲍鱼、鲍鱼罐头制品和干制鲍鱼等。餐饮业以使用干鲍鱼为主。干鲍鱼分为紫鲍、明鲍和灰鲍三类。

1）紫鲍。个大，色泽紫，质最好。

2）明鲍。个大，色黄而透明，质好。

3）灰鲍。个小，色灰暗，不透明，表面有白霜，质差。

（3）鲍鱼的品质特点

上等干鲍鱼干燥，个大均匀，形状完整，色泽紫或淡黄，呈半透明状，微有香气。涨发后的鲍鱼，以体呈乳白色、肥厚嫩滑、味道鲜美者为佳。

【试题 18】（1）鲍鱼的涨发加工方法

将鲍鱼用清水浸泡 12～24 h 以上至初步回软，将外表边裙刷洗干净，选用不锈钢或陶质容器，垫上竹箅子，放入鲍鱼、足量的鸡汤及绍酒、葱、姜，用小火焖煮 10～24 h，以使其发透发软。为了缩短涨发时间，在不影响制品成形质量的情况下，可以在鲍鱼体上剞上均匀的刀纹，或发制过程中在鲍鱼体上扎孔，以助涨发。

鲍鱼发好后，将原汤汁澄清，再将鲍鱼浸泡其中，低温存放。

每千克干鲍鱼可涨发 3～4 kg 湿料。

（2）鲍鱼适用的烹调方法

主要是扒、烧、烩、炖、汆等。

【试题 19】（1）蛤士蟆油的质量鉴别

蛤士蟆油为雌性中国林蛙的输卵管制成的干制品，其外观为不规则的块状，长 1～2 cm、宽约 1 cm、厚约 0.5 cm，肥厚，黄白色，有脂肪样光泽，手感滑腻，偶尔有灰色或白色薄膜状外皮，以不带血和膜及杂质者为佳。

（2）蛤士蟆油的涨发加工方法

选用陶质器具，将蛤士蟆油用清水浸泡 2 h，至初步膨润，择洗干净，挑出蛤士蟆油上的黑筋和杂质，放入足量的清水中漂泡数次，上笼隔水隔汽蒸约 1～1.5 h，然后放入清水中浸泡，在低温环境中存放。每千克干料可涨发 9～10 kg 湿料。

（3）蛤士蟆油适用的烹调方法

主要是蒸、炖、汆等，最适合做蜜汁类、清汤类菜品。

【试题 20】（1）蹄筋的取材

蹄筋取自有蹄动物蹄部的肌腱及相关联的关节环韧带。

（2）蹄筋的质量鉴别

烹饪中使用的多为干蹄筋，有猪、牛、羊、鹿蹄筋，以鹿蹄筋质量为上乘。干蹄筋的质量以干燥、透明、白色为佳，通常后蹄部的蹄筋优于前蹄部的蹄筋。

（3）蹄筋的涨发加工方法

以油发干蹄筋为例，先将蹄筋用温碱水洗去表层油腻和污垢，然后晾干；将蹄筋放入盛有凉油的锅中，用小火慢慢加热，蹄筋先逐渐缩小，焐制，然后使其慢慢膨胀；勤翻动，待蹄筋开始漂起并发出"叭叭"的响声时，端锅离火并继续翻动蹄筋，当油温降得较低时，再用慢火提温。这样反复几次，待蹄筋全部涨发起泡、饱满、松脆时捞出。接着放入事先准备好的热碱水中浸泡至回软，洗去油腻杂质，择去残肉，用清水漂洗干净，换冷水浸泡备用。

用油涨发蹄筋，时间短，涨发率高。一般每千克干蹄筋可涨发 6 kg 左右的湿料。

（4）蹄筋适用的烹调方法

主要是烧、烩、扒、炒、焖等。

（二）厨房管理

【试题1】厨房生产成本的特点有：

（1）原料成本核算难度大

1）菜品销售量难以预测。

2）原料品种和数量的准备难以精确安排。

3）单一产品的成本核算难度大。

（2）菜点食品成本构成相对简单。

（3）食品成本核算与成本控制直接影响利润。

（4）生产人员的主观因素及状态对成本影响较大。

【试题2】原料初加工后的成本核算有以下三种情况：

（1）一料一档的情况

1）原料经初加工后，只有一种半成品，没有可作价利用的下脚料和废弃料，其净料单位成本的计算公式是：

$$净料成本＝购进原材料的总成本/加工后半成品质量$$

2）原料经初加工后，得到一种半成品，同时又得到可作价利用的下脚料和废弃料，其净料单位成本的计算公式是：

$$净料成本＝（购进原材料的总成本－下脚料作价金额－$$
$$废弃料作价金额）/加工后半成品质量$$

（2）一料多档的情况

如果原材料经过加工处理后，得到一种以上的净料，则应分别计算每一种净料的成本。

分档计算成本的原则是：质量好的原料成本高些，质量差的原料成本低些。

（3）不同渠道采购同一原料的情况

在多种渠道采购同一种原料时，如采购单位价格不同，则应采用加权平均法计算该种原料的平均成本。

【试题3】（1）生料成本的计算

生料就是只经过拣洗、宰杀、拆卸等加工处理，而没有经过烹调成熟的各种净料，其计算公式为：

生料成本＝（毛料总值－下脚料总值－废弃物品总值）/生料重量

（2）半成品成本的计算

半成品是经过初步熟处理，但还未完全加工成成品的净料。其成本计算分为两种情况：

无味半成品成本＝（毛料总值－下脚料价值－废弃料价值）/无味半成品重量

调味半成品成本＝（毛料总值－下脚料和废弃料价值＋调味品价值）/调味半成品重量

（3）成品成本的计算

成品成本＝（毛料总值－下脚废料总值＋调味品总值）/成品重量

【试题4】（1）净料率的定义

净料率就是净料重量与毛料重量的比率。

（2）净料率的计算方法

净料率＝加工后的净料重量/加工前的毛料重量×100％

与净料率有关的几个计算公式：

损耗率＝加工后的损耗重量/加工前的毛料重量×100％

净料率＋损耗率＝100％

毛料重量＝净料重量/净料率

毛料重量＝净料重量＋损耗重量

【试题5】宴会成本的核算方法有：

（1）分析宴会订单，明确宴会服务方式。

（2）计算宴会可容成本和分类菜点可容成本。宴会菜点成本根据宴会毛利率计算出一次宴会菜点可容成本和分类菜点可容成本，其计算公式为：

$$C=M(1-r) \qquad C_i=Cf$$

式中 C——宴会菜点可容成本；

M——宴会标准收入额；

r——宴会毛利率；

C_i——分类菜点可容成本；

f——分类菜点成本比率。

（3）选择菜点花色品种，安排分类菜点品种和数量。

（4）按照宴会可容成本组织生产，检查实际成本消耗。

（5）分析成本误差，填写宴会成本记录表。

【试题6】（1）厨房生产之前的成本控制措施主要是针对生产原料的管理与控制及成本预算控制等方面。

（2）厨房生产过程中的成本控制主要体现在对原料的加工、使用等各个环节。

（3）厨房生产后的成本控制主要体现在实际成本发生后，与预算当月、当周、当日成本进行比较、分析，及时找出原因，并进行适当调整。

【试题7】厨房生产前的成本控制措施主要是针对生产原料的管理与控制及成本预算控制等方面。

（1）采购控制

采购的目的在于以合理的价格，在适当的时间，从可靠的货源渠道，按既定的规格和预订采购数量购回生产所需的各种食品原料，即从欲购进的原料质量、数量和价格三个方面进行控制。

（2）验收控制

验收控制一方面要检查是否符合采购要求，另一方面要确保各类原料尽快入库或及时使用。

（3）储存控制

储存控制具体要落实到人员控制、环境控制和库房日常管理三个方面。

（4）发料控制

发料时要严格执行审批制度，规定领料的次数和时间，要如实计算发出的原料及全天领料总成本。

（5）成本预算控制

要借助以往销售记录和成本报表，结合当前实际情况，逐步分解和确定每月、每日成本控制指标，以便管理人员随时对照与改进。

【试题8】厨房生产中的成本控制措施有：

（1）加工制作测试

准确掌握各类原料的净料率，确定各类原料的加工制作损耗的许可范围，以检查加工切配工作的绩效，防止和减少加工切配过程中造成的原料浪费。

（2）制订厨房生产计划

厨师长应根据业务量预测，提前制订每天生产计划，确定各种菜肴数量，以此决定领料数量，并根据实际情况变化做及时的调整。

（3）坚持标准投料量

严格执行按照标准食谱进行加工和制作的要求。

（4）控制菜肴分量

按照既定装盘规格中所规定的品种数量进行装盘。

此外，常用原料的集中加工、高档原料的慎重使用及原料的充分利用等，也是厨房生产中降低原料成本必须注意的事项。

【试题9】厨房生产后的成本控制主要体现在实际成本发生后，与预算当月、当周、当日成本进行比较、分析，及时找出原因，并进行适当调整。具体措施有：

（1）当企业经营业务不太繁忙时，应提高原料采购频率，以减少库存损耗。

（2）当少数菜式成本偏高时，可采用保持原价，适当减少菜式分量，以抵消成本增长的方法。

（3）对于成本较高，但在菜单中又占总销售量比重大的菜品，则可以考虑以下几种解决办法：

1）通过促销手段来增加这些菜肴的销量，如果可行则维持不变。

2）推销那些成本未上升的菜肴，以此抵消部分菜肴成本的增加量。

3）菜肴分量上的适当减少。

4）在适当的时机及顾客能够接受的范围内，提高菜肴售价，以弥补成本上升。

当然，如果出现成本偏低的情况，则要检查分析成本降低的原因：是进价便宜了还是工艺改进了。可能的情况下将其作为促销产品。

【试题10】加工阶段是整个厨房生产制作的基础，加工品的规格质量和出品时效对后续阶段的厨房生产产生直接影响。此外，加工质量还决定了原料出净率高低，对产品成本控制有较大作用。

（1）加工质量管理

1）冰冻原料的解冻质量。要使解冻后的原料恢复新鲜、软嫩的状态，并尽量保持固有的风味和营养。

2）原料的加工出净率。出净率越高，菜肴单位成本就越低。出净率的高低取决于原料本身的质量，厨师的工作态度和技术水平对其也会产生重要影响。

3）加工的规格标准。严格执行每一道加工程序的规格标准，确保菜肴成品的感官质量及营养卫生质量。

（2）加工数量及加工程序管理

加工数量要以销售预测为依据，以满足生产为前提，同时应留有适当的储存周转量，避免因加工过多而造成质量降低和浪费。

【试题11】（1）配份数量与成本控制

配份数量控制是指按照预先设定的标准食谱中规定的配份规格标准配制每份菜肴，这是控制菜肴用量与成本的基础和关键。

（2）配份质量管理

1）同一菜品，其原料配份相同。

2）按标准菜谱统一用料与配比。

3）配菜应考虑烹调操作的方便性，各料放置规范有序。

4）严格执行配菜出菜的工作程序，防止错配菜、重配菜、漏配菜事情的发生。

（3）烹调质量管理

烹调质量管理主要从厨房操作规范、一次烹制的菜肴数量、出菜速度、成菜温度及对问题菜肴的处理等几个方面加以督导和控制。

【试题12】冷菜与点心生产是厨房生产相对独立的两个部门，其生产和出品管理与热菜有不完全相同的特点。

（1）分量控制

冷菜原料的装盘数量应以符合既定规格，且适量、饱满为度。

点心的分量和数量控制主要包括两个方面：一是每份点心的个数，二是每只点心的用料及配比。

（2）质量控制

冷菜的风味和口味要求都比较高，要保持冷菜口味的一致性，可采用预先调制统一用料规格比例的调味汁。

点心质量要按照规定的出品质量要求加以严格控制。

【试题13】（1）加工阶段工作程序与要求

1）动物性原料的加工程序与要求。

2）植物性原料的加工程序与要求。

3）原料切配工作程序与要求。

（2）烹调阶段工作细则

1）炉灶菜肴烹制工作程序。

2）问题菜肴退回厨房处理程序。

（3）冷菜点心制作程序

1）冷菜制作程序。

2）点心制作程序。

【试题 14】（1）动物性原料的加工程序

1）备齐各类加工原料，准备用具、盛器。

2）根据菜肴用料规格，将洗净原料进行合乎规范的切割处理。

3）将加工后的原料进行下一步处理，如上浆、腌制等。

（2）动物性原料的加工要求

1）注意原料的可食性，确保原料的安全性。

2）用料部位或规格准确，物尽其用。

3）分类整齐，成形一致。

【试题 15】（1）植物性原料的加工程序

1）剔除不能食用的部分。

2）修削整齐，符合规格要求。

3）无泥沙、虫尸、虫卵，洗涤干净，沥尽水分。

4）合理放置，不受污染。

（2）植物性原料的加工要求

1）备齐原料，准备用具及盛器。

2）按熟制要求对原料进行拣选、去皮或摘取嫩叶。

3）分类加工和洗涤，保持其完好，沥干水分后备用。

4）交厨房领用或送冷藏库暂存待用。

5）清洁场地，清运垃圾，清理用具，妥善保管。

【试题 16】（1）原料切配的加工程序

1）备齐需切割的原料，如冷冻原料需解冻至可切割状态，准备用具及盛器。

2）对切割原料进行初步整理，铲除筋、膜皮，斩尽脚须等下脚料。

3）根据不同烹调要求，分别对畜、禽、水产品、蔬菜等原料进行切割。

4）区别不同用途和领用时间，将已切割原料包装冷藏，或交上浆等岗位加工处理。

5）根据不同菜肴的规格要求，将已切割成形的相关原料组配在一起。

（2）原料切配的加工要求

1）大小一致，长短相等，厚薄均匀，放置整齐。

2）用料合理，物尽其用。

【试题 17】菜肴烹制工作程序是：

（1）准备用具，开启排油烟机，点燃炉火，使之处于工作状态。

（2）对不同性质的原料，根据烹调的要求，分别进行焯水、过油等初步熟处理。

（3）吊制清汤、高汤或浓汤，为烹制高档菜肴及宴会菜肴做好准备。

（4）熬制各种调味汁，制备必要的用糊，做好开餐前的各项准备工作。

（5）开餐时，接受打荷的安排，根据菜肴的规格标准及时进行烹调。

（6）开餐结束，妥善保管剩余食品及调料，擦洗灶头，清洁整理工作区域及用具。

【试题18】问题菜肴退回厨房后的处理程序是：

（1）问题菜肴退回后，及时向厨师长或有关技术人员汇报，进行复查鉴定。

（2）若属烹调失当且可再烹制的菜肴，交打荷即刻安排炉灶厨师，重新烹调，调整口味。

（3）若属无法重新烹调的菜肴，由厨师长交配份岗位重新安排原料切配，并交与打荷。

（4）打荷接到已重新配制的菜品，及时迅速地分派炉灶烹制，并交代清楚情况。

（5）烹调成熟后，按规格装饰点缀，经厨师长检查认可后，迅速递于备餐划单出菜人员上菜，并说明情况。

（6）餐后要及时分析原因，计入成本，同时做好记录，落实应采取的相关措施，避免今后类似问题的再次发生。

【试题19】冷菜的加工程序是：

（1）打开并及时关闭紫外线灯，对冷菜间进行消毒杀菌。

（2）备齐冷菜用的原料、调料，准备相应盛器及各类餐具。

（3）按规格加工烹调制作冷菜及调味汁。

（4）接受订单和宴会通知单，按规格切制配备冷菜，并放于规定的出菜位置。

（5）开餐结束，清洁整理冰箱，将剩余食品及调味汁分类装盒或装入相关盛器里，封好后放入冰箱。

（6）清洁场地及用具。

【试题20】点心的加工程序是：

（1）领取备齐各类原料，准备用具。

（2）检查烤箱、蒸笼的卫生和安全使用情况。

（3）加工制作馅心及其他半成品，切配各类料头，预制部分宴会、团队用餐点心。

（4）准备所需调料，备齐开餐用各类餐具。

（5）接受订单，按规格制作出品各类点心。

（6）开餐结束，清洁整理冰箱，将剩余食品及调味品分类封好后放入冰箱，最后清洁设备、器具、场地。

【试题21】（1）厨房产品促销的意义

厨房产品促销既是餐饮企业适应市场竞争的必要手段，也是进一步巩固市场的重要举措。促销活动在发布新产品的同时，也宣传了企业形象，对老客户是一种提醒和再动员，对潜在客户是一种新的激发和有效引导，对巩固乃至扩大餐饮市场份额有着不可忽视的作用。

（2）厨房产品促销的方法

1）店内推广促销。

2）店外推广促销。

3）全员促销。

【试题22】（1）菜点创新的含义

菜点创新应该包含两个方面的含义：一是"新"，就是采用新原料、新方法、新调味、新组合、新工艺制作的特色新菜品；二是"用"，即创新菜品必须具有食用性、可操作性和市场延续性。

（2）菜点创新的意义

1）创新是适应和满足时代发展的需要。

2）创新是为了适应和满足消费者对饮食的安全性、营养性、科学性、简洁性、绿色环保性、快捷便利性的需要。

3）创新是为了适应和满足餐饮企业自身的需要。

4）创新是为了适应和满足餐饮行业变化发展的需要。

【试题23】（1）在原料使用上兼容出新

一切原料要为我所用，即要充分利用本地产原料、外地产原料，借助现代科技和设备，运用各种烹饪技法，丰富烹饪原料品种的应用领域。

（2）采用新的调味技法

采用新的调味原料、合理的调味手法，调制出新的味型。

（3）运用新的组合技巧

例如，菜与点的结合、中西结合、地方菜或菜系之间的融合等。

（4）使用新的加工方法

在实用性原则的指导下，采用新的加工工艺改变菜品的成形效果，使菜品在形式上更为精致完美，令人耳目一新。

【试题24】菜点创新的生产与管理措施有：

（1）指标模式

指标模式就是厨房把菜品创新的总任务分解打包，然后由分厨房或班组再到个人逐层落实，并规定完成任务的时间。厨房菜品创新的总任务则根据企业对菜品更换更新的计划而定。

（2）经济责任制模式

企业把菜品开发创新与厨房员工（重点是厨房技术骨干）的经济报酬联系在一起，按照经济报酬的高低分配开发新菜品的任务，如在规定期限内不能完成的，则要受到一定的经济处罚。

（3）激励模式

1）晋级升职激励。

2）成果奖励激励。

3）公派学习、旅游激励。

二、笔试题

（一）宴会菜单设计

说明：对于宴会菜单设计而言，设计要求可以有很多的不同，因而设计的结果也会是千差万别。所以，从这个意义上来说，与其出再多的考题，不如从最基础和最具普遍适应性的地方入手，留出最大的发挥空间，真正考出中式烹调技师应该具备的综合技术素养。因为再多的考题也是基于核心指标基础之上的变化，何况再多的考题也难以覆盖不同民族和东西南北不同地域的差异性。【试题1】【试题2】就是基于这种想法而来的。

在【试题1】【试题2】中，一是突出了宴会用餐标准，二是突出了宴会规模。宴会用餐标准是宴会菜单设计最重要的核心要素，其影响面最广又最为关键，所以不可或缺。宴会规模不同，宴会菜单菜品生产工艺的要求与选择不同，菜品的风味适应性要求与选择也不同，这些不同又常常是在设计实践和考试中容易被考生忽视的问题。

此外，在题目中还告知了宴会菜品的销售毛利率，其目的在于考查考生宴会菜品成本核算知识的应用。一般来说，先要计算宴会菜品的总成本，即 $C=M(1-r)$，然后要计算分类菜品的成本（$C_i=Cf$），最后再计算出每一道菜品的成本。

至于题目中的"其他相关设计要件"，是指宴会主题、饮宴对象、用餐季节、宴会菜品风味特色等，由考生自行确定。考生在进行宴会菜单内容设计时，一定要让这些影响因素通过具体菜品反映出来，以展示出最好的设计水平。

宴会菜单菜品内容的设计，主要涉及菜品类别、上席顺序、菜品名称、主辅原料、烹调方法、色泽、造型、味型、成本、售价等，其具体要求如下：

1. 菜品类别

按照宴会菜品约定俗成的分类方法来归类，一般为冷菜、热菜、点心、水果等几大类，如果再分中类、小类也是可以的，如热菜可再分为热炒菜、大菜两个中类，大菜又分为头菜、二菜、热荤菜、座汤等若干小类。除此之外，也有在一个地方流行或有影响的宴会，其菜品组合特殊，并不采用此种分类方法，可按特定的地方习惯来归类。但不管是哪种分类，都要符合明确、清晰、合理的要求。

2. 上席顺序

上席顺序是指按照菜品上席的先后次序填写序号。例如，冷菜可以有多种组成形式，或什锦拼盘式，或各客式，或一主多围式，或若干单盘式，但是无论多少，因为是一起呈现在席面上的，所以序号只能为"1"。又如，写热菜时，千万不要把后上的菜品（如蔬菜、汤菜）写到应该先上的菜品的前面。需要特别说明的是，虽然宴会菜品上席的先后顺序在实际中存在着多种形式，不能用一种模式来规定，但不管哪种形式，一定是以适应一个地方的饮宴习惯为依托的。

3. 菜品名称

菜品名称要雅俗得体、名实相符。如果用隐喻式菜品名称，应附上直朴式的菜名，使人从中能了解菜品的基本概貌。

4. 主辅原料

既要注重单个菜品原料选用搭配的合理性，更要注重整体宴会菜品原料选用搭配的多样性、合理性及营养的均衡性。用料数量符合规定要求。

5. 烹调方法、色泽、造型和味型

这几个方面的表述，一要准确，这主要是对单个菜品而言；二要多样化，这主要是指全部菜品呈现出丰富多彩的形式。

6. 成本和售价

根据给定的销售毛利率，采用正确的计算方法，准确核算每道菜品的成本和售价。

（二）编写教案

说明：课堂教学是传授烹饪知识与技能的有效形式之一。要上好课，备课写教案是基础，它是授课者专业素养的集中反映，其质量优劣也会影响整个教学过程和教学的有效性。

教案是以文本形式展示的教学蓝图，是教师实施教学的基本文件。教案一般是以课时为单位的具体教学计划，其内容是具体的教学过程，以及为实施这一过程并实现既定的教学目的而采取的具体实施方法。

烹饪课程根据性质不同，分为理论知识课和操作技能课。这两种类型课程教案编写的基本要求是一致的。一个完整的教案一般包括培训课题、培训对象、授课类型、授课时间、教学目的、教学重点和难点、教学方法、教学过程等。其中，需要重点说明的有：

1. 授课类型

根据课程性质来选，或为理论知识课，或为操作技能课。

2. 教学目的

教学目的是指阶段性教学目标，是通过这次课堂教学，学习对象必须掌握的知识或技能。

3. 教学重点和难点

教学重点是本节课的核心知识，同一个教学内容的教学重点是不变的。教学难点是学生在学习过程中的障碍点，不同的学习对象需要突破的难点可能是不同的。在同一个教学内容中，教学重点和难点可以是不同的，也有完全重叠的。

4. 教学方法

教学方法是教师和学生为了实现共同的教学目标，完成共同的教学任务，在教学过程中运用的方式与手段的总称。教学方法在教学中发挥着极其重要的作用，对于提高教学质量具有特定的功效。在烹饪教育教学中，教师常常用到的基本教学方法有讲解法、课堂问答法、启发法、演示法、练习法、指导法、讨论法、实验法、实习作业法等。教学方法的选择要根据授课类型、教学内容和教学对象而定。

5. 教学过程

教学过程一般是由组织教学、复习旧课导入新课、讲授新知识、巩固新知识、布置作业等环节组成。除此之外，为保证教学过程各环节的落实，所采用的具体实施方法及实施手段，如教具、课件、板书设计和时间分配等，也应在教案中得到体现。

（1）组织教学

组织教学是上课一项必不可少的内容。组织教学是教师通过协调课堂内的各种教学因素而有效地实现预定的教学目标的过程。一节课伊始，组织教学就是教师通过不同的方式来引起学生的注意，促使学生建立学习期望。

（2）复习旧课导入新课

一般来说，新授课的教学要先温故，因为任何新知识的学习都必须以原有知识技能为基础，教师要找准新旧知识的连接点，设计恰当的方法激活学生头脑中的与新知识有关的旧知识技能，以此为基础导入新课。例如，问题导入法就是编拟符合学生认知水平且形式多样、富有启发性的问题，或创设问题情景，引导学生思维，激发学生对学习新知识的渴求，从而为推导出新知识做好铺垫。

导入新课要自然，一定要根据既定的教学内容、教学目标来精心设计导语。写在教案中的导语要短小精悍。在实际教学中，只能用两三分钟完成这一环节，若时间过长容易喧宾夺主。

（3）讲授新知识（或称作讲授新课）

这是课堂教学的主要环节，这一环节实施得如何，将在很大程度上决定课堂教学的成败。如何设计好这个环节的教学，并在教案文本中得到充分的体现，目前没有一种固定的模式可以套用，教案内容的详略应符合以下几个方面的基本要求：

1）能否在宏观层面上把握教学内容。

2）教学内容设置是否具有针对性和实用性，即是否紧扣教学内容，反映全部知识点特别是重点和难点，这样的安排是否适用于教学对象。

3）教学内容的阐释是否符合科学性要求。

4）有无体现训练提高学生认知或技能的教学举措。教案内容不应仅是堆砌教学知识，而且要有教法设计、学法指导、时间安排，甚至需要有对教学中可能出现问题的预设及解决办法。

（4）巩固新知识

巩固新知识就是对所讲授的知识技能加以提炼总结。好的教学总结应该既能使本次课的教学内容得到升华和总结，也能为学生的继续学习拓展新的道路。不管是理论知识课还是操作技能课的教学总结，都要深刻精辟、画龙点睛，能达到强化新知识技能的目的。

（5）布置作业

要布置与教学内容相一致的作业，习题题型、难易度设计要精当，习题量要适度。布置作业的目的是借助遗忘规律，促进知识和技能的形成与巩固。

三、实际操作题

（一）餐盘装饰制作

餐盘装饰的基本操作程序：确定装饰的题材→确定装饰的空间构成形式→确定装饰在餐盘中的摆放位置→原料刻切成特定形状或雕刻成特定形象→在餐盘中摆放成形。

（二）冷菜艺术拼盘制作

象形冷拼的基本操作程序：选定冷拼的题材和主题→规划整体造型→确定造型在餐盘中的结构布局→用细碎、有黏性的原料码出主体形象的轮廓→修整切制原料成特定形状→按照一定的顺序覆盖在垫底料上→完成主体形象的造型→拼摆辅助形象。

象形冷拼的拼摆特别要注意以下几点：

1. 选好主题

主题是象形冷拼的灵魂。确定了主题，物象的组合才有所归依。

2. 规划好结构布局

结构布局关乎整体造型，即主要形象与次要形象摆放的位置、大小及相互间的联系，虚与实的关系等。

3. 处理好细节

例如，形与神，既要有形更要有神；简与精，细节刻画要精当，大面铺陈要简约；色彩搭配要协调和谐，不能突兀扎眼。总之，处理好细节的关键在于处理好各种关系。

（三）家禽类原料热菜制作

以家禽原料为主料制作的热菜，其加工烹调方法很多，菜肴品种不胜枚举，很难概括出共有的基本操作程序。虽然没有具体试题方面的规定，选择菜品的空间很大，但考生所制作的菜品，是否有新意，是否有鲜明的风味特色，是否能反映技师应有的技能结构与水平，是考核的重点。

（四）家畜类原料热菜制作

同（三）。

（五）水产类原料热菜制作

同（三）。

（六）宴会面点制作

同（三）。

高级技师操作技能鉴定指导

考 核 要 点

操作技能考核范围	考核要点	重要程度
营养配餐	一般人群的营养配餐	掌握
菜点制作	冷菜艺术拼盘制作	掌握
	地方名菜（热菜）制作	掌握
	创新菜（热菜）制作	掌握
	宴会面点制作	掌握
培训指导	PPT 课件制作	掌握

辅导练习题

一、笔试题

（一）营养配餐

【试题】按照营养配餐的要求编制一般人群的一日食谱。

（二）培训指导

【试题】以菜肴或点心制作为培训教学内容的 PPT 课件制作。

二、实际操作题

（一）冷菜艺术拼盘制作

【说明】这里所说的冷菜艺术拼盘主要是指各种象形冷拼，如动物类象形冷拼、植物类象形冷拼、器物类象形冷拼、景观类象形冷拼等。象形冷拼题材非常丰富，为发挥考生的想象力和创新能力，展示考生的技术水平，考生可自选题材，自定象形冷拼的主题，故没有具体试题方面的规定。象形冷拼及其围碟的考核，由考生自备原料。现列出考核要求、准备工作、考核时限、评分项目及标准等方面要求基本相同的内容。

【试题】象形冷拼及六围碟

1. 考核要求

(1) 形神兼备，生动饱满，结构布局合理。

(2) 色彩搭配和谐，刀工精细，刀面整齐。

(3) 调味准确不串味，盛器洁净。

(4) 象形冷拼菜量不低于 600 g，六围碟每碟不低于 150 g。

(5) 否定项说明：操作过程中不得使用未经许可的可直接用于拼摆的成形原料，不得使用不能食用的原料，不得在原料中添加人工色素或禁用的添加剂，不得使盛器污秽并影响食用安全。发生以上情况之一，应及时终止其考试，该试题成绩记为零分。

2. 器具准备

序号	名称	规格	单位	数量	备注
1	不锈钢操作台		张	1	考场统一提供
2	斩板（菜墩）		块	1	考场统一提供
3	炒锅		只	1	考场统一提供
4	炒勺、漏勺		套	1	考场统一提供
5	油钵、调料罐		套	1	考场统一提供
6	平盘	14 寸	只	1	考场统一提供
7	平盘	7 寸	只	6	考场统一提供
8	配菜盘	8 寸	只	2	考场统一提供
9	汤碗	10 寸	只	1	考场统一提供
10	炉灶		台	1	考场统一提供
11	主辅料	考生自备			(1) 拼摆所用原料为净料，不得进行直接用于拼摆的成形加工 (2) 点缀物品可以场外加工

备注：考生自带厨刀、工作服、工作帽、清洁布等

3. 考核时限

完成本题操作时间为 100 min；每超过 1 min 从本题总分中扣除 5%，操作超过 20 min，本题零分。

4. 评分项目及标准

评分项目	评分要点	配分比重（%）	评分标准及扣分
原料成形处理和拼摆操作	根据象形冷拼要求选择恰当的拼摆方法完成造型	20	(1) 结构布局不合理，主题不突出，形象不饱满生动，拼摆散乱，扣 1～5 分 (2) 色彩搭配不合理，扣 1～2 分 (3) 刀工粗糙，刀面不整齐，扣 1～3 分 (4) 菜肴调味不准确，扣 2 分 (5) 菜肴分量达不到规定量 2/3 的，扣 5 分；达不到规定量 1/2 的，扣 10 分 (6) 盛器不洁，扣 2～5 分 以上各项累计扣分不得超过总分

（二）地方名菜（热菜）制作

【说明】由于没有具体试题方面的规定，考生可自选原料、自定菜目，但考生所制作的菜品，必须是一个菜系或其子系统中有代表性而且知名度高的菜品，即所谓地方名菜。该名菜要能反映地方原料特色、技术特点和风味特色。现列出考核要求、准备工作、考核时限、评分项目及标准等方面要求基本相同的内容。

【试题】以中档以上原料为主料，制作一道地方名菜

1. 考核要求

（1）地方原料特色鲜明，原料加工及刀法处理得当，成形符合标准，色彩搭配和谐。

（2）加热方式选用得当，加热温度与时间控制准确，反映地方烹饪技术特点。

（3）调味精准，层次分明，呈味丰富完备，菜肴质感精当，符合既定风味特色的要求。

（4）装盘布局合理，生动饱满，有美感。

（5）菜量充足（以 10 人计量），盛器洁净，符合卫生要求。

（6）否定项说明：操作过程中不得使用法律法规禁用的原料，不得使用未经许可的已加工成形的原料，不得使用变质不能食用的原料，不得在原料中添加人工色素或禁用的添加剂，不得生熟不分、盛器污秽而影响食用安全，成品因失饪不熟或焦煳以致不能食用，成品口味太咸以致严重影响食用。发生以上情况之一，应及时终止其考试，该试题成绩记为零分。

2. 器具准备

序号	名称	规格	单位	数量	备注
1	不锈钢操作台		张	1	考场统一提供
2	斩板（菜墩）		块	1	考场统一提供
3	炉灶		台	1	考场统一提供
4	炒锅		只	1	考场统一提供
5	手勺、漏勺、手铲		套	1	考场统一提供
6	油钵、调料罐		套	1	考场统一提供

续表

序号	名称	规格	单位	数量	备注
7	蒸笼		套	1	考场统一提供
8	打蛋器		个	1	考场统一提供
9	绞肉机		台	1	考场统一提供
10	烤箱		台	1	考场统一提供
11	烤盘		只	1	考场统一提供
12	锡纸		卷	1	考场统一提供
13	配菜盘	10 寸	只	2	考场统一提供
14	成品的常规盛器				考场统一提供
15	成品的特殊盛器				考生自备
16	常用调料				考场统一提供，如精炼油、精盐、酱油、味精、香醋、白醋、白糖、料酒、淀粉、花椒、八角、葱、姜、蒜、干辣椒、胡椒面等
17	特殊调料				考生自备
18	主辅料	考生自备			（1）所用原料为净料，即初步加工后的原料不进行刀工细加工成形处理，泥蓉料不进行调味处理 （2）点缀物料可以场外加工

备注：考生自带厨刀、工作服、工作帽、围裙、清洁布等

3. 考核时限

完成本题操作时间为 40 min；每超过 1 min 从本题总分中扣除 5%，操作超过 20 min，本题零分。

4. 评分项目及标准

评分项目	评分要点	配分比重（%）	评分标准及扣分
主辅料切配和预调味	根据菜肴要求选择相应的切配、预制调味方法	5	（1）刀法应用不准确，原料成形不符合标准，扣 0.5～1 分 （2）浪费原料多，扣 1～2 分 （3）预调味过重，扣 0.5～1 分

续表

评分项目	评分要点	配分比重（%）	评分标准及扣分
烹制操作	根据菜肴要求利用恰当的烹调方法将原料烹制成菜	15	（1）成菜色泽过淡或过深，或原料搭配不和谐，扣1～2分 （2）火候掌握不准确，质地不合要求，扣1～2分 （3）菜肴地方风味特色不鲜明，扣1～3分 （4）菜肴成形较差扣1分，差扣2分，很差扣3分 （5）菜肴分量达不到规定量2/3的，扣2分；达不到规定量1/2的，扣5分 （6）盛器不洁，扣1～2分 以上各项累计扣分不得超过总分

（三）创新菜（热菜）制作

【说明】由于没有具体试题方面的规定，考生可自选原料、自定菜目，但考生所制作的菜品，必须具有一定的新意、鲜明的技术特色和风味特色，能反映技师应有的技术素养。现列出考核要求、准备工作、考核时限、评分项目及标准等方面要求基本相同的内容。

【试题】以中档以上原料为主料，制作一道创新菜

1. 考核要求

（1）原料加工及刀法处理得当，成形符合标准，色彩搭配和谐。

（2）加热方式选用得当，加热温度与时间控制准确，菜肴质感呈现精当。

（3）调味精准，层次分明，呈味丰富完备，符合既定味型的要求。

（4）装盘布局合理，生动饱满，有美感。

（5）菜量充足（以10人计量），盛器洁净，符合卫生要求。

（6）否定项说明：操作过程中不得使用法律法规禁用的原料，不得使用未经许可的已加工成形的原料，不得使用变质不能食用的原料，不得在原料中添加人工色素或禁用的添加剂，不得生熟不分、盛器污秽而影响食用安全，成品因失饪不熟或焦煳以致不能食用，成品口味太咸以致严重影响食用。发生以上情况之一，应及时终止其考试，该试题成绩记为零分。

2. 器具准备

序号	名称	规格	单位	数量	备注
1	不锈钢操作台		张	1	考场统一提供
2	斩板（菜墩）		块	1	考场统一提供
3	炉灶		台	1	考场统一提供
4	炒锅		只	1	考场统一提供

序号	名称	规格	单位	数量	备注
5	手勺、漏勺、手铲		套	1	考场统一提供
6	油钵、调料罐		套	1	考场统一提供
7	蒸笼		套	1	考场统一提供
8	打蛋器		个	1	考场统一提供
9	绞肉机		台	1	考场统一提供
10	烤箱		台	1	考场统一提供
11	烤盘		只	1	考场统一提供
12	锡纸		卷	1	考场统一提供
13	配菜盘	10 寸	只	2	考场统一提供
14	成品的常规盛器				考场统一提供
15	成品的特殊盛器				考生自备
16	常用调料				考场统一提供，如精炼油、精盐、酱油、味精、香醋、白醋、白糖、料酒、淀粉、花椒、八角、葱、姜、蒜、干辣椒、胡椒面等
17	特殊调料				考生自备
18	主辅料		考生自备		（1）所用原料为净料，即初步加工后的原料不进行刀工细加工成形处理，泥蓉料不进行调味处理 （2）点缀物料可以场外加工

备注：考生自带厨刀、工作服、工作帽、围裙、清洁布等

3. 考核时限

完成本题操作时间为 40 min；每超过 1 min 从本题总分中扣除 5%，操作超过 20 min，本题零分。

4. 评分项目及标准

评分项目	评分要点	配分比重（%）	评分标准及扣分
主辅料切配和预调味	根据菜肴要求选择相应的切配、预制调味方法	5	（1）刀法应用不准确，原料成形不符合标准，扣 0.5～1 分 （2）浪费原料多，扣 1～2 分 （3）预调味过重，扣 0.5～1 分

续表

评分项目	评分要点	配分比重（%）	评分标准及扣分
烹制操作	根据菜肴要求利用恰当的烹调方法将原料烹制成菜	15	（1）成菜色泽过淡或过深，或原料搭配不和谐，扣1~2分 （2）火候掌握不准确，质地不合要求，扣1~2分 （3）菜肴口味不足或较重，扣1~3分 （4）菜肴成形较差扣1分，差扣2分，很差扣3分 （5）菜肴新意不明显或无新意，扣1~3分 （6）菜肴分量达不到规定量2/3的，扣2分；达不到规定量1/2的，扣5分 （7）盛器不洁，扣1~2分 以上各项累计扣分不得超过总分

（四）宴会面点制作

【说明】宴会面点制作不限面团种类，即在油酥面团、膨松面团、水调面团及其他面团中任选一种，也没有具体试题方面的规定，考生自定品种，但考生所制作的适用于宴会的面点品种，必须具有鲜明的风味特色，有一定的技术难度，能反映技师应掌握的技能结构与水平。现列出考核要求、准备工作、考核时限、评分项目及标准等方面要求基本相同的内容。

【试题】任选一种面团，制作一道宴会面点

1. 考核要求

（1）有新意，突出食用性，有一定的技术难度。

（2）选料精致，用料配比准确，坯团馅料制作工艺得当，成形符合标准。

（3）加热方式选用得当，加热温度与时间控制准确，质感显现鲜明。

（4）调味精准，风味特色鲜明。

（5）装盘布局合理，色泽搭配和谐，造型美观大方。

（6）分量以10人计量，盛器洁净，符合卫生要求。

（7）否定项说明：操作过程中不得使用法律法规禁用的原料，不得使用未经许可的已加工成形的原料，不得使用变质不能食用的原料，不得在原料中添加人工色素或禁用的添加剂，不得生熟不分、盛器污秽而影响食用安全，成品因失饪不熟或焦煳以致不能食用。发生以上情况之一，应及时终止其考试，该试题成绩记为零分。

2. 器具准备

序号	名称	规格	单位	数量	备注
1	不锈钢操作台		张	1	考场统一提供
2	案板		块	1	考场统一提供
3	斩板（菜墩）		张	1	考场统一提供
4	炉灶		台	1	考场统一提供
5	双耳锅		只	1	考场统一提供
6	手勺、漏勺、手铲		套	1	考场统一提供
7	油钵、调料罐		套	1	考场统一提供
8	蒸箱		台	1	考场统一提供
9	蒸笼		套	1	考场统一提供
10	烤箱		台	1	考场统一提供
11	烤盘		只	1	考场统一提供
12	锡纸		卷	1	考场统一提供
13	配菜盘	10寸	只	2	考场统一提供
14	成品的常规盛器				考场统一提供
15	成品的特殊盛器				考生自备
16	常用调料				考场统一提供，如精炼油、精盐、酱油、味精、香醋、白醋、白糖、料酒、淀粉、花椒、八角、葱、姜、蒜、干辣椒、胡椒面等
17	特殊调料				考生自备
18	主辅料	考生自备			（1）面团所用原料，不得进行场外加工。泥蓉料不进行调味处理（2）点缀物料可以场外加工

备注：考生自带操作工具、工作服、工作帽、围裙、清洁布等

3.考核时限

完成本题操作时间为30 min；每超过1 min从本题总分中扣除5‰，操作超过15 min，本题零分。

4.评分项目及标准

评分项目	评分要点	配分比重（%）	评分标准及扣分
坯团馅料制作	根据面点要求制作坯团馅料	4	（1）用料配比不准确，扣1~2分 （2）坯团调制不当，扣0.5~1分 （3）馅心调味过重，扣0.5~1分
成形和制熟操作	根据面点要求进行成形和制熟	6	（1）成形规格不一致，扣0.5~1分 （2）制熟操作掌握不准确，扣0.5~1分 （3）质地不合要求，扣1~2分 （4）成品色泽不正，扣0.5~1分 （5）装盘不美观，扣0.5~1分 （6）盛器不洁，扣1~2分 以上各项累计扣分不得超过总分

参 考 答 案

一、笔试题

（一）营养配餐

说明：一般人群的一日食谱膳食营养素供给量标准是以就餐人群的基本情况或平均数值为依据，包括人员的平均年龄、平均体重及80％以上就餐人员的活动强度。具体数据参照2000年《中国居民膳食营养素参考摄入量》，这是膳食中各种营养素的一个安全摄入范围。

编制食谱时，首先要确定就餐人员平均每日需要的能量供给量。根据膳食平衡的原则，膳食中各种营养素供给量标准为：蛋白质、脂肪、碳水化合物分别占全天总热能的10％～15％、20％～30％、55％～65％。三餐能量的分配占全天总能量的百分比分别为：早餐25％～30％，午餐40％，晚餐30％～35％；或早餐30％，午餐40％，晚餐30％。由此可计算产热营养素在各餐中的供给量。

下面以一位35岁男性轻体力活动者为例，用计算法进行一日食谱的编制。

1. 根据膳食营养素参考摄入量，他每日需要热能约为2 400 kcal（10.03 MJ）。

2. 根据热能的需要量，计算他一日三大生热营养素的供给量。以蛋白质供给量占热能供给的12％，脂肪占热能供给量的25％，碳水化合物占热能供给的63％计算，则这三大生热营养素的供给量分别是：

$$蛋白质＝2 400×12％÷4＝72（g）$$

$$脂肪＝2 400×25％÷9＝67（g）$$

$$碳水化合物＝2 400×63％÷4＝378（g）$$

3. 根据碳水化合物的供给量、蛋白质的供给量计算他一日主食的供给量。按照我国人民的生活习惯，主食以米、面为主，考虑到平衡膳食的需要，可以增加一些杂粮品种。一般情况下，每100 g主食中含热能350 kcal，根据碳水化合物的需要量大致计算出主食的供给量为：

$$主食供给量＝2\ 400×63\%÷3.5＝432（g）$$

考虑到其他食物，特别是一些蔬菜、水果中也含有碳水化合物，因此，可以将主食的供给量定为400 g。

4. 计算副食的供给量。副食主要是指鱼、肉、蛋、奶、豆制品等食物，其供给量主要依据蛋白质和脂肪的供给量而定。在计算时，可以先根据中国居民平衡膳食宝塔结构中的要求，如每天一杯牛奶约250 mL，鸡蛋1只约50 g，肉类约100 g，鱼类约50 g，然后用每日蛋白质、脂肪和能量的供给量标准，减去以上几种主要副食和主食中提供的相应数量，就可以得到其他副食品，特别是豆类、豆制品的供给数量（见表1）。

表1　　　　　　　　　　　　一日副食及营养素的供给量

原料名称	质量(g)	蛋白质(g)	脂肪(g)	碳水化合物(g)	能量(kcal)	钙(mg)	铁(mg)	维生素A(μgRE)	维生素C(mg)
牛奶	250	7.8	8.0	12.5	153.2	212.5	0.25	70	0
鸡蛋	50	6.1	5.3	0	72.1	22	0.5	0	0
瘦猪肉	50	10.0	4.0	0	76	3.0	0.75	0	0
鸡脯肉	30	7.4	0.6	0.2	35.8	0.3	0.3	0.9	0
带鱼	50	8.8	2.1	0	54	8.5	0.65	0	0
大米	300	19.2	3.6	234.3	1 046.4	9.0	0.6	0	0
面粉	60	9.4	1.5	42.5	221.1	18.6	0.4	0	0
小米	40	3.6	1.2	31.1	149.6	3.2	0.6	0	0
合计		72.3	26.3	320.6	1 808.3	277.1	4.05	70.9	0

由表1可见，目前所选择的各类食物，除蛋白质的供给量已正好满足需要外，其他营养素的供给都还远远低于需要量。但只要选择适量的油脂就能满足脂肪的需要量，再选择蔬菜、水果（见表2），就可以获得各种维生素和无机盐，基本上达到一日营养素的供给量。

表2　　　　　　　　　　一日蔬菜、水果及营养素的供给量

原料名称	质量(g)	蛋白质(g)	脂肪(g)	碳水化合物(g)	能量(kcal)	钙(mg)	铁(mg)	维生素A(μgRE)	维生素C(mg)
绿豆芽	50	0.85	0.05	1.3	9.0	7	0.15	1	2.0
芹菜	50	0.2	0.1	1.5	7.7	0.75	0.1	1.5	1.0
青、红椒	100	0.5	0.1	1.9	13.2	0	0	8	65

续表

原料名称	质量 (g)	蛋白质 (g)	脂肪 (g)	碳水化合物 (g)	能量 (kcal)	钙 (mg)	铁 (mg)	维生素 A (μgRE)	维生素 C (mg)
鲜蘑菇	100	3.5	0.4	3.8	32.8	6	1.0	0	0.1
番茄	100	1.0	0.2	3.8	21	0	0	13	130
青菜	100	1.4	0.3	2.4	17.9	117	1.3	309	64
橘子	100	1.2	0.2	12.5	56	21	0.9	857	25
香蕉	100	1.1	0.2	19.7	85	9	0.2	6	5.7
合计		9.75	1.55	46.9	242.6	160.8	3.65	1 255.5	292.8

5. 将一日食谱中各种食物的种类及营养素含量进行总和，并与供给量标准进行比较（见表3），如果某种营养素的供给与标准相差过大，则必须进行适当调整，直至基本符合要求。

表3　　　　　　　　　　　一日食物及营养素的供给量

原料名称	质量 (g)	蛋白质 (g)	脂肪 (g)	碳水化合物 (g)	能量 (kcal)	钙 (mg)	铁 (mg)	维生素 A (μgRE)	维生素 C (mg)
牛奶	250	7.8	8.0	12.5	153.2	212.5	0.25	70	0
鸡蛋	50	6.1	5.3	0	72.1	22	0.5	0	0
瘦猪肉	50	10.0	4.0	0	76	3.0	0.75	0	0
鸡脯肉	30	7.4	0.6	0.2	35.8	0.3	0.3	0.9	0
带鱼	50	8.8	2.1	0	54	8.5	0.65	0	0
大米	300	19.2	3.6	234.3	1 046.4	9.0	0.6	0	0
面粉	60	9.4	1.5	42.5	221.1	18.6	0.4	0	0
小米	40	3.6	1.2	31.1	149.6	3.2	0.6	0	0
绿豆芽	50	0.85	0.05	1.3	9.0	7	0.15	1	2.0
芹菜	50	0.2	0.1	1.5	7.7	0.75	0.1	1.5	1.0
青、红椒	100	0.5	0.1	1.9	13.2	0	0	8	65
鲜蘑菇	100	3.5	0.4	3.8	32.8	6	1.0	0	0.1
番茄	100	1.0	0.2	3.8	21	0	0	13	130
青菜	100	1.4	0.3	2.4	17.9	117	1.3	309	64
橘子	100	1.2	0.2	12.5	56	21	0.9	857	25
香蕉	100	1.1	0.2	19.7	85	9	0.2	6	5.7
油脂	40	0	40	0	360	0	0	0	0
合计		82	67.85	366.9	2 410	437	7.7	1 325.5	292.8
供给量标准		72	67	378	2 400	800	15	800	100
实际供给量 占标准%		113.8	101.2	97.1	100.4	54.6	51.3	165.7	292.8

6. 将选择的食物大致按三大热能营养素 3∶4∶3 的比例分配至一日三餐中，食物分配时要注意我国居民的膳食习惯，并且逐步改善不合理的膳食习惯（见表 4）。例如，我国居民早餐中蛋白质的供给过少，新鲜蔬菜比较少见，晚餐过于丰盛等。

表 4　　　　　　　　　　　　　　　一日食物及营养素的分配

餐次	原料名称	质量（g）	蛋白质（g）	脂肪（g）	碳水化合物（g）	能量（kcal）
早餐	牛奶	250	7.8	8.0	12.5	153.2
	面粉	60	9.4	1.5	42.5	221.1
	大米	50	3.2	0.6	39.0	174.4
	鸭肝	50	7.2	3.7	0.25	63.1
	芹菜	50	0.2	0.1	1.5	7.7
	麻油	8	0	8	0	72
	合计		27.8	21.9	95.75	691.5
午餐	大米	150	9.6	1.6	117.1	523.2
	带鱼	50	8.8	2.1	0	54
	鸡蛋	50	6.1	5.3	0	72.1
	番茄	100	1.0	0.2	3.8	21
	青菜	100	1.4	0.3	2.4	17.9
	油脂	20	0	20	0	180
	香蕉	10	1.1	0.2	19.7	85
	合计		28	29.7	143	953.2
晚餐	大米	100	6.4	1.2	78.1	348.8
	小米	40	3.6	1.2	31.1	149.6
	瘦猪肉	50	10.0	4.0	0	76
	青椒	100	0.5	0.1	1.9	13.2
	鲜蘑菇	100	3.5	0.4	3.8	32.8
	绿豆芽	50	0.85	0.05	1.3	9.0
	虾皮	10	3.0	0.2	0.2	14.6
	油脂	12	0	12	0	108
	西瓜	100	0.8	0.1	6.7	30
	合计		28.65	19.25	123.1	782

该食谱三餐热能比例为 2.9∶3.9∶3.2，基本符合要求。

将表 4 中的食物编制成一日食谱（见表 5）。

表5 一日食谱

餐次	食物名称	原料组成	质量（g）	烹调方法	注意事项
早餐	牛奶	牛奶	250	微加热	
	馒头	面粉	60	发酵，蒸	
	稀饭	大米	40	煮	避免加碱
	鸭肝	鸭肝	50	卤	
	拌芹菜	芹菜	50	凉拌	
		麻油	8		
午餐	米饭	大米	150	煮	
	红烧带鱼	带鱼	50	烧	加少量醋
		烹调用油	6		
	番茄鸡蛋	番茄	100	炒	
		鸡蛋	50		
		烹调用油	10		
	青菜汤	青菜	100	烧	时间不宜过长，不加碱
		烹调用油	4		
	餐后水果	香蕉	100		
晚餐	米饭	大米	100	煮	
	小米粥	小米	40	煮	不加碱
	炒肉片	猪肉	100	炒	
		鲜蘑菇	100		
		青椒	70		
	拌三丝	绿豆芽	100	凉拌	焯水时大火、多水、时间短
		青、红椒	30		
		小虾皮	10		
	餐后水果	西瓜	100		

（二）培训指导

说明：在中式烹调师菜肴或点心制作的培训教学中，应用多媒体技术已经成为一种必要的手段，PPT演示文稿就是其中最普遍使用的一种形式。这是因为PPT课件比文字教案的信息量要大得多，对教师的讲课起着提纲挈领的作用，PPT课件可以通过图表、图像、视频等素材，让教学内容丰满起来，教学重点凸现出来，使教学难点解析得更清晰易懂，从而激发学员的学习兴趣，有效提高教学效率和教学效果。因此，对作为担负培训指导任务的高级技师来说，将菜肴或点心制作的培训教学内容做成PPT课件已成为必须掌握的技能。

制作PPT课件的一般操作程序：启动PowerPoint→熟悉PowerPoint界面→创建演示文稿→输入内容→添加图形、图像等素材→美化课件（如设置版式、配色方案和背景、自定义动画等)→课件保存与打包。

以菜肴或点心制作为培训教学内容的 PPT 课件，要加强演示的直观性、生动性、互动性。课件中文字不要太多，不要把所有的内容都搬到演示文稿中。一般来说，把授课的提纲输入，再添加一些辅助说明的文字就足够了。界面的安排要疏密有致、赏心悦目，标题和关键文字应该大些，重点语句可采用粗体、斜体、下划线或增加色彩鲜艳度以示区别，添加幻灯片及文字、图片的动态效果。例如，介绍烹饪原料时，可以插入烹饪原料的图片；讲解操作过程时，可以绘出工艺流程图，插入操作的图片或视频；剖析菜品特点时，插入菜品作品图片进行点评。制作一个好的 PPT 课件，是教学成功的重要基础。

二、实际操作题

（一）冷菜艺术拼盘制作

象形冷拼的基本操作程序：选定冷拼的题材和主题→规划整体造型→确定造型在餐盘中的结构布局→用细碎、有黏性的原料码出主体形象的轮廓→修整切制原料成特定形状→按照一定的顺序覆盖在垫底料上→完成主体形象的造型→拼摆辅助形象。

1. 象形冷拼的拼摆注意事项

（1）选好主题

主题是象形冷拼的灵魂。确定了主题，物象的组合才有所归依。

（2）规划好结构布局

结构布局关乎整体造型，即主要形象与次要形象摆放的位置、大小及相互间的联系，虚与实的关系等。

（3）处理好细节

例如，形与神，既要有形更要有神；简与精，细节刻画要精当，大面铺陈要简约；色彩搭配要协调和谐，不能突兀扎眼。总之，处理好细节的关键在于处理好各种关系。

2. 六围碟的拼摆形式

（1）与主盘的冷拼主题和形象相吻合

如主盘为"福寿双全"（寿桃居中，蝙蝠围边），围碟可拼摆成汉字"寿"相呼应；主盘为"凤戏牡丹"，围碟可拼摆"牡丹花"相映衬。

（2）与主盘的冷拼主题和形象相一致

如主盘为"孔雀开屏"，围碟可拼摆为"孔雀"；主盘为"蝴蝶闹春"，围碟可拼摆为"蝴蝶"。

上述两种情况下的围碟造型与色彩要简约，不能喧宾夺主。

（3）与主盘的冷拼主题和形象无联系

如主盘是象形冷拼，围碟则可以是馒头形、菱形、方形、扇面等几何形体的造型。

（二）地方名菜（热菜）制作

以中档以上原料为主料制作一道地方名菜，其主料选择范围大，菜品的加工烹调方法也不尽相同，又因为各地的名菜品种不胜枚举，差异性很大，无法概括出共有的基本操作程序。但考生所制作的菜品，关键在于该菜品必须是一个菜系或其子系统中有代表性而且知名度高的菜品，能很好地反映一个地方的原料特色、烹饪技术特点和风味特色。

（三）创新菜（热菜）制作

创新热菜的主料选择范围大，菜品的加工、烹制、调味、装盘方法差异性很大，无法概括出共有的基本操作程序。但考生所制作的菜品，是否有让人眼睛一亮的新意，是否有实用性，是否有鲜明的风味特色，是否能反映高级技师应有的技能素养，是考核的重点。

（四）宴会面点制作

任选一种面团制作一道宴会面点，其可选择的面团种类多，加工制作方法也很多，面点品种更是不胜枚举，很难概括出共有的基本操作程序。虽然没有具体试题方面的规定，选择品种的空间很大，但考生所制作的宴会面点品种，是否有新意，是否有鲜明的风味特色，是否能反映高级技师应有的技能结构与水平，是考核的重点。

第三部分　模拟试卷

中式烹调师技师理论知识考核模拟试卷

一、判断题（下列判断正确的请在括号内打"√"，错误的请在括号内打"×"。每题1分，共10分）

1. 一般来说，用生长在热带海洋的鱼类加工的鱼翅，品质优于其他海域。（　　）

2. 繁难复杂是餐盘装饰制作工艺的基本要求。（　　）

3. 食品雕刻的制作工艺体系与菜肴面点的制作工艺体系是一致的。（　　）

4. 零点菜单是为满足顾客就餐需要而制定的供顾客自主选择菜品的菜单。（　　）

5. 一次性宴会菜单设计应作为餐饮企业经营的长期行为。（　　）

6. "大煮干丝""金毛狮子鱼"都是著名的淮扬菜。（　　）

7. 温水面团具有质地硬实、筋力足、韧性强、拉力大的特性。（　　）

8. 净料率指的是毛料质量与净料质量的比率。（　　）

9. 单份菜品标准成本率等于标准成本额除以销售价格。（　　）

10. 人员培训时应注意人员素质培训与专业素质培训相结合。（　　）

二、单项选择题（下列每题有4个选项，其中只有1个是正确的，请将其代号填写在横线空白处。每题1分，共20分）

11. 品质最佳的燕窝是＿＿＿＿＿。

　　A. 官燕　　　　　　　　　　　　B. 毛燕

　　C. 血燕　　　　　　　　　　　　D. 暹罗燕

12. 下列选项中，已经被列为国家保护动物并失去经济价值的品种是＿＿＿＿＿。

　　A. 鲵鱼　　　　　　　　　　　　B. 鳗鱼

　　C. 黄唇鱼　　　　　　　　　　　D. 大黄鱼

13. 餐盘装饰的首要原则是＿＿＿＿＿。

　　A. 逢菜必饰　　　　　　　　　　B. 唯美主义

C. 实用性　　　　　　　　　　D. 可食性

14. 对于中心装饰，四周留空的餐盘适合盛装的菜品是＿＿＿＿＿＿＿。

　　A. 葱烧海参　　　　　　　　B. 清炒鱼米

　　C. 水煮肉片　　　　　　　　D. 菠萝虾球

15. 浮雕分为凸雕、凹雕和＿＿＿＿＿＿＿。

　　A. 琼脂雕　　　　　　　　　B. 镂空雕

　　C. 圆雕　　　　　　　　　　D. 黄油雕

16. 由于在饭店里用零点餐的顾客流动性大，所以也决定了用零点餐的客源＿＿＿＿＿＿＿。

　　A. 以游客为主　　　　　　　B. 以外国人为主

　　C. 构成复杂　　　　　　　　D. 构成单一

17. 把古代非常有特色的宴会与现代文明相融合的宴会称为＿＿＿＿＿＿＿。

　　A. 士人宴集　　　　　　　　B. 满汉全席

　　C. 仿古宴会　　　　　　　　D. 乾隆御宴

18. 在正式场合举办的讲究礼节程序且较隆重的宴会是＿＿＿＿＿＿＿。

　　A. 商务宴会　　　　　　　　B. 正式宴会

　　C. 鸡尾酒会　　　　　　　　D. 庆典宴会

19. 宴会菜单菜品设计所期望实现的状态是由一系列指标构成的＿＿＿＿＿＿＿。

　　A. 目标体系　　　　　　　　B. 工艺目标

　　C. 成本目标　　　　　　　　D. 质量目标

20. 下列属于直朴式命名的菜品是＿＿＿＿＿＿＿。

　　A. 金玉满堂　　　　　　　　B. 清蒸鳜鱼

　　C. 百年好合　　　　　　　　D. 幸福伊面

21. 大型中式宴会菜品设计不能选用的是＿＿＿＿＿＿＿。

　　A. 菜量大的大件菜品　　　　B. 口味精致醇和的菜品

　　C. 刺激味强烈的菜品　　　　D. 加工费时少的菜品

22. 淀粉颗粒进入糊化阶段的温度是＿＿＿＿＿＿＿℃。

　　A. 45　　　　　　　　　　　B. 55

　　C. 60　　　　　　　　　　　D. 70

23. "鼎湖上素"属于＿＿＿＿＿＿＿。

　　A. 广西特色菜　　　　　　　B. 海南特色菜

　　C. 港台特色菜　　　　　　　D. 广东特色菜

24. 整个厨房生产制作的基础是＿＿＿＿＿＿＿。

A. 采购阶段   B. 加工阶段

C. 烹调阶段   D. 盛装阶段

25. 如果单份菜品的标准成本率是28%，标准成本是8元，建议售价是_____元。

    A. 45   B. 36

    C. 28   D. 16

26. 宴会菜点的成本构成主要有冷菜成本、热菜成本和_____。

    A. 酒水成本   B. 点心成本

    C. 劳动成本   D. 附加成本

27. 下列选项中，不属于店内宣传促销手段的是_____。

    A. 定期活动节目单   B. 餐厅门口告示牌

    C. 菜单促销   D. 情人节的宣传

28. 下列选项中，不属于菜点创新策略的是_____。

    A. 现有产品革新策略   B. 适时增添花色品种

    C. 采用新技术策略   D. 采用新原料策略

29. 根据教师对教材的熟悉程度和实际经验的不同，教案可以_____。

    A. 由略到详   B. 有详有略

    C. 详细周密   D. 简要概括

30. 以企业战略发展目标为依据制订的培训计划是_____。

    A. 课程培训计划   B. 个人培训计划

    C. 年度培训计划   D. 长期培训计划

三、多项选择题（下列每题有多个选项，至少有2个是正确的，请将其代号填写在横线空白处。每题2分，共20分）

31. 下列选项中，属于高档植物性干料的有_____。

    A. 羊肚菌   B. 鲍鱼

    C. 冬虫夏草   D. 竹荪

    E. 松茸

32. 餐盘装饰中简约化原则的基本含义有_____。

    A. 装饰原料越少越好   B. 最简约的表现形式

    C. 最精当的装饰内容   D. 装饰空间越小越好

    E. 最大化的美化效果

33. 下列选项中，属于按食品雕刻原料性质分类的是_____。

    A. 黄油雕   B. 果蔬雕

C. 琼脂雕   D. 根雕

E. 糖塑

34. 下列选项中，属于食品雕刻常用的执刀方法是_____。

    A. 握刀法   B. 横刀法

    C. 纵刀法   D. 插刀法

    E. 戳刻法

35. 保持零点菜单对顾客有吸引力，要做到_____。

    A. 有风味独特的菜品   B. 经常更换菜品

    C. 及时补充时令菜品   D. 及时淘汰顾客不喜欢的菜品

    E. 创新或移植新菜品

36. 符合正式宴会特征的选项有_____。

    A. 举办场合正式   B. 宴会的规格高

    C. 讲究礼节程序   D. 气氛比较隆重

    E. 形式活泼自由

37. 影响菜系形成的因素有_____。

    A. 地域物产   B. 风土民俗

    C. 宗教信仰   D. 主观因素

    E. 文化经济

38. 制定标准食谱时要考虑诸多因素，下列选项正确的有_____。

    A. 即将开业的企业要科学计划菜点品种

    B. 已经运营的企业要进行菜谱的修正完善

    C. 制定标准食谱要选择恰当时间制定

    D. 制定标准食谱首先要根据经济状况而定

    E. 制定标准食谱要根据厨师的素质而定

39. 控制和防止错配菜、漏配菜的措施有_____。

    A. 制定配菜工作程序   B. 健全出菜制度

    C. 制定出品规格标准   D. 由专业人员配菜

    E. 规范菜肴质量标准

40. 课堂教学包括的环节有_____。

    A. 组织教学   B. 导入新课

    C. 讲授新课   D. 巩固新课

    E. 布置作业

四、简答题（每题 5 分，共 20 分）

41. 简述餐盘平面装饰的定义及类型。

42. 简述宴会菜单设计的基本原则。

43. 简述启发式搜索和择优选择机制的含义。

44. 简述厨房生产成本的定义及组成。

五、综合题（每题 15 分，共 30 分）

45. 简论高档干制原料涨发加工的原则及要领。

46. 简论厨房配份与烹调管理。

中式烹调师技师理论知识考核模拟试卷参考答案

一、判断题

1. √   2. ×   3. ×   4. √   5. ×   6. ×   7. ×   8. ×   9. √

10. √

二、单项选择题

11. A   12. C   13. C   14. D   15. B   16. C   17. B   18. C   19. A

20. B   21. C   22. C   23. D   24. B   25. C   26. B   27. D   28. C

29. B   30. D

三、多项选择题

31. ACDE   32. BCE   33. ABCE   34. BCD   35. ACDE

36. ABCD   37. ABCDE   38. ABC   39. ABD   40. ABCDE

四、简答题

41. 平面装饰又称菜肴围边装饰，一般是以常见的新鲜水果、蔬菜为装饰原料，利用原料固有的色泽和形状，采用一定的技法将原料加工成形，在餐盘适当的位置组合成具有特定形状的平面造型。

平面装饰是餐盘装饰中形式最为纷繁多彩、应用最为广泛的一类菜肴美化方式。

平面装饰按其构图的特点，分为全围式、象形式、半围式、分段围边式、端饰法、居中式和居中加全围式、散点式等七种类型。

42. 宴会菜单设计须遵循以下基本原则：

（1）以顾客需要为导向的原则。

（2）服务宴会主题的原则。

（3）以价格定档次的原则。

（4）数量与质量相统一的原则。

（5）膳食平衡的原则。

（6）以实际条件为依托的原则。

（7）风味特色鲜明的原则。

（8）菜品多样化的原则。

43. 启发式搜索是指在充分理解和领悟宴会设计任务、目标要求的情况下，在给定目标所确定的范围内，循着某种解题途径，加上某种提示，采用正确的办法，寻找和发现解决问题答案的过程。

择优选择是一种评价机制，是以"满意原则"为准则，介入设计过程各个阶段的搜索活动中去进行选择和评价的机制。择优选择机制在宴会菜单设计过程中对如何确定菜品组合起着十分重要的作用。

44. 厨房生产成本是指厨房在生产制作产品时所占用和耗费的资金。这主要由三部分构成：原料成本、劳动力成本及经营管理费用。其中前两项约占生产成本的 70%～80%，是厨房生产成本的主要部分。

人工成本是指参与厨房生产的所有人员的费用。

经营管理费用是指厨房在生产和餐饮经营中，除原材料成本和人工成本以外的成本，包括店面租金、能源费用、借贷利息、设备设施的折旧费等。

五、综合题

45. 一般干制品的水分控制在 3%～10% 之间，从表面上看这些干制品都具有干缩、组织结构紧密、表面硬化、老韧的特点。

在涨发时要考虑干货原料的多样性：首先是品种的多样性，不同的品种涨发的方法不同；其次是同一品种等级的不同，也会造成涨发时间不一致；最后是干制方法的不同，也会对涨发质量有影响。

高档原料的涨发不是简单地强调出品率，这一点在高档原料涨发中显得格外重要，烹饪技法有一个重要技术要求："有味者使之出，无味者使之入。""使之出"是指将干货原料固有的异味在涨发过程中排除，以便菜品在烹制过程中添加或投放的鲜美滋味能"使之入"。所以，要在高档原料涨发过程中排除异味，并且掌握令其增加鲜美滋味的技法。

注意事项：所有高档原料的涨发都要注意，涨发过程尽量做到多换几次清水，这样可以除尽原料中的异味，涨发原料的容器最好不用铁质容器，因为易产生锈色。

46. 配份阶段是决定每份菜肴用料及其成本的关键阶段。

（1）配份数量与成本控制

配份数量控制是确保每份配出的菜肴数量合乎规格，成品饱满而不超标，使每份菜肴产生应有效益，是成本控制的核心。因为原料通过加工、切割、上浆到配份岗位，其单位成本已经很高。

（2）配份质量管理

菜肴配份首先要保证同样的菜名，其原料配份必须相同。厨房必须按标准菜谱进行培训，统一用料配菜，并加强岗位间的监督、检查。配份岗位操作时，还应考虑烹调操作的方便性。

（3）烹调质量管理

烹调质量管理要从厨房操作规范、烹制数量、出菜速度、成菜温度及对问题菜肴的处理等几个方面加以督导和控制。首先，要求厨师服从打荷派菜安排，按正常出菜次序和顾客要求的出菜速度烹制菜品。其次，在烹调过程中，要督导厨师按规定操作程序进行烹制，并按规定的调料比例投放调料，不可随心所欲，任意发挥。

中式烹调师技师操作技能考核模拟试卷

一、口试题（必考题，每题 5 分，共 10 分）

【题目 1】简述鱼肚的取材、产地和质量鉴别方法。

【题目 2】简述原料初加工后的成本核算方法。

二、笔试题（必考题，共 15 分）

【题目 1】设计一份 500 人的大型中餐宴会菜单，每席 10 人，用餐标准为 200 元/客，销售毛利率为 55%（其他相关设计要件，考生根据试卷中栏目的要求自行确定）。（10 分）

【题目 2】自选菜目，编写技能操作课的教案。（5 分）

三、实际操作题（共 75 分）

【题目 1】餐盘装饰（必考题，5 分）

1. 考核要求

（1）造型简约大方，鲜明美观，装饰料颜色搭配协调，摆放位置合理。

（2）体现刀工或雕刻技术水平。

（3）符合卫生及食用性要求。

（4）否定项说明：操作过程中不得使用变质原料，不得使用未经许可并已预先进行成形处理过的原料，不得使用模具直接刻制成形，不得使盛器污秽并影响食用安全。发生以上情况之一，应及时终止其考试，该试题成绩记为零分。

2. 器具准备

序号	名称	规格	单位	数量	备注
1	不锈钢操作台		张	1	考场统一提供
2	斩板（菜墩）		块	1	考场统一提供
3	汤碗	10 寸	只	1	考场统一提供
4	平盘	10 寸	只	1	考场统一提供
5	配菜盘	8 寸	只	1	考场统一提供
6	常用调味品				考场统一提供
7	装饰料				考生自备

备注：考生自带刀具、工作服、工作帽、清洁布等

3. 考核时限

完成本题操作时间为 20 min；每超过 1 min 从本题总分中扣除 10%，操作超过 10 min，本题零分。

4. 评分项目及标准

评分项目	评分要点	配分比重（%）	评分标准及扣分
原料成形	根据造型要求选择相应的刀法，完成规定的原料成形	2	刀工或雕刻成形差扣 0.5 分，很差扣 1 分
装饰定形	根据造型要求将成形拼摆成特定的装饰图形	3	（1）结构布局不合理，造型粗糙，色彩搭配不协调，扣 1～3 分 （2）使用人工合成色素、非食用原料，盛器不洁，扣 1～3 分 以上各项累计扣分不得超过总分

【题目 2】象形冷拼（必考题，20 分）

1. 考核要求

（1）形神兼备，生动饱满，结构布局合理。

（2）色彩搭配和谐，刀工精细，刀面整齐。

（3）调味准确不串味，盛器洁净，菜量不低于 600 g。

（4）否定项说明：操作过程中不得使用未经许可的可直接用于拼摆的成形原料，不得使用不能食用的原料，不得在原料中添加人工色素或禁用的添加剂，不得使盛器污秽并影响食用安全。发生以上情况之一，应及时终止其考试，该试题成绩记为零分。

2. 器具准备

序号	名称	规格	单位	数量	备注
1	不锈钢操作台		张	1	考场统一提供
2	斩板（菜墩）		块	1	考场统一提供
3	炒锅		只	1	考场统一提供
4	炒勺、漏勺		套	1	考场统一提供
5	油钵、调料罐		套	1	考场统一提供
6	汤碗	10 寸	只	1	考场统一提供
7	平盘	14 寸	只	1	考场统一提供
8	配菜盘	8 寸	只	2	考场统一提供
9	炉灶		台	1	考场统一提供

序号	名称	规格	单位	数量	备注
10	主辅料	考生自备			(1) 拼摆所用原料为净料，不得进行直接用于拼摆的成形加工 (2) 点缀物品可以场外加工

备注：考生自带厨刀、工作服、工作帽、清洁布等

3. 考核时限

完成本题操作时间为 80 min；每超过 1 min 从本题总分中扣除 5%，操作超过 20 min，本题零分。

4. 评分项目及标准

评分项目	评分要点	配分比重（%）	评分标准及扣分
原料成形处理和拼摆操作	根据象形冷拼要求选择恰当的拼摆方法完成造型	20	(1) 结构布局不合理，主题不突出，形象不饱满生动，拼摆散乱，扣1~5分 (2) 色彩搭配不合理，扣1~2分 (3) 刀工粗糙，刀面不整齐，扣1~3分 (4) 菜肴调味不准确，扣2分 (5) 菜肴分量达不到规定量2/3的，扣5分；达不到规定量1/2的，扣10分 (6) 盛器不洁，扣2~5分 以上各项累计扣分不得超过总分

【题目3】以家禽原料为主料，制作一道热菜（题目3、4、5中任选两题，每题20分）

1. 考核要求

(1) 原料加工及刀法处理得当，成形符合标准，色彩搭配和谐。

(2) 加热方式选用得当，加热温度与时间控制准确，菜肴质感呈现精当。

(3) 调味精准，层次分明，呈味丰富完备，符合既定味型的要求。

(4) 装盘布局合理，生动饱满，有美感。

(5) 菜量充足（以 10 人计量），盛器洁净，符合卫生要求。

(6) 否定项说明：操作过程中不得使用法律法规禁用的原料，不得使用未经许可的已加工成形的原料，不得使用变质不能食用的原料，不得在原料中添加人工色素或禁用的添加剂，不得生熟不分、盛器污秽而影响食用安全，成品因失饪不熟或焦煳以致不能食用，成品口味太咸以致严重影响食用。发生以上情况之一，应及时终止其考试，该试题成绩记为零分。

2. 器具准备

序号	名称	规格	单位	数量	备注
1	不锈钢操作台		张	1	考场统一提供
2	斩板（菜墩）		块	1	考场统一提供
3	炉灶		台	1	考场统一提供
4	炒锅		只	1	考场统一提供
5	手勺、漏勺、手铲		套	1	考场统一提供
6	油钵、调料罐		套	1	考场统一提供
7	蒸笼		套	1	考场统一提供
8	打蛋器		个	1	考场统一提供
9	绞肉机		台	1	考场统一提供
10	烤箱		台	1	考场统一提供
11	烤盘		只	1	考场统一提供
12	锡纸		卷	1	考场统一提供
13	配菜盘	10 寸	只	2	考场统一提供
14	成品的常规盛器				考场统一提供
15	成品的特殊盛器				考生自备
16	常用调料				考场统一提供，如精炼油、精盐、酱油、味精、香醋、白醋、白糖、料酒、淀粉、花椒、八角、葱、姜、蒜、干辣椒、胡椒面等
17	特殊调料				考生自备
18	主辅料		考生自备		（1）所用原料为净料，即初步加工后的原料不进行刀工细加工成形处理，泥蓉料不进行调味处理 （2）点缀物料可以场外加工

备注：考生自带厨刀、工作服、工作帽、围裙、清洁布等

3. 考核时限

完成本题操作时间为 30 min；每超过 1 min 从本题总分中扣除 5%，操作超过 15 min，本题零分。

4. 评分项目及标准

评分项目	评分要点	配分比重（%）	评分标准及扣分
主辅料切配和预调味	根据菜肴要求选择相应的切配、预制调味方法	5	(1) 刀法应用不准确，原料成形不符合标准，扣0.5~1分 (2) 浪费原料多，扣1~2分 (3) 预调味过重，扣0.5~1分
烹制操作	根据菜肴要求利用恰当的烹调方法将原料烹制成菜	15	(1) 成菜色泽过淡或过深，或原料搭配不和谐，扣1~2分 (2) 火候掌握不准确，质地不合要求，扣1~2分 (3) 菜肴口味不足或较重，扣1~3分 (4) 菜肴成形较差扣1分，差扣2分，很差扣3分 (5) 菜肴分量达不到规定量2/3的，扣2分；达不到规定量1/2的，扣5分 (6) 盛器不洁，扣1~2分 以上各项累计扣分不得超过总分

【题目4】以家畜原料为主料，制作一道热菜（题目3、4、5中任选两题，每题20分）

1. 考核要求

(1) 原料加工及刀法处理得当，成形符合标准，色彩搭配和谐。

(2) 加热方式选用得当，加热温度与时间控制准确，菜肴质感呈现精当。

(3) 调味精准，层次分明，呈味丰富完备，符合既定味型的要求。

(4) 装盘布局合理，生动饱满，有美感。

(5) 菜量充足（以10人计量），盛器洁净，符合卫生要求。

(6) 否定项说明：操作过程中不得使用法律法规禁用的原料，不得使用未经许可的已加工成形的原料，不得使用变质不能食用的原料，不得在原料中添加人工色素或禁用的添加剂，不得生熟不分、盛器污秽而影响食用安全，成品因失饪不熟或焦煳以致不能食用，成品口味太咸以致严重影响食用。发生以上情况之一，应及时终止其考试，该试题成绩记为零分。

2. 器具准备

序号	名称	规格	单位	数量	备注
1	不锈钢操作台		张	1	考场统一提供
2	斩板（菜墩）		块	1	考场统一提供
3	炉灶		台	1	考场统一提供
4	炒锅		只	1	考场统一提供
5	手勺、漏勺、手铲		套	1	考场统一提供

续表

序号	名称	规格	单位	数量	备注
6	油钵、调料罐		套	1	考场统一提供
7	蒸笼		套	1	考场统一提供
8	打蛋器		个	1	考场统一提供
9	绞肉机		台	1	考场统一提供
10	烤箱		台	1	考场统一提供
11	烤盘		只	1	考场统一提供
12	锡纸		卷	1	考场统一提供
13	配菜盘	10寸	只	2	考场统一提供
14	成品的常规盛器				考场统一提供
15	成品的特殊盛器				考生自备
16	常用调料				考场统一提供，如精炼油、精盐、酱油、味精、香醋、白醋、白糖、料酒、淀粉、花椒、八角、葱、姜、蒜、干辣椒、胡椒面等
17	特殊调料				考生自备
18	主辅料	考生自备			（1）所用原料为净料，即初步加工后的原料不进行刀工细加工成形处理，泥蓉料不进行调味处理 （2）点缀物料可以场外加工

备注：考生自带厨刀、工作服、工作帽、围裙、清洁布等

3. 考核时限

完成本题操作时间为 30 min；每超过 1 min 从本题总分中扣除 5%，操作超过 15 min，本题零分。

4. 评分项目及标准

评分项目	评分要点	配分比重（%）	评分标准及扣分
主辅料切配和预调味	根据菜肴要求选择相应的切配、预制调味方法	5	（1）刀法应用不准确，原料成形不符合标准，扣0.5~1分 （2）浪费原料多，扣1~2分 （3）预调味过重，扣0.5~1分

续表

评分项目	评分要点	配分比重（%）	评分标准及扣分
烹制操作	根据菜肴要求利用恰当的烹调方法将原料烹制成菜	15	（1）成菜色泽过淡或过深，或原料搭配不和谐，扣 1～2 分 （2）火候掌握不准确，质地不合要求，扣 1～2 分 （3）菜肴口味不足或较重，扣 1～3 分 （4）菜肴成形较差扣 1 分，差扣 2 分，很差扣 3 分 （5）菜肴分量达不到规定量 2/3 的，扣 2 分；达不到规定量 1/2 的，扣 5 分 （6）盛器不洁，扣 1～2 分 以上各项累计扣分不得超过总分

【题目 5】以水产原料为主料，制作一道热菜（题目 3、4、5 中任选两题，每题 20 分）

1. 考核要求

（1）原料加工及刀法处理得当，成形符合标准，色彩搭配和谐。

（2）加热方式选用得当，加热温度与时间控制准确，菜肴质感呈现精当。

（3）调味精准，层次分明，呈味丰富完备，符合既定味型的要求。

（4）装盘布局合理，生动饱满，有美感。

（5）菜量充足（以 10 人计量），盛器洁净，符合卫生要求。

（6）否定项说明：操作过程中不得使用法律法规禁用的原料，不得使用未经许可的已加工成形的原料，不得使用变质不能食用的原料，不得在原料中添加人工色素或禁用的添加剂，不得生熟不分、盛器污秽而影响食用安全，成品因失饪不熟或焦煳以致不能食用，成品口味太咸以致严重影响食用。发生以上情况之一，应及时终止其考试，该试题成绩记为零分。

2. 器具准备

序号	名称	规格	单位	数量	备注
1	不锈钢操作台		张	1	考场统一提供
2	斩板（菜墩）		块	1	考场统一提供
3	炉灶		台	1	考场统一提供
4	炒锅		只	1	考场统一提供
5	手勺、漏勺、手铲		套	1	考场统一提供
6	油钵、调料罐		套	1	考场统一提供
7	蒸笼		套	1	考场统一提供
8	打蛋器		个	1	考场统一提供
9	绞肉机		台	1	考场统一提供
10	烤箱		台	1	考场统一提供
11	烤盘		只	1	考场统一提供

续表

序号	名称	规格	单位	数量	备注
12	锡纸		卷	1	考场统一提供
13	配菜盘	10寸	只	2	考场统一提供
14	成品的常规盛器				考场统一提供
15	成品的特殊盛器				考生自备
16	常用调料				考场统一提供，如精炼油、精盐、酱油、味精、香醋、白醋、白糖、料酒、淀粉、花椒、八角、葱、姜、蒜、干辣椒、胡椒面等
17	特殊调料				考生自备
18	主辅料			考生自备	（1）所用原料为净料，即初步加工后的原料不进行刀工细加工成形处理，泥蓉料不进行调味处理 （2）点缀物料可以场外加工

备注：考生自带厨刀、工作服、工作帽、围裙、清洁布等

3. 考核时限

完成本题操作时间为 30 min；每超过 1 min 从本题总分中扣除 5%，操作超过 15 min，本题零分。

4. 评分项目及标准

评分项目	评分要点	配分比重（%）	评分标准及扣分
主辅料切配和预调味	根据菜肴要求选择相应的切配、预制调味方法	5	（1）刀法应用不准确，原料成形不符合标准，扣0.5~1分 （2）浪费原料多，扣1~2分 （3）预调味过重，扣0.5~1分
烹制操作	根据菜肴要求利用恰当的烹调方法将原料烹制成菜	15	（1）成菜色泽过淡或过深，或原料搭配不和谐，扣1~2分 （2）火候掌握不准确，质地不合要求，扣1~2分 （3）菜肴口味不足或较重，扣1~3分 （4）菜肴成形较差扣1分，差扣2分，很差扣3分 （5）菜肴分量达不到规定量2/3的，扣2分；达不到规定量1/2的，扣5分 （6）盛器不洁，扣1~2分 以上各项累计扣分不得超过总分

【题目6】任选一种面团，制作一道宴会面点（必考题，10分）

1. 考核要求

（1）有新意，突出食用性，有一定的技术难度。

（2）选料精致，用料配比准确，坯团馅料制作工艺得当，成形符合标准。

（3）加热方式选用得当，加热温度与时间控制准确，质感显现鲜明。

（4）调味精准，风味特色鲜明。

（5）装盘布局合理，色泽搭配和谐，造型美观大方。

（6）分量以10人计量，盛器洁净，符合卫生要求。

（7）否定项说明：操作过程中不得使用法律法规禁用的原料，不得使用未经许可的已加工成形的原料，不得使用变质不能食用的原料，不得在原料中添加人工色素或禁用的添加剂，不得生熟不分、盛器污秽而影响食用安全，成品因失饪不熟或焦煳以致不能食用。发生以上情况之一，应及时终止其考试，该试题成绩记为零分。

2. 器具准备

序号	名称	规格	单位	数量	备注
1	不锈钢操作台		张	1	考场统一提供
2	案板		块	1	考场统一提供
3	斩板（菜墩）		张	1	考场统一提供
4	炉灶		台	1	考场统一提供
5	双耳锅		只	1	考场统一提供
6	手勺、漏勺、手铲		套	1	考场统一提供
7	油钵、调料罐		套	1	考场统一提供
8	蒸箱		台	1	考场统一提供
9	蒸笼		套	1	考场统一提供
10	烤箱		台	1	考场统一提供
11	烤盘		只	1	考场统一提供
12	锡纸		卷	1	考场统一提供
13	配菜盘	10寸	只	?	考场统一提供
14	成品的常规盛器				考场统一提供
15	成品的特殊盛器				考生自备
16	常用调料				考场统一提供，如精炼油、精盐、酱油、味精、香醋、白醋、白糖、料酒、淀粉、花椒、八角、葱、姜、蒜、干辣椒、胡椒面等

续表

序号	名称	规格	单位	数量	备注
17	特殊调料				考生自备
18	主辅料	考生自备			（1）面团所用原料，不得进行场外加工。泥蓉料不进行调味处理 （2）点缀物料可以场外加工

备注：考生自带操作工具、工作服、工作帽、围裙、清洁布等

3. 考核时限

完成本题操作时间为 30 min；每超过 1 min 从本题总分中扣除 5%，操作超过 15 min，本题零分。

4. 评分项目及标准

评分项目	评分要点	配分比重（%）	评分标准及扣分
坯团馅料制作	根据面点要求制作坯团馅料	4	（1）用料配比不准确，扣 1~2 分 （2）坯团调制不当，扣 0.5~1 分 （3）馅心调味过重，扣 0.5~1 分
成形和制熟操作	根据面点要求进行成形和制熟	6	（1）成形规格不一致，扣 0.5~1 分 （2）制熟操作掌握不准确，扣 0.5~1 分 （3）质地不合要求，扣 1~2 分 （4）成品色泽不正，扣 0.5~1 分 （5）装盘不美观，扣 0.5~1 分 （6）盛器不洁，扣 1~2 分 以上各项累计扣分不得超过总分

中式烹调师高级技师理论知识考核模拟试卷

一、判断题（下列判断正确的请在括号内打"√"，错误的请在括号内打"×"。每题 1 分，共 10 分）

1. 对称构图的菜品造型给人以宁静、端庄、整齐、规则的美感。　　　　（　　）

2. 菜点质量主要是指菜点本身的质量。　　　　　　　　　　　　　　（　　）

3. 宴会菜品不可以进行批量化生产。　　　　　　　　　　　　　　　（　　）

4. 工艺流程卡是以图示和文字说明形式反映宴会菜品制作程序的设计方法。（　　）

5. 宴会现场指挥的主要工作是巡视宴会厅。　　　　　　　　　　　　（　　）

6. 界定创新菜只要符合食用性、可操作性和市场延续性一个方面即可。（　　）

7. 食用性高于观赏性是主题性展台菜品的鲜明特点。　　　　　　　　（　　）

8. 影响厨房布局的因素有厨房的建筑格局和规模大小、投资费用、生产功能等。

　　　　　　　　　　　　　　　　　　　　　　　　　　　　　　　（　　）

9. 我国居民每日 50% 以上的蛋白质主要来自谷类及其制品。　　　　（　　）

10. 人参、山药、马铃薯等为补气类食物。　　　　　　　　　　　　（　　）

二、单项选择题（下列每题有 4 个选项，其中只有 1 个是正确的，请将其代号填写在横线空白处。每题 1 分，共 20 分）

11. 宴会菜品生产设计的首要要求是_____。

　　A. 目标性　　　　　　　　　　　B. 协调性

　　C. 平行性　　　　　　　　　　　D. 顺序性

12. 宴会菜品生产过程开始于_____。

　　A. 准备烹饪原料　　　　　　　　B. 辅助加工

　　C. 制订生产计划　　　　　　　　D. 基本加工

13. 原材料订购计划单上填写的烹饪原料指的是_____。

　　A. 已成形的半成品　　　　　　　B. 已经加工的净料

　　C. 未经加工的毛料　　　　　　　D. 市场原料实际状况

14. 宴会服务是以顾客为中心的服务艺术，因此特别强调_____。

A. 礼仪性　　　　　　　　　　　B. 程序化

C. 人性化　　　　　　　　　　　D. 社会化

15. "酥皮明虾卷"在创意方面主要体现出_____。

A. 新组合　　　　　　　　　　　B. 新口味

C. 新原料　　　　　　　　　　　D. 新工艺

16. 多样统一是形式美法则的高级形式，是其他形式美法则的_____。

A. 集中概括　　　　　　　　　　B. 具体内容

C. 构成基础　　　　　　　　　　D. 不同形式

17. 因菜品盛放于"桃形"装饰中，故命名为_____。

A. 花篮虾枣　　　　　　　　　　B. 扇面瓜盒

C. 寿桃鱼面　　　　　　　　　　D. 宫灯虾仁

18. 主题性展台设计的首要工作是_____。

A. 巧妙构思　　　　　　　　　　B. 确定主题

C. 单元制作　　　　　　　　　　D. 装饰点缀

19. 厨房布局是否合理，直接关系到厨房的生产流程、生产质量和_____。

A. 劳动效率　　　　　　　　　　B. 岗位安排

C. 员工工作　　　　　　　　　　D. 环境状况

20. 对于一般酒店来说，餐厅与厨房的比例应为_____。

A. 1∶1.1　　　　　　　　　　　B. 1∶1.4

C. 1∶1.6　　　　　　　　　　　D. 1∶1.8

21. 为了保持较好的空气流通，厨房的高度不宜高于_____m。

A. 4.3　　　　　　　　　　　　　B. 4

C. 4.5　　　　　　　　　　　　　D. 3.8

22. 行政总厨是中餐厨房的最高管理者，下列不属于其职务范围的选项是_____。

A. 厨房生产与管理　　　　　　　B. 食品原料与工艺及卫生

C. 菜点成本核算及餐饮销售　　　D. 菜点客前服务管理

23. 某种原料进货单价是 9.86 元/kg，成本系数是 1.176 5，每份菜肴使用的原料数量是 0.4 kg，因此菜肴原料成本是_____元。

A. 4.64　　　　　　　　　　　　B. 5.68

C. 6.32　　　　　　　　　　　　D. 8.19

24. 厨房采用 U 形布局，其特点是_____。

A. 设备可在中间摆放　　　　　　B. 不便取料操作

C. 可充分利用墙壁和空间　　　　　D. 人在四边外围工作

25. 通过观察或实验获得的健康人群某种营养素的摄入量是指_____。

　　A. 平均需要量　　　　　　　　　B. 推荐摄入量

　　C. 适宜摄入量　　　　　　　　　D. 可耐受的最高摄入量

26. 新鲜蔬菜、水果中含有丰富的_____。

　　A. 蛋白质　　　　　　　　　　　B. 膳食纤维

　　C. 脂肪　　　　　　　　　　　　D. 碳水化合物

27. 根据中国传统的养生思想，下列选项中属于温性品种的是_____。

　　A. 韭菜　　　　　　　　　　　　B. 金针菜

　　C. 枸杞子　　　　　　　　　　　D. 黑木耳

28. 当判断标准中的体质指数在25～30之间时，体型为_____。

　　A. 消瘦　　　　　　　　　　　　B. 正常

　　C. 超重　　　　　　　　　　　　D. 肥胖

29. 优秀的PPT课件需要优秀的脚本和合理的设计，还要有充足的_____。

　　A. 贴画　　　　　　　　　　　　B. 素材

　　C. 图片　　　　　　　　　　　　D. 音乐

30. 培训讲义编写的一般流程中，首先要做的事情是_____。

　　A. 确定讲义编写目标　　　　　　B. 设计讲义编写

　　C. 编制培训教学计划　　　　　　D. 分析培训目标

三、多项选择题（下列每题有多个选项，至少有2个是正确的，请将其代号填写在横线空白处。每题2分，共20分）

31. 采用对比色彩构成的菜品有_____。

　　A. 糟熘三白　　　　　　　　　　B. 云腿菜胆

　　C. 双色豆蓉　　　　　　　　　　D. 芙蓉鸡片

　　E. 彩色鱼米

32. 主题性展台的空间结构形式有_____。

　　A. 回字形　　　　　　　　　　　B. 一字形

　　C. 平面式　　　　　　　　　　　D. 立体式

　　E. 梯形

33. 在采购宴会菜品原料时，可以超前准备的原料有_____。

　　A. 可冷冻冷藏的原料　　　　　　B. 活养时间较长的原料

　　C. 新鲜的蔬菜原料　　　　　　　D. 新鲜的水果原料

E. 动植物干货原料

34. 开宴前的卫生检查内容有_____。

A. 个人卫生
B. 餐用具卫生
C. 环境卫生
D. 食品卫生
E. 原料卫生

35. 宴会活动时间的长短、顾客用餐速度的快慢，规定和制约着_____。

A. 原料准备的节奏性
B. 菜品生产的节奏性
C. 菜品输出的节奏性
D. 菜品数量的增减
E. 菜品质量的一贯性

36. 菜点质量的重点控制法就是控制_____。

A. 重点岗位
B. 重点环节
C. 重点客情
D. 重要任务
E. 重大活动

37. 下列可以作为确定厨房位置原则的选项有_____。

A. 确保厨房周围的环境卫生，不能有污染源
B. 厨房须设置在便于抽排油烟的地方
C. 厨房须设置在便于消防控制的地方
D. 厨房须设置在便于原料运进和垃圾清运的地方
E. 厨房须靠近或方便连接水、电、气等资源设施的地方

38. 中国居民膳食营养素参考摄入量主要包括_____。

A. 平均需要量
B. 推荐摄入量
C. 适宜摄入量
D. 可耐受的最高摄入量
E. 膳食供给量

39. 高温环境下人体代谢的特点主要有_____。

A. 水的丢失
B. 无机盐的丢失
C. 水溶性维生素的丢失
D. 消化液分泌减少
E. 能量代谢增加

40. 编写培训讲义的基本原则包括_____。

A. 实用性原则
B. 系统性原则
C. 广泛性原则
D. 创新性原则
E. 反映最新成果原则

四、简答题（每题 5 分，共 20 分）

41. 举例说明调和对比法则的基本含义。

42. 简述构成宴会菜品生产实施方案的基本内容。

43. 简述厨房布局的概念及影响因素。

44. 简述老年人营养配餐的特点与原则。

五、综合题（每题 15 分，共 30 分）

45. 简论宴会现场指挥管理工作的基本职能。

46. 简论厨房组织结构的设置及原则。

中式烹调师高级技师理论知识考核模拟试卷参考答案

一、判断题

1. √   2. √   3. ×   4. √   5. ×   6. ×   7. ×   8. √   9. √
10. √

二、单项选择题

11. A   12. C   13. D   14. C   15. A   16. A   17. A   18. B   19. A
20. A   21. A   22. D   23. A   24. C   25. C   26. B   27. A   28. D
29. B   30. D

三、多项选择题

31. BCDE   32. CD   33. ABE   34. ABCD   35. BC
36. ABCDE   37. ABCDE   38. ABCD   39. ABCDE   40. ABDE

四、简答题

41. 调和与对比，反映了一个整体中矛盾的两种状态。

调和是把两个或两个以上相接近的东西相并列，换言之，是在差异中趋向于一致，意在求"同"。例如，"糟熘三白"中的鸡片、鱼片和笋片，其色彩、料形有差异，但又具有很大的相似性。

对比是把两种或两种以上极不相同的东西并列在一起，也就是说，是在差异中倾向于对立，强调立"异"。在展示菜品的造型中，对比有多种形式因素，如形状的大与小、结构的开与合、分量的轻与重、位置的远与近、质感的软与硬、色彩的冷与暖等。对比的结果，彼此之间互为反衬，使各自特性得到加强。例如，"杨梅芙蓉"中色彩的红、绿、白对比，料形的球状与片状对比，给人以鲜明和强烈的震撼。

在菜品的造型中容纳调和与对比，能兼得两者之美。

42. 宴会菜品生产实施方案是根据宴会任务的目标要求编制的用于指导和规范宴会生产活动按照既定的目标状态有效运行的技术文件。

宴会菜品生产实施方案的主要构成内容如下：

(1) 宴会菜品用料单。

(2) 原材料订购计划单。

(3) 宴会生产分工与完成时间计划。

(4) 生产设备与餐具的使用计划。

(5) 影响宴会生产的因素与处理预案。

43. 厨房布局是指在确定厨房的规模、形状、建筑风格、装修标准及厨房内的各部门之间关系和生产流程的基础上，具体确定厨房内各部门位置及厨房生产设施和设备的分布。

影响厨房布局的因素有：

(1) 厨房的建筑格局和规模大小。

(2) 厨房的生产功能。

(3) 公用设施分布状况。

(4) 法规和有关执行部门的要求。

(5) 投资费用。

44. (1) 限制能量的摄入，体重控制在标准体重范围内。

(2) 适当增加优质蛋白质的摄入。

(3) 控制脂肪的摄入量，全天不超过 40 g，动物油适量。

(4) 注意粗细粮的搭配。

(5) 控制食盐的摄入量，全天控制在 4～6 g。

(6) 注意补充钙、磷等无机盐和各种维生素。

(7) 增加膳食纤维的供给量。

五、综合题

45. 宴会运转过程中，经常会出现一些在计划中不能预见的新情况、新问题，对这些新情况、新问题又必须及时予以解决，因此，加强宴会现场指挥管理十分重要。

宴会现场指挥的主要工作有：

(1) 巡视

规模较大的宴会，现场指挥员要不停地在餐厅各处巡视，巡视时要做到"腿要勤、眼要明、耳要聪、脑要思"，要边巡视边指挥控制。

(2) 监督

宴会开始以后，现场指挥要对服务员的服务行为进行监督，统一服务规范。

（3）纠错

现场指挥要及时发现和纠正服务员在服务过程中的不规范行为和错误。纠错的方法为或提醒，或暗示，或批评，或以身示教。纠错切不可采用粗暴批评或长时间说教的方法，以免影响正常服务。

（4）协调

大型宴会服务工作任务重、头绪多，服务人员也多，如果出现没有明确的工作，或服务环节脱节，就需要服务员之间相互配合，这时现场指挥应做好协调工作。

（5）决策

宴会开始以后，所有宴会服务人员进入最紧张、最繁忙的工作状态，各种突发事件最容易发生，一旦出现一些超出服务员权限又需要短时间内解决问题的情况，现场指挥应该马上果断地作出决策，圆满地解决问题。

（6）调控

宴会实施调控主要是对上菜速度的调控、宴会节奏的调控、厨房与餐厅关系的调控等，这些也都是现场指挥工作的重点。

46.（1）设置厨房组织结构时，要根据企业规模、等级、经营要求和生产目标及设置结构的原则来确定组织的层次及生产的岗位，使厨房的组织结构充分体现其生产功能，并做到明确职务分工、明确上下级关系、明确岗位职责，有清楚的协调网络。厨房结构应体现餐饮管理风格，在总的管理思想指导下，遵循组织结构的设计原则。

（2）厨房组织结构设置的原则

1）垂直指挥原则。垂直指挥要求每位员工或管理人员原则上只接受一位上级的指挥，各级、各层次的管理者也只能按级、按层次向本人所管辖的下属发号施令。

2）责权对等原则。"责"是为了实现目标而履行的义务和承担的责任。"权"是指人们在承担某一责任时所拥有的相应指挥权和决策权。

责权对等原则要求在设置组织结构并划清责任的同时，赋予对等的权力。

3）管理幅度适当原则。管理幅度是指一个管理者能够直接有效地指挥控制下属的人数。通常情况下，一个管理者的管理幅度以3～6人为宜。

4）职能相称原则。在配备厨房组织结构的人员时，应遵循知人善任、选贤任能、用人所长、人尽其才的原则。同时，要注意人员的年龄、知识、专业技能、职称等结构的合理性。

5）精干与效率原则。精干就是在满足生产、管理需要的前提下，把组织结构中的人员数量降到最低。厨房内的各结构人员多少应与厨房的生产功能、经营效益、管理模式相结合，与管理幅度相适应。

中式烹调师高级技师操作技能考核模拟试卷

一、笔试题（共 30 分）

【题目 1】按照营养配餐的要求编制一般人群的一日食谱（必考题，15 分）。

【题目 2】以菜肴或点心制作为培训教学内容的 PPT 课件制作（必考题，15 分）。

二、实际操作题（共 70 分）

【题目 1】象形冷拼及六围碟（必考题，20 分）

1. 考核要求

（1）形神兼备，生动饱满，结构布局合理。

（2）色彩搭配和谐，刀工精细，刀面整齐。

（3）调味准确不串味，盛器洁净。

（4）象形冷拼菜量不低于 600 g，六围碟每碟不低于 150 g。

（5）否定项说明：操作过程中不得使用未经许可的可直接用于拼摆的成形原料，不得使用不能食用的原料，不得在原料中添加人工色素或禁用的添加剂，不得使盛器污秽并影响食用安全。发生以上情况之一，应及时终止其考试，该试题成绩记为零分。

2. 器具准备

序号	名称	规格	单位	数量	备注
1	不锈钢操作台		张	1	考场统一提供
2	斩板（菜墩）		块	1	考场统一提供
3	炒锅		只	1	考场统一提供
4	炒勺、漏勺		套	1	考场统一提供
5	油钵、调料罐		套	1	考场统一提供
6	平盘	14 寸	只	1	考场统一提供
7	平盘	7 寸	只	6	考场统一提供
8	配菜盘	8 寸	只	2	考场统一提供
9	汤碗	10 寸	只	1	考场统一提供
10	炉灶		台	1	考场统一提供

序号	名称	规格	单位	数量	备注
11	主辅料	考生自备			（1）拼摆所用原料为净料，不得进行直接用于拼摆的成形加工 （2）点缀物品可以场外加工

备注：考生自带厨刀、工作服、工作帽、清洁布等

3. 考核时限

完成本题操作时间为 100 min；每超过 1 min 从本题总分中扣除 5%，操作超过 20 min，本题零分。

4. 评分项目及标准

评分项目	评分要点	配分比重（%）	评分标准及扣分
原料成形处理和拼摆操作	根据象形冷拼要求选择恰当的拼摆方法完成造型	20	（1）结构布局不合理，主题不突出，形象不饱满生动，拼摆散乱，扣 1～5 分 （2）色彩搭配不合理，扣 1～2 分 （3）刀工粗糙，刀面不整齐，扣 1～3 分 （4）菜肴调味不准确，扣 2 分 （5）菜肴分量达不到规定量 2/3 的，扣 5 分；达不到规定量 1/2 的，扣 10 分 （6）盛器不洁，扣 2～5 分 以上各项累计扣分不得超过总分

【题目 2】以中档以上原料为主料，制作一道地方名菜（必考题，20 分）

1. 考核要求

（1）地方原料特色鲜明，原料加工及刀法处理得当，成形符合标准，色彩搭配和谐。

（2）加热方式选用得当，加热温度与时间控制准确，反映地方烹饪技术特点。

（3）调味精准，层次分明，呈味丰富完备，菜肴质感精当，符合既定风味特色的要求。

（4）装盘布局合理，生动饱满，有美感。

（5）菜量充足（以 10 人计量），盛器洁净，符合卫生要求。

（6）否定项说明：操作过程中不得使用法律法规禁用的原料，不得使用未经许可的已加工成形的原料，不得使用变质不能食用的原料，不得在原料中添加人工色素或禁用的添加剂，不得生熟不分、盛器污秽而影响食用安全，成品因失饪不熟或焦煳以致不能食用，成品口味太咸以致严重影响食用。发生以上情况之一，应及时终止其考试，该试题成绩记为零分。

2. 器具准备

序号	名称	规格	单位	数量	备注
1	不锈钢操作台		张	1	考场统一提供
2	斩板（菜墩）		块	1	考场统一提供
3	炉灶		台	1	考场统一提供
4	炒锅		只	1	考场统一提供
5	手勺、漏勺、手铲		套	1	考场统一提供
6	油钵、调料罐		套	1	考场统一提供
7	蒸笼		套	1	考场统一提供
8	打蛋器		个	1	考场统一提供
9	绞肉机		台	1	考场统一提供
10	烤箱		台	1	考场统一提供
11	烤盘		只	1	考场统一提供
12	锡纸		卷	1	考场统一提供
13	配菜盘	10寸	只	2	考场统一提供
14	成品的常规盛器				考场统一提供
15	成品的特殊盛器				考生自备
16	常用调料				考场统一提供，如精炼油、精盐、酱油、味精、香醋、白醋、白糖、料酒、淀粉、花椒、八角、葱、姜、蒜、干辣椒、胡椒面等
17	特殊调料				考生自备
18	主辅料	考生自备			（1）所用原料为净料，即初步加工后的原料不进行刀工细加工成形处理，泥蓉料不进行调味处理（2）点缀物料可以场外加工

备注：考生自带厨刀、工作服、工作帽、围裙、清洁布等

3. 考核时限

完成本题操作时间为 40 min；每超过 1 min 从本题总分中扣除 5％，操作超过 20 min，本题零分。

4. 评分项目及标准

评分项目	评分要点	配分比重（%）	评分标准及扣分
主辅料切配和预调味	根据菜肴要求选择相应的切配、预制调味方法	5	(1) 刀法应用不准确，原料成形不符合标准，扣0.5～1分 (2) 浪费原料多，扣1～2分 (3) 预调味过重，扣0.5～1分
烹制操作	根据菜肴要求利用恰当的烹调方法将原料烹制成菜	15	(1) 成菜色泽过淡或过深，或原料搭配不和谐，扣1～2分 (2) 火候掌握不准确，质地不合要求，扣1～2分 (3) 菜肴地方风味特色不鲜明，扣1～3分 (4) 菜肴成形较差扣1分，差扣2分，很差扣3分 (5) 菜肴分量达不到规定量2/3的，扣2分；达不到规定量1/2的，扣5分 (6) 盛器不洁，扣1～2分 以上各项累计扣分不得超过总分

【题目3】以中档以上原料为主料，制作一道创新菜（必考题，20分）

1. 考核要求

(1) 原料加工及刀法处理得当，成形符合标准，色彩搭配和谐。

(2) 加热方式选用得当，加热温度与时间控制准确，菜肴质感呈现精当。

(3) 调味精准，层次分明，呈味丰富完备，符合既定味型的要求。

(4) 装盘布局合理，生动饱满，有美感。

(5) 菜量充足（以10人计量），盛器洁净，符合卫生要求。

(6) 否定项说明：操作过程中不得使用法律法规禁用的原料，不得使用未经许可的已加工成形的原料，不得使用变质不能食用的原料，不得在原料中添加人工色素或禁用的添加剂，不得生熟不分、盛器污秽而影响食用安全，成品因失饪不熟或焦煳以致不能食用，成品口味太咸以致严重影响食用。发生以上情况之一，应及时终止其考试，该试题成绩记为零分。

2. 器具准备

序号	名称	规格	单位	数量	备注
1	不锈钢操作台		张	1	考场统一提供
2	斩板（菜墩）		块	1	考场统一提供
3	炉灶		台	1	考场统一提供
4	炒锅		只	1	考场统一提供
5	手勺、漏勺、手铲		套	1	考场统一提供

序号	名称	规格	单位	数量	备注
6	油钵、调料罐		套	1	考场统一提供
7	蒸笼		套	1	考场统一提供
8	打蛋器		个	1	考场统一提供
9	绞肉机		台	1	考场统一提供
10	烤箱		台	1	考场统一提供
11	烤盘		只	1	考场统一提供
12	锡纸		卷	1	考场统一提供
13	配菜盘	10寸	只	2	考场统一提供
14	成品的常规盛器				考场统一提供
15	成品的特殊盛器				考生自备
16	常用调料				考场统一提供，如精炼油、精盐、酱油、味精、香醋、白醋、白糖、料酒、淀粉、花椒、八角、葱、姜、蒜、干辣椒、胡椒面等
17	特殊调料				考生自备
18	主辅料	考生自备			（1）所用原料为净料，即初步加工后的原料不进行刀工细加工成形处理，泥蓉料不进行调味处理 （2）点缀物料可以场外加工

备注：考生自带厨刀、工作服、工作帽、围裙、清洁布等

3. 考核时限

完成本题操作时间为 40 min；每超过 1 min 从本题总分中扣除 5%，操作超过 20 min，本题零分。

4. 评分项目及标准

评分项目	评分要点	配分比重（%）	评分标准及扣分
主辅料切配和预调味	根据菜肴要求选择相应的切配、预制调味方法	5	（1）刀法应用不准确，原料成形不符合标准，扣0.5～1分 （2）浪费原料多，扣1～2分 （3）预调味过重，扣0.5～1分

评分项目	评分要点	配分比重（%）	评分标准及扣分
烹制操作	根据菜肴要求利用恰当的烹调方法将原料烹制成菜	15	（1）成菜色泽过淡或过深，或原料搭配不和谐，扣1～2分 （2）火候掌握不准确，质地不合要求，扣1～2分 （3）菜肴口味不足或较重，扣1～3分 （4）菜肴成形较差扣1分，差扣2分，很差扣3分 （5）菜肴新意不明显或无新意，扣1～3分 （6）菜肴分量达不到规定量2/3的，扣2分；达不到规定量1/2的，扣5分 （7）盛器不洁，扣1～2分 以上各项累计扣分不得超过总分

【题目4】任选一种面团，制作一道宴会面点（必考题，10分）

1. 考核要求

（1）有新意，突出食用性，有一定的技术难度。

（2）选料精致，用料配比准确，坯团馅料制作工艺得当，成形符合标准。

（3）加热方式选用得当，加热温度与时间控制准确，质感显现鲜明。

（4）调味精准，风味特色鲜明。

（5）装盘布局合理，色泽搭配和谐，造型美观大方。

（6）分量以10人计量，盛器洁净，符合卫生要求。

（7）否定项说明：操作过程中不得使用法律法规禁用的原料，不得使用未经许可的已加工成形的原料，不得使用变质不能食用的原料，不得在原料中添加人工色素或禁用的添加剂，不得生熟不分、盛器污秽而影响食用安全，成品因失饪不熟或焦煳以致不能食用。发生以上情况之一，应及时终止其考试，该试题成绩记为零分。

2. 器具准备

序号	名称	规格	单位	数量	备注
1	不锈钢操作台		张	1	考场统一提供
2	案板		块	1	考场统一提供
3	斩板（菜墩）		张	1	考场统一提供
4	炉灶		台	1	考场统一提供
5	双耳锅		只	1	考场统一提供
6	手勺、漏勺、手铲		套	1	考场统一提供
7	油钵、调料罐		套	1	考场统一提供
8	蒸箱		台	1	考场统一提供

序号	名称	规格	单位	数量	备注
9	蒸笼		套	1	考场统一提供
10	烤箱		台	1	考场统一提供
11	烤盘		只	1	考场统一提供
12	锡纸		卷	1	考场统一提供
13	配菜盘	10寸	只	2	考场统一提供
14	成品的常规盛器				考场统一提供
15	成品的特殊盛器				考生自备
16	常用调料				考场统一提供，如精炼油、精盐、酱油、味精、香醋、白醋、白糖、料酒、淀粉、花椒、八角、葱、姜、蒜、干辣椒、胡椒面等
17	特殊调料				考生自备
18	主辅料		考生自备		（1）面团所用原料，不得进行场外加工。泥蓉料不进行调味处理 （2）点缀物料可以场外加工

备注：考生自带操作工具、工作服、工作帽、围裙、清洁布等

3. 考核时限

完成本题操作时间为 30 min；每超过 1 min 从本题总分中扣除 5%，操作超过 15 min，本题零分。

4. 评分项目及标准

评分项目	评分要点	配分比重（%）	评分标准及扣分
坯团馅料制作	根据面点要求制作坯团馅料	4	（1）用料配比不准确，扣1～2分 （2）坯团调制不当，扣0.5～1分 （3）馅心调味过重，扣0.5～1分
成形和制熟操作	根据面点要求进行成形和制熟	6	（1）成形规格不一致，扣0.5～1分 （2）制熟操作掌握不准确，扣0.5～1分 （3）质地不合要求，扣1～2分 （4）成品色泽不正，扣0.5～1分 （5）装盘不美观，扣0.5～1分 （6）盛器不洁，扣1～2分 以上各项累计扣分不得超过总分